CB033389

Tai Hsuan-An

DESIGN

Conceitos e Métodos

Blucher

Tai Hsuan-An

DESIGN
Conceitos e Métodos

Blucher

Publisher
Edgard Blücher

Editor
Eduardo Blücher

Produção editorial
Bonie Santos
Camila Ribeiro
Maria Isabel Silva

Preparação de texto
Davi Miranda

Revisão de texto
Diego da Mata

Diagramação e montagem
Maurelio Barbosa / designioseditoriais.com.br

Copyright © Tai Hsuan-An, 2017
Editora Edgard Blücher Ltda.

Rua Pedroso Alvarenga, 1245, 4º andar
04531-012 – São Paulo – SP – Brasil
Tel.: 55 (11) 3078-5366
editora@blucher.com.br
www.blucher.com.br

Segundo o Novo Acordo Ortográfico, conforme 5. ed. do *Vocabulário Ortográfico da Língua Portuguesa*, Academia Brasileira de Letras, março de 2009.

FICHA CATALOGRÁFICA

Tai, Hsuan-An
    Design: conceitos e métodos / Tai Hsuan-An. — São Paulo : Blucher, 2017.
    320 p. : il. color.

Bibliografia
ISBN 978-85-212-1010-8

1. Desenho (Projetos) 2. Desenho industrial I. Título.

16-0118   CDD 745.2

Índice para catálogo sistemático:

1. Desenho (Projetos)

Dedicatória

Dedico este livro à minha esposa Lee Chen Chen, às minhas filhas Marina Tai e Lian Tai e aos meus saudosos pais.

Agradecimentos

Para tornar este livro possível, recebi incentivo e apoio primeiro da minha esposa, Lee Chen Chen – doutora em Biofísica, também professora, da UFG – que me apoia em todas as minhas atividades.

Agradeço também à minha filha, Lian, jornalista, mestre em Comunicação e doutoranda em Jornalismo, que sempre faz a primeira revisão de meus textos, pela paciência de ler e corrigir as primeiras versões dos textos para este livro.

Meus alunos são meus verdadeiros motivadores, que me dão ânimo para estudar, pesquisar, pensar e escrever sempre, a fim de produzir material com objetivo de incentivá-los a buscar todos os meios e recursos para se formarem como bons profissionais. A eles meu muito obrigado!

Quero manifestar a minha especial e profunda gratidão ao Prof. Dr. Itiro Iida, que sempre deu apoios não só a mim e a meus colegas, mas à consolidação do Curso de Design da PUC-GO, desde a sua fundação em 1999, e teve a paciência de ler, com atenção e em minúcia, a primeira versão deste livro, de fazer correções e dar uma série de sugestões muito valiosas, proporcionando a mim a oportunidade de aprimorar mais o conteúdo deste trabalho para torná-lo digno de ser publicado.

Conteúdo

Prefácio

As atividades de desenho industrial tiveram uma grande expansão no mundo industrializado, com reflexos para o Brasil, a partir dos anos 1980. Nessa época houve uma saturação da produção industrial, gerando uma tremenda concorrência entre as principais indústrias. Para conseguir vantagens competitivas, essas indústrias utilizaram todos os recursos possíveis. Um dos mais evidentes é a redução dos preços. Contudo, isso pode ser feito até certo ponto, sem comprometer as finanças das empresas ou baixar o nível de qualidade. Logo se descobriu a grande vantagem do desenho industrial para introduzir melhorias no produto.

A aplicação do desenho industrial permitiu realizar diversificação dos produtos a preços relativamente baixos, criando "diferenciais" nos produtos, facilmente visíveis aos consumidores. Desse modo, produtos de níveis tecnológicos semelhantes poderiam aparentar como mais inovadores, apenas pela sua aparência externa. Além disso, a melhoria da estética dos produtos contribuiu para torná-los mais atraentes e desejáveis. Descobriu-se que o apelo emocional dos produtos constitui-se em forte poder de atração dos consumidores. Os designers, hoje, são responsáveis pela criação de determinadas "personalidades dos produtos", à semelhança das personalidades humanas, com as quais podemos estabelecer as "conexões emocionais". A decisão dos consumidores, ao julgar se determinados produtos são agradáveis, bonitos e atraentes, ocorre de forma intuitiva, logo no primeiro contato, em questão de alguns segundos: cerca de 30 segundos, no máximo. Vem daí a enorme responsabilidade dos designers influenciando essa decisão, que ocorre em 30 segundos.

Ao mesmo tempo, popularizou-se o uso do termo *design* em todo o mundo. Muitas vezes, esse termo foi associado ao novo, diferente, sofisticado e de bom gosto. Mudanças de estilo dos produtos eram simplesmente taxadas como "novo design". Nesse contexto, a responsabilidade do designer tornou-se muito maior. Ele pode transformar-se em fator de grande sucesso das empresas, mas também pode provocar grandes fracassos. Isso exige um conhecimento das características do público-alvo, para serem usados como parâmetros para definir as características dos projetos de design. Deve haver também uma visão *indoor*, para que esses projetos sejam adequados às máquinas, equipamentos, materiais e mão de obra disponíveis à produção.

Acima de tudo, deve-se considerar uma questão ética. O designer deve comunicar "honestamente" as qualidades intrínsecas do produto ou serviço que projeta. Ele não pode induzir falsas qualidades, embora tenha poderes para tanto, por dominar os instrumentos de projeto e de comunicação. Para tanto, torna-se imprescindível a correta formação desses profissionais.

No Brasil, o ensino superior de design, iniciado em 1963, expandiu-se rapidamente, chegando à extraordinária marca de mais de 500 cursos de graduação, em meio século. Essa rápida expansão provocou, naturalmente, uma queda na qualidade do ensino. O livro didático ainda é uma das melhores contribuições para a melhoria dessa qualidade, complementando a preparação e a permanente atualização dos professores.

Este livro do Professor Tai é uma excelente contribuição para o ensino de design. Ele resulta da grande dedicação e experiência desse professor no ensino de design. Apresenta os principais fundamentos e conceitos da área, de forma precisa, simples e facilmente compreensíveis, sem exigir grandes pré-requisitos dos leitores. Ao ler o livro, esses leitores se sentirão como se estivessem assistindo a uma aula do Professor Tai "ao vivo".

Itiro Iida
Brasília, 2016

Apresentação

Este livro originou-se de textos que eu elaborei para as aulas no Curso de Design, da Pontifícia Universidade Católica de Goiás, durante quatorze anos de docência. Desde a criação do curso de Design da PUC-GO, em 1999, diversos assuntos ou temas foram desenvolvidos e discutidos nas aulas de várias disciplinas – Introdução ao Design, Expressão Gráfica, Metodologia Visual, Morfologia Tridimensional, Biônica em Design, Tipografia e Projeto Gráfico, Metodologia do Projeto, Estúdio de Design, Ergonomia, Ilustração, Comunicação e Percepção, Projeto, entre outras. Dezenas de textos, com teorias, explicações, exemplificações e reflexões em torno de temas muito amplos foram produzidos exclusivamente para o uso pelos alunos na sala de aula.

A quantidade de textos e a variedade de assuntos permitiram que eu tivesse a ideia de compilá-los em um único volume – um livro didático que estimule o leitor a pensar, discutir e refletir sobre uma grande gama de questões a respeito do design.

Ao pensar na praticidade do livro, enfatizei a sua usabilidade – a facilidade de leitura e consulta. Como sempre sustento que pequenos textos, ou textos apresentados em vários tópicos, são mais convidativos para a leitura, a ideia é fazer este livro com os textos divididos em **títulos**, **subtítulos** e **tópicos.**

As teorias, as ideias e os pontos de vista apresentados aqui, na sua maioria, são afirmações e reafirmações das ideias fundamentadas em ampla literatura e muitas discussões sobre design. A outra parte é o resultado das reflexões feitas sobre elas e das conclusões sobre os trabalhos práticos acadêmicos e profissionais. Portanto, este livro tem o objetivo de convidar os leitores para entender, pensar e discutir as diversas questões ligadas ao design. Acredito que, com esse objetivo, o livro possa contribuir para o estudo e a pesquisa pelos acadêmicos e também para o ensino pelos docentes que queiram estimular alunos a ampliarem a sua visão.

Tai Hsuan-An
Goiânia, 2016

1
Para fazer design é preciso gostar de design

Uma breve conversa com novos alunos de design

Na última década, o design, como área de estudo, teve avanço considerável no Brasil. Um grande número de escolas de design surgiu nas grandes cidades, e a procura está cada vez maior. O fato indica que surgiu grande demanda por designers no país enquanto o Brasil passou a ter o *status* de país em desenvolvimento e, recentemente, tornou-se um dos cinco países emergentes (Brasil, Rússia, Índia, China e África do Sul – BRICS) no contexto econômico mundial.

Muitos adolescentes e jovens pretendem fazer curso de design, mas alguns não sabem direito o que é design, tampouco as questões envolvidas e, principalmente, quais são as condições básicas exigidas para que os alunos se tornem bons profissionais.

A paixão pelo design

Um designer muito competente, ex-aluno meu, pediu-me para selecionar um estagiário para ele, com o propósito de treiná-lo para se transformar em um bom profissional, que pudesse trabalhar junto com ele. A primeira condição que ele estabeleceu para o estagiário era "ter paixão pelo design", o que me surpreendeu, pois essa é a que sempre enfatizei nas aulas do primeiro período. Porém, a paixão só poderá ser cultivada se o aluno realmente souber do que o design se trata e, especialmente, quando o praticar. A paixão não surge sem, primeiramente, ter conhecimento do que se trata o design, sem ter afinidade e interesse por ele.

O gosto pelo design

Saber o que é design e *gostar de design* são as primeiras condições para que você tenha certeza de a sua escolha pelo curso de design estar correta ou não. Ao contrário, corre o risco de perder valioso tempo até descobrir que a sua opção está errada.

Saber o que é design de maneira prática, sem fazer rodeios na sua conceituação, é uma tarefa fácil. Basta ler as informações trazidas em revistas ou internet; porém, *gostar de design* vai depender da sua compreensão sobre algumas caracterizações básicas de design, além de vários requisitos de sua qualificação como aluno. A condição de *gostar do design* é fundamental, pois é ela que lhe permitirá ter bom desempenho na aprendizagem, no estudo e na pesquisa, o que garantirá formação profissional mais eficaz.

Ideias em resultados

O verdadeiro designer é o profissional competente que procura criar soluções eficazes para os problemas. Ele deve ser bom para ter ideias e transformá-las em resultados concretos. Como gerar ideias e como chegar aos resultados concretos de maneira eficiente, então, é todo o trabalho do designer. Podemos dizer que o design envolve o conceito e o projeto. E a eficácia de ambos depende da pesquisa (em busca dos dados, informações e fundamentos) e baseia-se na criatividade (ideias) e nas habilidades técnicas (em desenho e confecção de modelos) do designer, durante o processo do design.

Design conceitual e projetual

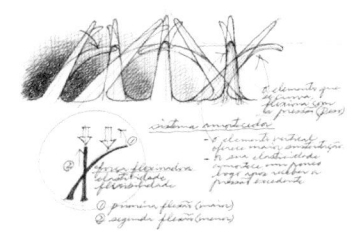

Figura 1.1. Estudo de um sistema de amortecimento inspirado em elementos flexíveis de plantas em design conceitual. O produto ainda está longe de ser configurado com utilidade, finalidade e forma definidas.

Design deve ser entendido primeiramente em dois contextos: o *conceitual* e o *projetual*. O conceitual refere-se à finalidade de expor ou manifestar ideias teóricas ou conceituais, e o projetual, ao processo técnico-prático. O conceitual lhe oferece um amplo espaço de ideias (das mais fantasiosas às mais prováveis soluções) para a manifestação da sua intenção e do seu potencial, que podem variar do nível idealista ao pragmático. É lógico que, antes de você começar um trabalho, já tem em mente uma intenção, uma vontade, um desejo ou uma necessidade. Porém, quando a sua vontade individual sobressai à necessidade objetiva, principalmente em relação à criação em torno de uma ideia subjetiva, o seu projeto poderá ser conduzido em direção a uma proposta teórica ou a um produto conceitual. Qualquer manifestação intencional te leva a definir um objetivo, e o resultado do trabalho é um produto que consiga atingir esse objetivo. A diferença proporcional entre o valor estético-expressivo e o valor prático-funcional pode variar muito conforme a intenção do designer. A extrema ênfase no valor estético-formal em sacrifício da função prático-funcional pode transformar o produto em um mero objeto de expressão individual, artística, estilística ou plástica. Isso ocorre com frequência em vários setores, tais como design de moda, joias e calçados.

A assimilação do processo de projeto

O processo de projeto em design deve ser considerado como um processo de criação e inovação solidamente baseado em informações e conhecimentos da realidade objetiva, mesmo que o processo permita uma intervenção da subjetividade e da intuição. A complexidade do conteúdo exige que o processo seja efetuado por etapas e passos, envolvendo tudo que possa ter consequências na configuração do produto. A formação do designer é baseada, em grande parte, na assimilação desse processo. E o trabalho projetual é o tronco principal de toda a estrutura curricular de um curso de design.

O aprendizado de design

O aluno precisa ter a consciência de que a atividade de projetar não é fácil nem simples. Ela exige que o aluno tenha qualificação ou habilitação nos três aspectos básicos: o da representação e expressão (bi e tridimensional), o da concepção de ideias e propostas e o da fundamentação teórico-conceitual. A capacidade do aluno nesses aspectos depende ainda do interesse do aluno pelo trabalho projetual. E esse interesse é, de certa maneira, condicionado pela vocação, competência ou preferências intelectuais.

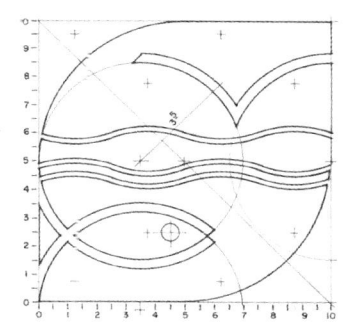

Figura 1.2. A aparente forma simples do símbolo, criado para a Semana do Meio Ambiente, em Goiânia, passou por um processo de design que envolve conhecimentos interdisciplinares, criatividade, técnicas e linguagens. Desenho feito a lápis por Tai.

Desenhar, criar, ler, escrever e pensar

Convém, então, perguntar se você gosta de *desenhar* e *criar*, de *ler*, *escrever* e *pensar*. Se tiver a confirmação, você já está praticamente apto a enfrentar o desafio. Porém, para que você possa confirmar que realmente não vai se decepcionar com o curso de graduação, é muito importante que tenha uma ideia mais global sobre as competências e habilidades que deverão ser desenvolvidas. A saber, são as seguintes:

1 Capacidade criativa; domínio da linguagem (escrita e gráfica).
2 Capacidade de trânsito interdisciplinar; visão sistêmica de projeto.
3 Domínio da metodologia de projeto; conhecimento e visão do setor produtivo específico.
4 Conhecimento da gestão de produção e da prática profissional.
5 Conhecimento e visão dos diversos contextos e fatores determinantes de design.
6 Capacidade de trabalhar em equipe.

Portanto, não basta que você goste de desenhar e criar coisas "bonitas" ou diferentes. Para sua formação profissional, precisará recorrer a teorias, conhecimentos, métodos e técnicas para vencer desafios de gerar soluções criativas para problemas. E os conhecimentos que você deverá assimilar são multidisciplinares e integrados. Vamos usar um pequeno exemplo para clarear melhor o assunto: projeto de um aparelho doméstico (por exemplo, o ventilador), de design tipicamente brasileiro, destinado à exportação.

Informações necessárias

Parece simples, não? Pois não é. Como um designer, o que você deve fazer? Há uma lista enorme de itens de informações que devem ser pesquisadas, além de um conjunto de métodos e técnicas que você deve aplicar, em um processo racional e objetivo. Só para você ter uma ideia, esses itens referentes ao design de produto podem ser resumidos, de maneira altamente condensada, nos seguintes:

a) As características do produto – tamanho, peso, material, forma, estrutura, estilo, comunicação e requisitos de uso (praticidade, resistência, facilidade de manutenção, conforto, segurança, entre outros).
b) As exigências do cliente (a empresa exportadora, por exemplo) – custo, processo de fabricação, inovação, transporte e venda.
c) O perfil do público-alvo – faixa etária, aspectos contextuais (cultural, econômico-social, psicológico e outros), as necessidades específicas e exigências.
d) Materiais usados no produto e na embalagem – aspectos: técnico, prático-funcional, estético-visual, higiênico, econômico e ecológico.
e) Configuração física do produto e da embalagem – prático-funcional (para armazenamento, empilhamento, transporte, exposição e manuseio), econômica, estético-visual, estrutural (resistência e durabilidade).

f) Comunicação visual do produto e da embalagem – estética (estilo, arte, expressão) comunicação, identidade, atratividade, clareza e legibilidade.

Curiosidade, audácia e espírito inovador

Além de tudo que foi mencionado, ainda há algumas recomendações para que você venha a ser um bom designer, pois apenas o interesse pelo design não basta; a sua formação bem-sucedida vai depender de uma série de outros fatores que possam favorecer a sua aprendizagem. Um bom curso ajuda muito, mas seu desenvolvimento depende basicamente de você mesmo. Assim, é importante que você tenha as seguintes virtudes: curiosidade, ousadia, persistência, espírito inovador e, principalmente, espírito empreendedor.

Ser curioso e audacioso

O design é um campo que lhe exige, primeiro, espírito curioso. É a sua curiosidade que vai despertar o seu interesse para questionar, pesquisar e investigar. A partir daí, você vai querer aprender, por meio de um processo de pensar-fazer, que, por sua vez, exige audácia, no sentido de ter a coragem de buscar soluções diferenciadas e sem ter medo de errar. Não existe espírito inovador sem a curiosidade e a ousadia.

Cito alguns exemplos aqui para que você tenha uma ideia do que é ser curioso e audacioso, enquanto estudante ou profissional em design. Alguma árvore, um fruto, um inseto, um pássaro ou uma simples folha já despertou a sua atenção pela forma, pela cor, pela estrutura? Alguma vez uma aranha tecendo teia chamou sua atenção? Alguma vez você ficou com vontade de saber o que tem dentro de uma máquina que a faz funcionar, e ficou com vontade de abri-la? Se a resposta for sim, então você é curioso. Mas, se você já tentou fazer alguma coisa em relação a essa curiosidade, por exemplo, desenhar, fotografar, pesquisar, investigar, fazer experiências e, principalmente, desenvolver alguns trabalhos (ou projetos) a partir dos resultados da pesquisa, então você tem certa ousadia.

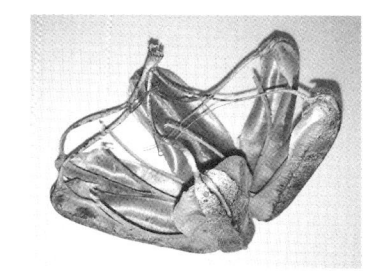

Figura 1.3. Cada detalhe, minúsculo ou microscópico, de um fruto pode oferecer ao designer importantes informações quanto às formas e às estruturas aplicáveis. O designer curioso é mais criativo quando ele é capaz de explorar as possibilidades por meio de observação, análise e síntese.

O processo pensar-fazer

Felizmente, desde criança, fui muito audacioso, tentando descobrir o como e o porquê das coisas por meio de observação, questionamento, dissecação, desmontagem, transformação e experimentação. Assim, consegui errar muito, acertar pouco, mas aprender bastante. Esse hábito eu tenho mantido até hoje, e em relação a tudo que eu faço, inclusive em artes visuais e literatura. Eu crio brinquedos que têm movimentos, para "crianças" de todas as faixas etárias, e preciso criar formas e movimentos que possam estimular também a curiosidade das pessoas. Assim o processo de pensar-fazer e a ânsia de criar e inovar tomam conta de mim. Da geração de ideias, passando por projeto, experimentação e elaboração do protótipo, eu não paro de buscar inspirações e informações para a minha satisfação, que se realiza ao ver o resultado final.

O resultado é evidente: a necessidade eminente, constante e insaciável de criar, inovar e buscar novas informações nos traz resultados concretos. Enfim, a curiosidade pode nos levar a pensar e fazer mais. E o processo pensar-fazer estimula a nossa curiosidade.

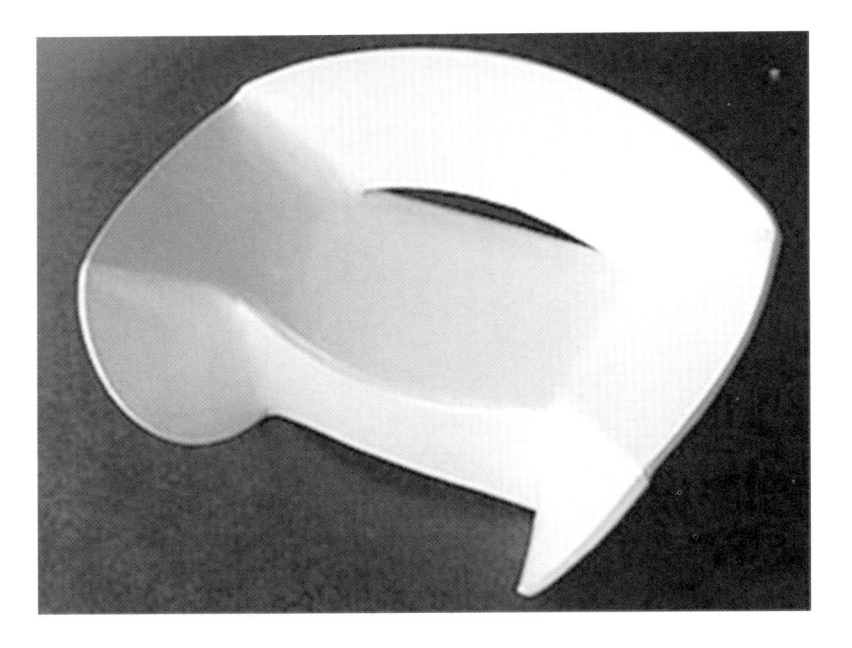

Figura 1.4. Poltrona com forma adquirida no processo criativo de análise biônica, partindo de uma semente de fruto do Cerrado.

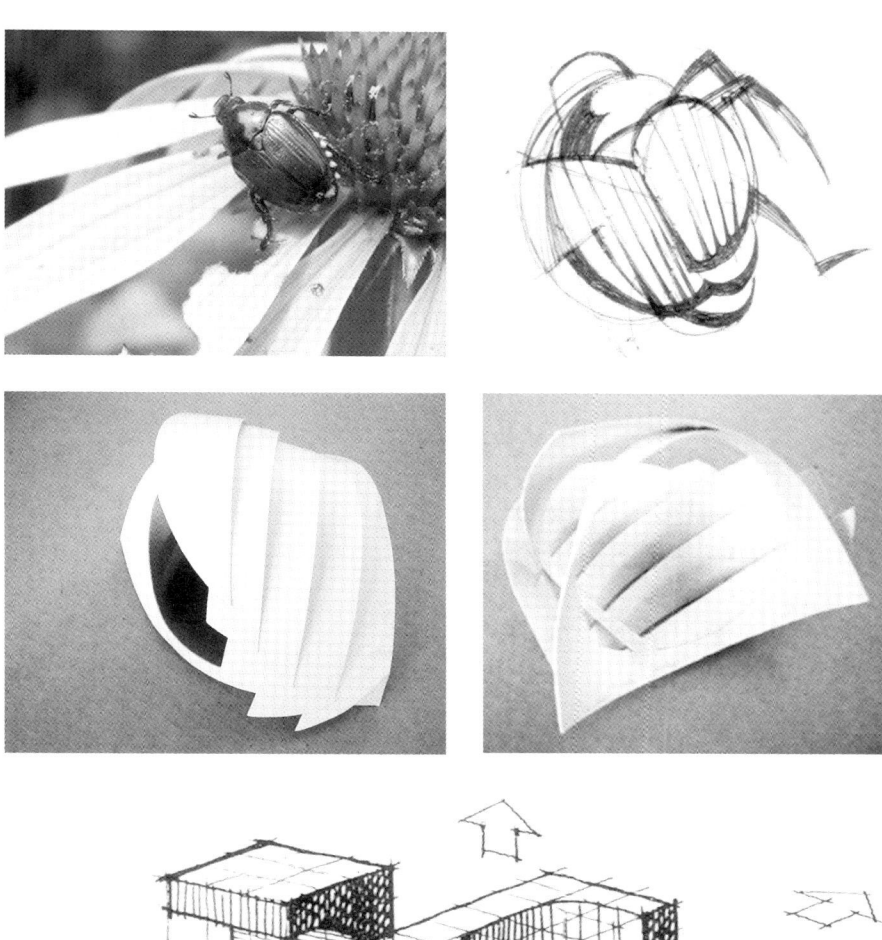

Figura 1.5. Processo criativo que busca formas inspiradas nos elementos naturais – biomimética ou biônica. A busca de novas formas abre um leque de possibilidades morfológicas e estruturais para acrescentar à qualidade funcional do produto final.

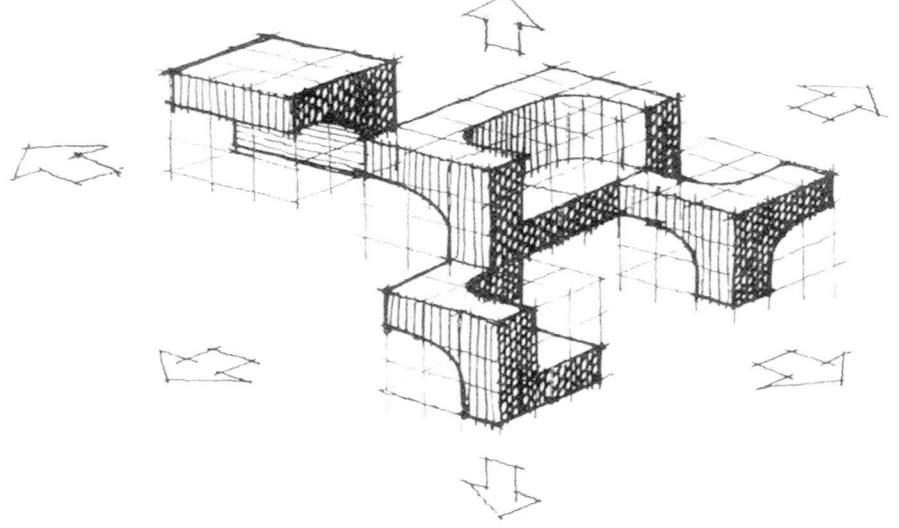

Figura 1.6. Processo criativo que busca formas e espaços baseados no conhecimento e na experimentação com módulos. O conhecimento é multidisciplinar e interdisciplinar. A experimentação é multitécnica, bi e tridimensional.

O que é design? 2

Design, no nosso bom senso comum

O que é design? Primeiramente, vamos ver o que o senso comum (a sabedoria popular) entende por design, pois esta já é uma palavra cada vez mais usada entre a população. Posteriormente, chegaremos aos conceitos de design que precisamos conhecer para estudar as diversas questões a ele relacionadas.

Quando um cidadão diz que um determinado aparelho de som tem "design arrojado", uma expressão corriqueira, ele quer dizer que o tal produto é "extremamente atraente e moderno". Se ele for explicar o porquê, ele irá dizer que o carro tem uma forma muito bem pensada, desenhada e criada pela fábrica de automóveis. Assim, o senso comum faz com que a palavra passe a ser usada referindo-se à criação de aparências "bonitas" e "bem-feitas" de muitos produtos. No entanto, quem estuda e faz design deve buscar conceitos no nível acadêmico, técnico-científico e profissional.

Objetos como frutos do design

Na nossa vida cotidiana, estamos rodeados por uma enorme variedade de objetos. E quase todos são produtos artificiais, feitos à mão ou à máquina, de diferentes funções, formas, tipos e tamanhos. De um simples cartão de visita até um livro; de uma caneta até um computador; de uma cadeira até um armário; de um parafuso até um avião; todos são criados e produzidos por pessoas competentes ou profissionais especializados. Porém, podemos perceber que há objetos que não são bons ou apresentam alguns defeitos. Bons ou ruins, na verdade, dependem muito de

Figura 2.1. Estes bonecos são produtos de design ou obras de arte? Eles foram criados aliando a expressão artística e o raciocínio do design para atender a um determinado público.

Figura 2.2. Você vê design nessa exposição? Que informações os produtos e o próprio ambiente da exposição passam para você? As respostas encontradas vão lhe dizer até onde o design é responsável por eles.

como esses objetos são criados e produzidos. Pelo senso comum, um objeto bom e muito bem resolvido é aquele que nasce de uma ideia muito boa e de técnica aprimorada. No entanto, uma ideia não vem gratuitamente, e uma técnica também não.

Design é simplesmente a atividade profissional que envolve todo o processo de criação e desenvolvimento de produtos com o fim de atender às necessidades da população em favor de uma vida melhor e mais prazerosa. Esses produtos são extremamente variados, em tamanho, função, utilidade, estilo, material, complexidade, quantidade e amplitude. De objetos pequenos, como caneta, estilete, telefone, até objetos grandes, como veículos e aviões, todos são produtos de design. O campo profissional que cria esses objetos com todo o cuidado e carinho é chamado de *design de produto*, *design industrial* ou *desenho industrial*. Mas design abrange ainda outras duas grandes áreas, ainda não tão específicas[1], que são *design de comunicação* e *design de interiores*.

O que é design de produtos?

Diversos produtos que variam de forma, tamanho, material, estrutura, função, estética e complexidade.

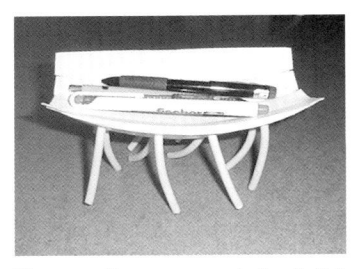

Figura 2.3. Porta-canetas, design de Tai.

Figura 2.4. Utensílios de cozinha, de silicone.

As atividades do designer de produtos abrangem criação, aperfeiçoamento, desenvolvimento e pesquisa de uma grande variedade de produtos, desde pequenos objetos utilitários até produtos de grande porte, como veículos. Quase todos os tipos de objetos utilitários que temos ao nosso redor são produtos do design. No desenvolvimento de produtos tecnologicamente complexos, como o caso de algumas máquinas, a participação do designer está mais limitada à solução do aspecto visual e do aspecto funcional e ergonômico do produto. No entanto, a solução dos aspectos mais intimamente ligados às partes técnicas da mecânica, eletrônica e informática é responsabilidade dos engenheiros. Sabemos então que muitos produtos são desenvolvidos por equipes de diferentes profissionais. Desse modo, o designer precisa adquirir conhecimentos suficientes que lhe permitam, no mínimo, dialogar com esses profissionais durante o processo de desenvolvimento do produto.

1   Hoje existem áreas específicas muito diversificadas em design que se veem em cursos de design, como design gráfico, de embalagem, jogos, joias, moda, móveis, automóveis, multimídia, web design, interface digital etc. No entanto, podemos verificar que todas essas podem estar inseridas nas três grandes áreas: design de produtos, design de comunicação e design de interiores (ou ambiente).

Para quem tem interesse e vocação para essa área, é bom saber que o design exige primeiramente alguns requisitos, tais como o domínio de desenho, a visão espacial, a criatividade, o senso estético e a vontade de adquirir conhecimentos. O design é basicamente a criação de produtos que visam a atender às necessidades e exigências das pessoas que os vendem e, principalmente, que os usam. Portanto, o design é uma ocupação que exige estudos, pesquisas e investigações complexas e profundas. Até uma simples caneta BiC, com forma aparentemente simples, é um produto de design feito com cuidado, baseado em estudos, em um processo que envolve uma série de fatores de contexto cultural, econômico, social, tecnológico, psicológico, entre outros. Mesmo em um veículo mais simples como a bicicleta, seu design tem implicações complexas de fatores, tais como resistência do material, estabilidade, resistência estrutural, ergonomia, leveza, sistema mecânico, montagem, segurança, modelo estético-formal em função da idade, do sexo e do poder aquisitivo, suas características em função do tipo de solo, uso e muitos outros.

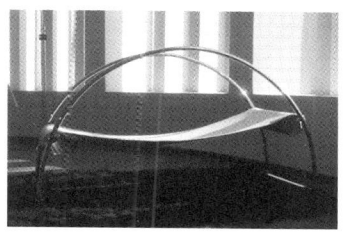

Figura 2.5. Cadeira-rede, design de Tai.

Figura 2.6. Trem de alta velocidade.

Que é design de comunicação?

O design de comunicação, com o acesso pleno à tecnologia avançada, tanto da informática como da impressão gráfica, abrange produtos e serviços extremamente variados, tais como cartaz, embalagem, livro, programa de identidade visual, sistema de sinalização, computação gráfica, animação, *games*, web design, comunicação interativa, que envolve som e imagem, e muitos outros.

A comunicação que exige design

Vivemos em um mundo de comunicação muito dinâmica. A nossa vida cotidiana está repleta de mensagens transmitidas por meio de linguagens verbais, sonoras e visuais de todos os tipos. Lemos jornais, revistas e livros. Passamos muito tempo diante da televisão e do computador. Por meio da internet, recebemos informações e

Figura 2.7. Design intimamente associado à tecnologia.

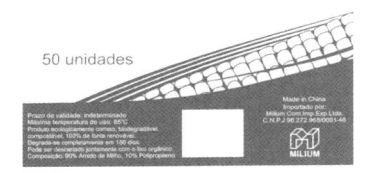

Figuras 2.8 e 2.9. Design gráfico de logotipo e de embalagem para produtos descartáveis e biodegradáveis da Milium,
de São Paulo. Design de Tai.

trocamos mensagens em grande rapidez e quantidade. Interagimos entre nós, em qualquer momento e qualquer lugar, por meio de redes sociais na internet, em *smartphones*, *tablets* e outros aparelhos. Recebemos informações, em grande parte, em forma de imagens. Essas imagens visuais, estáticas ou animadas, são cada vez mais diversificadas, ricas e, muitas vezes, interativas. Todas as imagens que você vê são criadas, trabalhadas, ou melhor, projetadas por meio do processo de design. O desenho da grife da sua camisa, o logotipo do McDonalds, a embalagem do China in Box, a propaganda da Coca-Cola, o cartaz do cinema, a capa do seu disco favorito, as histórias em quadrinhos, o desenho animado, a bonita página do seu *site* favorito, a cara simpática e amistosa do seu programa de computador, as imagens virtuais em seus CDs, DVDs e muitos outros suportes são todos produtos do design de comunicação, que abrange a programação visual e o projeto gráfico.

Na área do design de comunicação, no mercado atual, ocorrem dois fenômenos não só em nível regional, mas também nacional. O primeiro: na comunicação visual, uma boa parte de trabalhos ainda é desenvolvida pelos arquitetos "polivalentes" ou os chamados "arquitetos programadores visuais" (muitos são ótimos profissionais), e a outra parte por publicitários, que muitas vezes apresentam deficiências por não terem formação completa de designer. Só uma pequena proporção de trabalhos é realizada por designers gráficos de formação profissional universitária. O segundo fenômeno é a poluição visual generalizada de imagens de baixa qualidade nas cidades, seja dentro das edificações, seja nas fachadas e nas ruas. Logotipos e cartazes de baixo padrão, feitos por pessoas sem preparo, estão por toda parte. Portanto, as escolas de design precisam assumir a missão de formar designers de comunicação verdadeiramente eficientes para atender à demanda das empresas e instituições, contribuindo para a elevação do senso popular pela qualidade estética mais apurada e diminuindo o índice de poluição visual.

A tecnologia e a comunicação interativa

O rápido avanço da tecnologia da informática e a programação visual cada vez mais solicitada para aplicação na comunicação demandam profissionais eficientes para criar produtos de alta qualidade. O melhor exemplo é o aumento acelerado dos usuários da internet, motivo pelo qual as empresas, instituições e indivíduos necessitam, a cada dia, de *sites* e aplicativos que exijam o aporte do design para se obter alta qualidade visual. *Displays*, vitrines, painéis e mesas, todos interativos e com a função *multi-touch*, fazem com que o design passe, cada vez mais, a lidar com imagens altamente dinâmicas. Outro exemplo é o uso gradativamente maior de apresentação visual informatizada por empresas e instituições. A comunicação interativa avança rapidamente e é cada vez mais popularizada. E o design precisa se antecipar e acompanhar tudo isso de perto.

Figura 2.10. Máquina para venda de passagens em uma estação ferroviária de Londres. A interface possibilita uma comunicação interativa com boa usabilidade para passageiros.

Que é design de interiores?

Design de interiores significa o planejamento, a organização e a composição de móveis, equipamentos, objetos, elementos decorativos e demais acessórios em espaços internos construídos de todos os tipos, sejam residenciais, comerciais, institucionais, sejam de meios de transporte de grande porte, como navios e aviões.

Essa área visa a desenvolver projetos de ambientes (internos) com eficiência técnica, ergonômica e estética, em busca de melhor solução de ambiência para espaços construídos.

Design que cria ambientes

Esse campo profissional recebe o nome de design de interiores (no caso de ambiente interno) ou arquitetura de interiores[2], que muitas vezes é chamado simplesmente de "decoração" (uma denominação quase depreciativa para design), desde que não se entre no campo da arquitetura, que se responsabiliza pela criação e construção do espaço. Porém, a criação de ambientes é uma atividade que, como o design de produto e o design de comunicação, exige também uma metodologia de projeto com uma série complexa de considerações.

2   Quando o design, como palavra ou como uma área de atuação profissional, ainda não era muito conhecido no Brasil, projetos de ambientes internos de edificações eram feitos pelos arquitetos. Até hoje, esse campo específico do design conta com a participação dos arquitetos. O termo "arquitetura de interiores" é herdado daquela época, quando muitos arquitetos atuavam em design industrial, design gráfico, comunicação visual e design de ambiente.

Figuras 2.11 e 2.12. Design gráfico temático para grandes ambientes: ambiente de shopping envolvido com a Exposição Mundial de Shanghai; painéis instrutivos no grande corredor do Museu de Ciências e Tecnologia de Shanghai.

O design de interiores se situa no âmbito extenso do design de ambientes, que envolve a criação de ambientes internos e externos, incluindo até paisagens urbanas. É uma área complexa devido à demanda de conhecimentos vastos que envolvem abordagens do design de produto e da comunicação. Primeiramente, a questão do espaço deve ser muito bem estudada, porque o designer tem a tarefa de reorganizar o espaço já construído pelo arquiteto, atendendo aos requisitos de uso. Essa organização, por sua vez, deve ser feita por meio de disposição planejada dos objetos (os produtos como o mobiliário, os equipamentos e outros elementos necessários) para gerar um satisfatório ambiente humanizado, tanto na função estética como na prática. O design de interiores leva fortemente em consideração os fatores diversos – humanos, socioculturais, econômico-sociais, psicológicos, climáticos, estéticos, ergonômicos etc. – e requisitos de segurança e conforto.

Os espaços construídos são resultados produzidos pelo arquiteto, em forma de salões, salas, quartos, corredores e outros tipos de espaços, prontos para serem transformados em ambientes humanizados para diversas funções e atividades.

Agradabilidade e funcionalidade

Figura 2.13. Quarto de hotel, um ambiente de repouso planejado para ficar aconchegante para seus usuários.

Figura 2.14. Ambiente de bar e restaurante de um hotel. As cores quentes são usadas para animar o ambiente com uma função específica.

Quem tem um espaço destinado a determinados fins ou atividades requer que esse espaço ofereça condições para tornar-se um ambiente agradável, funcional e seguro. A "agradabilidade" se traduz por aparência visual atrativa e, ao mesmo tempo, conforto, tanto psicológico e visual como físico e fisiológico. Pela funcionalidade e pela segurança se entende que o ambiente deva ser favorável ao desenvolvimento efetivo das atividades destinadas. O que significa que tudo que compõe o ambiente deve ser adequadamente organizado conforme os critérios ergonômicos, garantindo a efetividade ou produtividade das atividades. Então, o trabalho de design de interiores não se limita apenas à criação de aparência visual para um ambiente, o que ocorre normalmente na decoração.

É verdade que o design de interiores foca-se, enfaticamente, na chamada "estética" ou no "estilo". Mas isso faz com que o grau da sua usabilidade passe para o segundo plano, ou mesmo seja esquecido. O design de interiores deve, necessariamente, levar em consideração sistemicamente todos os aspectos do ambiente, para que eles trabalhem com harmonia; e só assim é digno de ser chamado design.

A estética do ambiente e a praticidade

A estética do ambiente, no design de interiores, baseia-se não apenas na sensibilidade estética e artística do designer, mas principalmente no conhecimento e na capacidade de uso adequado de signos, a fim de criar um ambiente capaz de transmitir aos usuários a mensagem que carrega, gerar bem-estar ou conforto visual, ou mesmo estímulos específicos para certos fins.

O design de interiores deve gerar soluções, no mínimo, adequadas e humanizadas não só em conceitos, mas na produção prática do ambiente quanto às instalações de equipamentos e aparelhos, aplicação de cores e de materiais de revestimento e, inclusive, na produção de mobiliários projetados. A iluminação, a acústica, o conforto térmico, a ergonomia, a comunicação visual e os requisitos de uso – diversos aspectos são considerados ao mesmo tempo para que o projeto atinja seus objetivos.

Quem pretende trabalhar nessa área e ser um profissional mais completo deve recorrer a um conjunto de disciplinas básicas de design e as específicas do design de ambiente, capacitando-se para também desenvolver projetos de mobiliários e organização de espaços, com bom senso estético e conhecimento ergonômico.

Quem é designer?

Sabendo o que é design e sua abrangência, é fácil então saber o que significa designer. Designer é o profissional que se ocupa do design para dar soluções para os problemas. Dependendo da sua área específica, ele pode ser designer de produto (designer industrial ou desenhista industrial), designer gráfico, designer de interiores. Mais específicos ainda: designer de moda, designer de joias (há pessoas que não consideram moda e joia como frutos de design, mas de artes aplicadas), designer de móveis e outros. Mas é importante saber que um designer de gabarito, de alto nível, deve ter bons conhecimentos artísticos, culturais, tecnológicos, ergonômicos, sociais, ecológicos, psicológicos e históricos.

A amplitude multidisciplinar

Design tem como base perceptiva a teoria e a prática das artes visuais, as quais são aplicadas diretamente em produtos manufaturados e industriais. Seus conteúdos estendem-se até atingir o âmbito da engenharia e outras áreas. Portanto, a grande amplitude do design, em forma de resultados concretos, inclui, por exemplo, ilustração aplicada à publicidade, artes fotográfica e cinematográfica aplicadas, artes plásticas aplicadas à paisagem urbana, objetos decorativos, objetos utilitários, brinquedos, painéis artísticos, cenários teatrais, produtos gráficos, embalagens, vestuários, mobiliários, decoração, interiores residenciais, interiores comerciais, estandes de exposição, esculturas e mobiliários urbanos, sistemas de sinalização, interfaces digitais, jogos e outros. Assim, a formação acadêmica do designer envolve estudos teóricos e práticos de criação e desenvolvimento de uma ampla gama de especialidades e produtos diretamente vinculados ao comércio, à indústria, aos serviços, aos eventos e, principalmente, à vida cotidiana da população. A formação acadêmica exige ainda cada vez mais o uso de ferramentas informatizadas para editar textos, tratar imagens, desenhar e modelar formas em estudos e projetos. Porém, o uso dessas ferramentas também acaba confundindo muitos alunos em relação às diferentes áreas de atuação profissional. Por exemplo, trabalhos de arte-finalista, colorista, desenhista em CAD e outros programas gráficos, de editoração, modelagem e animação podem ser orientados e terceirizados pelo designer.

Design multidisciplinar integrado

Há projetos que envolvem conhecimentos de design que abrangem informações, métodos e técnicas de várias áreas específicas. Nesses projetos, o designer precisa enfrentar problemas relacionados a questões muito diversificadas por serem multidisciplinares.

Em 2000, fui convidado para fazer o projeto de um "marco simbólico" para a entrada do Condomínio Ecológico Residencial Aldeia do Vale, de Goiânia, por eu ser designer e artista plástico. O conjunto desse marco simbólico, de dimensão de monumento, é uma obra de design de ambientes que reúne escultura, painel artístico (reproduzido a partir de uma pintura elaborada especificamente para isso), fonte, espelho d'água e plantas. Materiais usados abrangem concreto, ferro (aço inoxidável foi inicialmente proposto para a confecção de uma esfera, da qual desceria uma lâmina d'água) e cerâmica (cogitavam-se pastilhas de vidro) para reproduzir uma pintura com tema ligado à natureza com beija-flor, pássaro simbólico da região.

A construção dessa obra envolveu não só o serralheiro e o ceramista como também engenheiros civil, elétrico e hidráulico. A concepção da sua forma se baseou em artes plásticas e comunicação (visual e sonora, símbolos e imagem icônica). Esse é um típico exemplo de projeto que reúne os fatores e elementos do design de ambientes, produtos e comunicação, em um processo de design que envolve um complexo conjunto de questões ligadas a comunicação, estética, estrutura e tecnologia.

Figura 2.15. Marco Simbólico do Condomínio Ecológico Residencial Aldeia do Vale, em Goiânia, obra que abrange design, artes plásticas, comunicação, paisagismo e engenharia. Design de Tai.

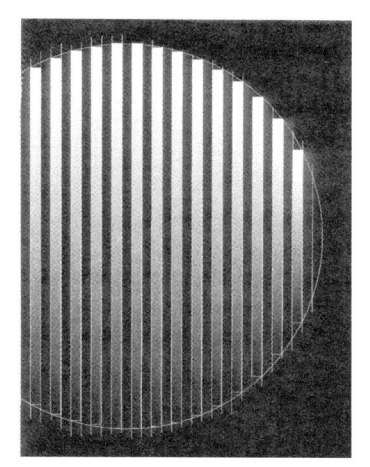

Figura 2.16. A esfera formada por anéis metálicos pertencia à proposta inicial, sendo substituída depois pela forma simplificada.

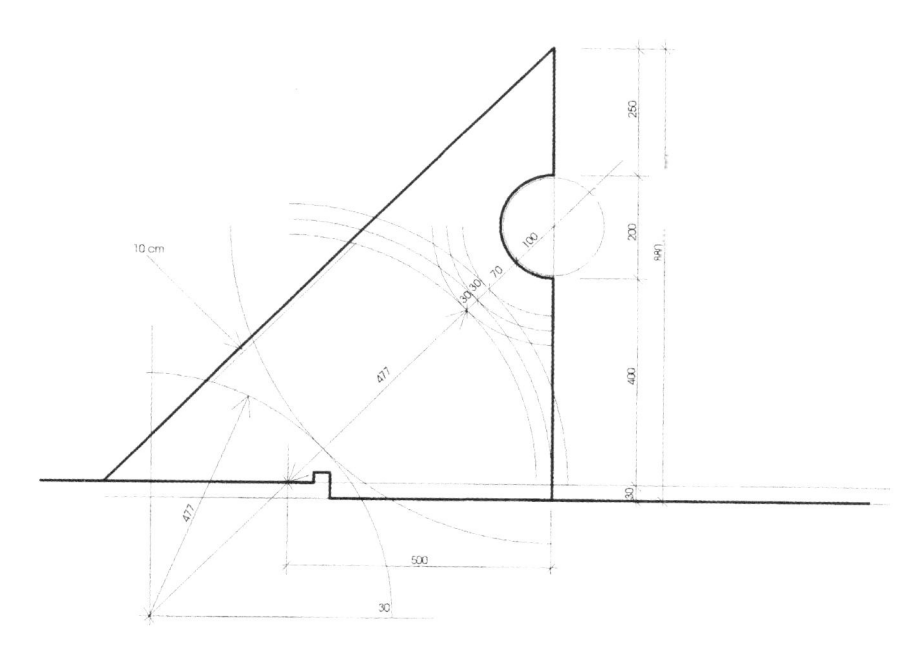

4/10

CONSTRUÇÃO GEOMÉTRICA
VISTA 1 MARCO SIMBÓLICO
CONDOMÍNIO ECOLÓGICO RESIDENCIAL ALDEIA DO VALE

Figura 2.17. Vista 1 mostra a construção geométrica das linhas traçadas para formar relevos em concreto do marco simbólico.

3
Uma noção sobre a história do design

Antes de discutirmos sobre os conceitos de design em contextos atuais, é imprescindível termos uma noção sobre a história do design. Aqui prefiro fazer alguns comentários rápidos para fazer uma brevíssima introdução à história do design. Recomendo a leitura ou a consulta de vários livros não só da história do design como também da arte e da arquitetura, porque existem correlações contextuais entre essas três áreas na história.

Abrangência da história do design

A história do design tem uma grande abrangência, envolvendo diversas áreas e especialidades de atividades – design de artefatos, design de objetos, design gráfico, design industrial, entre outros ainda mais específicos. A história da arte, da arquitetura e da moda também são intimamente ligadas à do design. Essas áreas afins ou relacionadas tiveram e têm geralmente ocorrências comuns ou influências recíprocas em pensamentos e práticas ao longo dos tempos. Um dos fatores importantes dessas ligações cruzadas entre diversas áreas criativas é a prática do pensar e do fazer desenvolvida pelos profissionais e estudiosos que transitam nessas áreas.

O início do "design", com artefatos

Embora a história do design industrial seja de apenas um pouco mais de cem anos, ela modificou radicalmente o aspecto do design do artefato tradicional. Com uma breve revisão da história do design, desde o fabrico das primeiras ferramentas da humanidade, podemos entender melhor as experiências humanas na produção de bens materiais e obras de comunicação (objetos ornamentais e artísticos), que nos ajudam a compreender diversas questões do design e seus contextos.

Design começa na era da pedra

Se considerarmos o design como um processo de concepção e desenvolvimento de produtos, ainda no nível intuitivo, empírico e simples, mesmo sem a intervenção da máquina e a existência de um mercado, a história do design deve começar partindo da origem de artefatos, da mais remota experiência humana na produção de utensílios em pedra, desde a era da pedra. Portanto, a nossa história do design, na verdade, começou assim que a humanidade produziu seus primeiros instrumentos pela sobrevivência.

Do design intuitivo ao intelectual

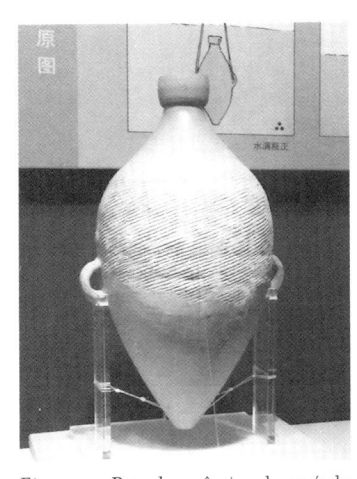

Figura 3.1. Pote de cerâmica, do período neolítico chinês, usado para abastecimento de água. Ao ser colocado na água do rio, ele é deitado para ser enchido com água. O recipiente é prático e de alta qualidade estética. Peça exposta no Museu de Shanxi, China.

Produtos mais antigos datam de aproximadamente dois milhões de anos atrás, isto é, dos períodos paleolíticos, quando nossos ancestrais primitivos começaram a produzir seus rudimentares utensílios e armas, seja um recipiente com casca de fruto, seja um instrumento cortante feito de pedra, seja uma vara com a ponta perfurante. Na criação desses objetos, a funcionalidade, a praticidade e a forma visual ainda se encontravam como funções percebidas em trabalhos intuitivos e empíricos que, pouco a pouco, foi evoluindo para o nível de concepção intelectual – com raciocínio e pensamento criativo. Assim, produtos foram aperfeiçoados gradualmente com experiências e ideias em um processo de criação estético-formal e aperfeiçoamento material e técnico. Ao descobrir que pedras podiam ser polidas, superfícies de objetos podiam ser alisadas, figuras podiam ser aplicadas por meio de gravação em cerâmicas, pigmentos podiam colorir objetos, o homem descobriu a beleza.

Nas grandes civilizações antigas, inúmeros objetos mostram uma riqueza estética e técnica, além das suas qualidades funcionais. Por isso, é recomendável visitar grandes museus para ver de perto como é o poder criativo, a capacidade e a habilidade técnica de seus criadores, esses eram magníficos artistas, artesãos, "designers".

Matérias-primas e transformação

A criação e a produção de utensílios, objetos ornamentais e armas, por exemplo, foram desenvolvidos, ao longo dos tempos, usando inicialmente materiais extraídos diretamente da natureza – a pedra, a argila, a madeira e outros de origem animal, como o couro e o osso – e, graças à descoberta de novas matérias-primas, como o bronze, o ferro e novas técnicas de transformação, predominaram nas grandes civilizações os objetos em cerâmica, bronze, ferro. Nos grandes museus, podemos apreciar muitos desses patrimônios históricos de qualidades espetaculares, em beleza, ideia, função e técnica de produção.

Cerâmica dos períodos neolíticos

O aparecimento de utensílios de cerâmica nos períodos neolíticos ficou então conhecido como marco histórico da história do design – era uma primeira atividade criativa humana que, por meio de transformação físico-química, transformava um material bruto em objetos artificiais, belos e úteis.

Produtores como "designers"

Antes da produção industrial, as atividades produtivas baseavam-se em processos manual e artesanal, durante todos os períodos das sociedades primitivas, escravagistas e feudais. Produtos de uso cotidiano eram relativamente mais simples e seus produtores eram os próprios "designers". Esses criadores tinham toda a liberdade de conceber e exercer o ofício de produzir objetos com ricas formas, porém eles conheciam seus "consumidores", com quem mantinham uma relação de credibilidade, sabendo da sua responsabilidade. A necessidade de produtos naqueles períodos se originava das necessidades da vida e do trabalho da população. O aparecimento da produção de objetos em cerâmica contribuiu para a fixação e a estabilidade domiciliar e social da população em seu território.

Qualidades de produtos de ofícios

Embora, naqueles períodos, as atividades manuais e de ofícios produzissem peças únicas ou em pequenas quantidades, com limitações de materiais, instrumentos e modos de produção, uma grande quantidade de produtos de alta qualidade foi criada, principalmente nas civilizações mais antigas. Essas qualidades incluíam as estéticas, funcionais e técnicas. Em muitos exemplos podemos verificar uma riqueza de elementos ornamentais e, ao mesmo tempo, também uma boa integração entre a função e a forma. Antes da Revolução Industrial, o design já mostrava uma criatividade estilística muito mais rica do que a própria mudança na função e na técnica.

Processo – da concepção ao resultado

Na produção artesanal mais sofisticada em várias civilizações antigas, o processo da criação, como forma de arte, já possuía uma noção do design, no conceito de que esse ofício era um processo complexo, desde a concepção estética e estilística, muitas vezes com alta função simbólica, até chegar ao resultado – a configuração física do produto – por meio de técnicas relativamente complexas e com exigências rigorosas de controle de qualidade de acabamento.

Início do design industrial

Figura 3.2. Torre Eiffel, uma gigantesca estrutura de ferro de 324 metros de altura, construída para a Exposição Universal de 1889, é um marco do início de uma nova era da indústria e tecnologia. Nela podem ser vistas formas ornamentais ainda tradicionais entre as treliças da torre.

A Revolução Industrial aconteceu na Inglaterra, com início por volta de 1750, com diversas máquinas inventadas – movidas a vapor – abrindo o novo capítulo da história da produção humana e provocando, assim, o início do design industrial. Logo no início, alguns artistas-designers perceberam que a união entre a arte e a técnica industrial estava estranha, causando a sensação de que a arte era algo adicionado ao produto de modo duro e suplementar. No entanto, a Revolução Industrial continuou a provocar mudanças no design de produtos artesanais tradicionais e no pensamento sobre o design que se manifestou em vários movimentos.

Movimentos do design

Em 1851, os produtos mostrados na Grande Exposição, no pavilhão chamado Palácio de Cristal, em Londres, eram considerados feios, e vários artistas, representados por John Ruskin, manifestavam-se contra a prática de aplicação direta da arte em produtos industriais. Sob a influência de Ruskin, William Morris liderou o mais importante movimento do design na segunda metade do século XIX – *Arts and Crafts* (Artes e Ofícios). Apesar de introduzir a discussão sobre a questão da estética relacionada a produtos industriais, a sua posição contrária à produção mecanizada de produtos mostrou a sua ideia contracorrente da industrialização inevitável e, por consequência, causou mais um movimento chamado *Art Nouveau* (na França).

Art Nouveau e suas influências

Art Nouveau foi o primeiro movimento de estilo moderno e internacional que surgiu no final do século XIX e início do século XX, na Europa, envolvendo amplas áreas, como arquitetura, indústria, design e artes (foram produzidos, além de edifícios, mobiliários, cartazes, revistas, joias, objetos e pinturas), e tinha o enfoque maior na estética estilística e artística. Embora esse movimento abrangesse formas geométricas e angulares, enfatizava o naturalismo e dava importância para formas orgânicas naturais e linhas curvas, deixando, portanto, uma grande influência no design moderno e na arte moderna.

Figura 3.3. Entrada da Estação Metropolitain, do metrô de Paris, mantém o estilo *Art Nouveau*.

Como o sucessor direto do *Art Nouveau*, o *Art Déco* era um estilo decorativo com formas menos ornamentadas e orgânicas e mais construtivas e com sobreposição de planos. Havia um "diálogo" em termos formais desses dois estilos decorativos e ornamentais. O *Art Déco* passou a estimular o surgimento de um espírito modernista entre as décadas de 1929 e 1930.

Modernismo no design

No início do século XX, devido ao rápido desenvolvimento da tecnologia e da elevação da produtividade industrial, iniciou-se uma verdadeira revolução no design – o movimento do Design Moderno. A característica básica desse movimento é: nas bases da grande produção industrial e no desenvolvimento da ciência e tecnologia, o design serve aos interesses da sociedade e não apenas às elites do poder econômico, social e político. O design moderno se desenvolveu em três centros: De Stijl, na Holanda; Construtivismo, na União Soviética; e Bauhaus, que se transformou no mais importante núcleo do movimento, deixando profunda influência no design, na arquitetura e em outras áreas afins.

Bauhaus e funcionalismo

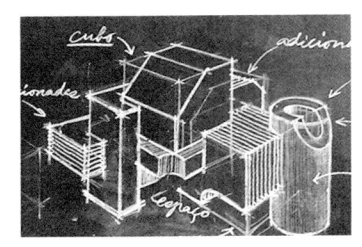

Figura 3.4. Bauhaus deixou suas influências no ensino de design, arquitetura e artes em muitos países, inclusive no Brasil. Desenho feito por Tai em quadro-negro em uma aula no Curso de Design, da PUC-Goiás.

A primeira escola de design moderno no mundo foi criada em 1919, na Alemanha, sob a liderança do arquiteto e designer Walter Gropius. Em pouco mais de dez anos de cursos e sob o lema de "nova união de arte com técnica", Bauhaus realizou investigações e experiências criativas, acumulou uma grande quantidade de novos resultados e se tornou o centro do mais conclusivo movimento modernista, criando o marco histórico do Design Moderno.

A Bauhaus pregava o funcionalismo e que o design tem como objetivo a resolução do problema, um conceito que hoje ainda prevalece. Criou um sistema de ensino particularmente original, especialmente no ensino básico, que exerce até hoje grande influência no ensino do design. Tomava como base a produção em série e o uso de novos materiais. Em consequência, novos estilos foram criados. Um dos exemplos típicos é a cadeira Barcelona, projetada por Mies van der Rohe em 1929.

Com a dissolução da Bauhaus, em 1933, pelos nazistas, os membros mais notáveis imigraram para os Estados Unidos e continuaram a contribuir ao desenvolvimento e à divulgação do design modernista. Assim, os Estados Unidos passaram a ser o centro do modernismo do design.

Influências da Bauhaus no ensino

Na Alemanha, a Escola de Ulm, que funcionou entre 1953 e 1968, ainda se manteve próxima ao legado da Bauhaus, principalmente no compromisso com o design como influência reformadora da sociedade e na persistência no racionalismo, com um entusiasmo tecnicista. As experiências da Ulm, tanto no ensino como na produção, geraram uma grande influência em outros países. No ensino, a primeira escola brasileira de design, a ESDI (Escola Superior de Design Industrial), fundada em 1963, teve envolvimento e influências dos docentes da Ulm por meio do intercâmbio. A partir de 1940, a FAU da USP (Faculdade de Arquitetura e Urbanismo, da Universidade de São Paulo), com o seu curso de design (uma sequência de Desenho Industrial, como parte da graduação em Arquitetura), bem-consolidado, regular e com a influência da Bauhaus, formou muitos designers que contribuem para o desenvolvimento do design brasileiro.

O início do design brasileiro

A inserção do design no Brasil foi lenta, a partir das décadas de 1940 e 1950, e seguia a trajetória do modernismo internacional. O início do design brasileiro aconteceu, curiosamente, na área do mobiliário, principalmente com a atuação de vários designers que buscavam uma identidade cultural brasileira, produzindo móveis com valores culturais semântica e esteticamente brasileiras. Os designers mais representativos eram Zanine Caldas, Sérgio Rodrigues, Geraldo de Barros e Michel Arnoult. Dando continuidade a essa linha, vários se destacam no design do mobiliário com inovação estética e técnica. Maurício Azeredo é um exemplo dos mais criativos, que projetou e produziu móveis de madeira com originalidade e uma forte identidade brasileira.

Renovação no design gráfico brasileiro

Na área do design gráfico no Brasil, a década de 1950 tornou-se um importante período quando a indústria fonográfica e o advento da impressão *offset* na indústria editorial ajudaram a propulsionar especialmente a renovação do design de capas de disco, livros e revistas. No design gráfico destacavam-se grandes nomes como Antônio Maluf, Ludovico Martino, Alexandre Wollner, Aloísio Magalhães, entre outros mais influentes do Brasil.

Design moderno nos Estados Unidos

A forte base econômica e o poderoso mecanismo do mercado dos Estados Unidos possibilitaram atuações vigorosas de designers como Raymond Loewy e Robert D. Budlong, entre outros. O design americano, que estava intimamente unido com o mercado, produziu uma grande diversidade de produtos comerciais. Desse modo, a visão do design modernista se firmou na prática nos Estados Unidos. Já na década de 1930, inspirado nas formas aerodinâmicas dos veículos e aviões, o estilo *streamline*, por exemplo, manifestou-se em muitos produtos (de rádio, da geladeira ao automóvel), expressando esteticamente a ideia de velocidade (*streamline* denota a linha que expressa fluxo de uma corrente de ar e evoca noções de velocidade, dinamismo, eficiência e também modernidade), e correspondendo aos requisitos funcionais. Além disso, novos materiais e tecnologias de produção também possibilitaram maior desenvoltura dos designers na criação de novos produtos industrializados. Esses produtos – telefone, radio, televisão, geladeira, carro, entre outros – passaram a entrar na vida cotidiana dos americanos e, ao mesmo tempo, mudaram o modo de vida, modos de pensar e os valores.

Com a expansão do mercado, a preocupação com a questão de vendas, os designers passaram a praticar a reformulação estética, mudando superficialmente o aspecto formal e visual de produtos. Essa prática, chamada de *styling*, ou estilização, durante as décadas de 1930 e 1940, foi aplicada sistematicamente pelos designers americanos, conscientes de que era uma eficaz forma de gerar nos consumidores uma ideia de obsolescência estilística e assim estimular o consumo. Naturalmente, essa passou a ser intimamente vinculada à questão da moda. O *styling* permanece ainda muito presente nas sociedades consumistas atuais.

Design moderno na Europa e na Ásia

Os outros países desenvolvidos também desenvolveram um design com características próprias. Os países escandinavos enfatizavam os princípios funcionais e, ao mesmo tempo, prestavam atenção às formas orgânicas e ornamentais, ao uso de materiais naturais e aos fatores humanos. O design italiano apresenta forte identidade cultural e nacional. A Inglaterra desenvolveu rapidamente o design, equiparando-se com outros países. O Japão também começou a desenvolver o design na década de 1950, começando pela ampla assimilação dos resultados do design americano e europeu e, por meio de seu ensino, tornou-se, em pouco tempo, uma potência em design com uma forte identidade. Assim, posteriormente, seguindo o exemplo do Japão, a Coreia e depois a China emergiram como fortes concorrentes no desenvolvimento de produtos industrializados concebidos no design.

O design pós-moderno e atual

Com a mudança acelerada do mundo, ocorre um processo de quebra de paradigma modernista no design. O design entrou em um período pós-moderno e na era da informação, e o processo da globalização faz intensificar uma tendência pluralista em posições e posturas mais abertas. Junto à preocupação com a identidade cultural, existe também uma internacionalização da estética no design. Várias questões importantes, como as da acessibilidade, sustentabilidade, o uso da tecnologia e a busca da inovação, são comuns ao design, praticamente no mundo inteiro. O intenso comércio internacional, o avanço da ciência e tecnologia, a nova ordem econômica e geopolítica, a globalização, a internet e demais fatores vão modelando novos paradigmas do pensamento, do ensino, da prática do design e da produção.

4
Os conceitos do design

Do intento à configuração concreta

Conforme alguns dicionários, a palavra *design* tem os seguintes significados: *desígnio, projeto, plano, intento, esquema, desenho, construção* e *configuração*. Assim, podemos deduzir que *design* poderia ser "uma ideia, um projeto ou um plano para a solução de um determinado problema. Isto é, uma racionalização, um processo intelectual, que não é visualmente perceptível, nem sequer traduzível, na maioria dos casos, verbalmente". Mas somente isso não seria um processo completo, pois ele envolve também a *construção* e a *configuração* de um resultado concreto. O *design*, então, consiste na transformação dessa ideia, por meio de uma metodologia, com o processo e os respectivos recursos auxiliares, para fazer visualmente perceptível a solução de um problema. Esses recursos abrangem desenhos, modelos e protótipo. Até aqui, podemos considerar que o *design* completou apenas mais uma etapa – uma etapa de *configuração* concreta, *objetual*. A configuração objetual quer dizer o resultado em forma de objeto – aquilo que tem forma, tamanho, peso e outras características perceptíveis.

Figura 4.1. Desenho de perspectiva feito a lápis para o projeto de uma perfumaria. Posteriormente, foi elaborada uma maquete para melhor visualização do resultado a ser configurado. Design de Tai.

O conceito de "bem-resolvido"

Ambos os conceitos – *desenho* e *configuração* – são demasiadamente amplos, e o objeto da configuração ainda permanece sujeito às diferentes interpretações. Embora a concretização do projeto esteja feita em forma de protótipo, suscetível à fabricação em série, o objeto concebido deve ser colocado em um sistema maior – o ambiente, para se relacionar e se confrontar com outros elementos e objetos. A avaliação das qualidades do objeto criado é feita na análise desse objeto em relação aos outros, ao ambiente e aos usuários, baseando-se em uma série de dados, informações, critérios e fatores. A aceitação dele pelos usuários, ou melhor, a receptividade dele significa o poder da sua comunicação (pois há "diálogo" entre eles), que é o resultado do *design* efetivo. Daí o porquê de a palavra *design* ser usada coloquialmente como sinônimo de "aparência bonita", "forma bem-resolvida" ou simplesmente "configuração". Nesse caso, a palavra tem a conotação de "bem-resolvido", "pensado" ou "planejado", independentemente do tipo e da complexidade de produto ou atividade. Nesse sentido, é correto dizer "*hair* design" (termo usado pelos cabeleireiros), porque um modelo de cabelo é um padrão de configuração que pode ser repetido, porém incorreto quando se refere à pintura, que é um típico produto de livre expressão. Todavia, o design, em sentido maior, é complexo, profundo, abrangente, voltado para a resolução do problema e se faz por meio de uma metodologia.

Alguns conceitos do design

Figura 4.2. Trabalhos de design de embalagem, em exposição no Instituto de Artes de Sichuan, Chongqing, China.

É preciso que cada área específica, cada setor, tenha um conceito adequadamente restringido para facilitar a compreensão dos seus problemas específicos. Assim, no *design de produto* (desenho industrial ou design industrial)[3], há definições amplamente aceitas, como veremos a seguir. Exemplos:

O design é um "processo de adaptação de produtos de uso, aptos para serem fabricados, industrialmente, para as necessidades físicas e psíquicas dos usuários e dos grupos de usuários".

O design é "uma atividade no extenso campo de inovação tecnológica. Uma disciplina envolvida nos processos de desenvolvimento de produtos, ligada a questões de uso, função, produção, mercado, utilidade e qualidade formal ou estética de produtos industriais" (Definição feita no Congresso realizado pelo *International Council of Societies of Industrial Design* em 1973).

"O design é uma atividade que consiste em criar, segundo parâmetros econômicos, técnicos e estéticos, produtos, objetos ou sistemas que serão, em seguida, fabricados e comercializados" (Jean-Pierre Vitrac, designer francês).

---

3   "Design industrial" ou "design de produto", termos já muito usados hoje no Brasil, no lugar do termo "desenho industrial", utilizado até as décadas 1980 e 1990. A palavra "industrial" já denota o sentido de produção em série ou em grande escala. Mas o design de produto, no conceito atual, não necessariamente implica produção em escala industrial.

Gui Bonsiepe, nos anos 1970, propôs interpretar o design industrial como um meio por meio do qual se podem alcançar objetivos, tais como: melhorar a qualidade do meio ambiente; aumentar a produtividade, melhorar a qualidade de uso dos produtos; elevar a qualidade visual ou estética do produto e fomentar a industrialização dos países do terceiro mundo.

Esse é um exemplo de que a definição do design pode ser complementada e atualizada conforme novos fatores, valores, preocupações e visões. Portanto, é necessário buscar uma definição e conceitos em função do estudo, da pesquisa, dos objetivos e da atuação em cada área específica e da área maior, que consiste nas atividades projetuais para a produção de objetos. Não faltam conceitos que tentam explicar ou expor os pontos de vista, denotações e conotações a fim de nos ajudar a compreender o design. Todavia, nenhum deles substitui pesquisas e estudos teóricos mais aprofundados, abordando questões dentro dos diversos contextos, econômico, social, político, cultural e outros, o que exige leitura, análise crítica e reflexão sobre as mais diversas questões interligadas, especialmente nas questões das interações de diversos tipos e âmbitos, em razão da melhoria da qualidade de vida por meio da intervenção projetual efetiva. Justamente por isso, tentamos conceituar o design, levando em consideração a responsabilidade social do profissional.

Um conceito abrangente e adequado

Design é toda atividade projetual efetiva de criação e produção de objetos, sistema de objetos e ambientes organizados, realizada por meio de processos racionalizados, com o objetivo de contribuir para melhorar a qualidade de vida humana.

É preciso compreender, com tal definição, que o design, para ser efetivo e satisfatório, depende da atividade inteligente, pensada, racional, mesmo altamente influenciada pela intuição, sentimentos, percepção estética e sensibilidade artística. O projeto constitui um processo essencialmente de racionalização não só do processamento, avaliação e aplicação dos dados úteis, mas também da sequência das operações, experimentações, análises e métodos de criação. Atividades são, assim, *projetuais*, isto é, baseadas em processo, métodos e técnicas de projeto.

Toda atividade pensada e planejada, ou que segue métodos, consiste em um processo. Desde a confecção de um bolo até o planejamento de uma cidade, há sempre um processo que demanda tempo, espaço, métodos, recursos, técnicas e materiais. No design de produtos, o grau de complexidade é tão grande que exige uma metodologia eficaz para orientar o designer a racionalizar toda a sequência do trabalho para conceber um produto.

Do objeto ao ambiente – interações

Um produto é um objeto, seja uma logomarca (levando em consideração a sua materialidade) ou um automóvel, seja uma cadeira ou um estande de exposição. Um sistema de objetos é um conjunto desses, formando uma "família". Todos os objetos reunidos em um espaço imediatamente ao nosso redor constituem um *ambiente constituído por objetos* – onde somos os usuários. E nele temos que nos sentir bem, confortáveis e felizes. Pois bem, entre todos esses elementos – objetos, espaço e usuários – existem relações de interação, em que um influencia o outro, um age sobre o outro. Nas diversas circunstâncias de interação, descobrimos eventuais problemas que exigem um ajustamento, uma correção ou uma intervenção. São problemas ligados ao visual, à estética, à funcionalidade, às dimensões, à quantidade, à segurança, à iluminação, à umidade, ao clima, ou mesmo à inexistência de algo que deveria ser acrescentado ou criado. Enfim, há uma complexa gama de fatores que influenciam a nossa qualidade de vida nos diversos ambientes. Os problemas apresentados nas interações ambientais esperam por soluções, e essas são motivadoras da atenção e do interesse do designer.

A intervenção do designer realiza-se por meio de atividades projetuais, com objetivos claramente definidos, dados suficientemente coletados e processados (organizados e avaliados), em função do desenvolvimento de todo um processo de criação e produção do objeto a fim de oferecer uma solução a determinado problema previamente definido.

Design em contexto: reflexão

Para compreender o design e a sua importância na sociedade de hoje, é recomendável fazer reflexões sobre o seu papel em vários setores ou áreas, ou mesmo em diversos contextos: social, cultural, econômico e industrial, entre outros.

Qual é o papel do design na sociedade, na indústria, no transporte, no comércio, na cultura e assim por diante? O design tem a ver com o cinema, com a música, com as manifestações culturais, com os meios de comunicação? A arte, a filosofia, a educação e demais áreas influenciam o desenvolvimento do design?

A compreensão do papel do design em contextos pode nos ajudar a desenvolver a nossa capacidade de reflexão e argumentação teórica e ampliar a nossa área de intervenção do design. Essa compreensão também nos conscientiza a respeito dos nossos compromissos e responsabilidades perante a sociedade e a humanidade com problemas. O design é capaz de contribuir, por meio de atuações inovadoras, para atender às necessidades comuns da humanidade, tais como a acessibilidade e a sustentabilidade.

Pesquisa sobre o design em contextos (Exercício 1)

Desenvolva o trabalho, por meio de pesquisa bibliográfica, sobre as correlações entre o design e um assunto escolhido (um contexto), apresentando as razões da importância que possam justificar a relação entre eles, incluindo as influências e implicações exercidas uma sobre a outra.

O trabalho precisa conter textos sucintos e imagens que ilustrem o conteúdo textual. O texto deve ser elaborado em tópicos e subtópicos. Deve ser estruturado em três partes básicas: a introdução (apresentação sumária do trabalho, de objetivos e abordagens), o desenvolvimento (do conteúdo) e a conclusão (fechamento). Não esqueça as referências bibliográficas. A capa deve conter todas as informações que identifiquem o trabalho: o título, nomes dos componentes da equipe, a instituição, o curso, a disciplina e a data de finalização. O formato e o projeto gráfico serão livres, porém deverão atender aos critérios de boa apresentação visual, legibilidade e inteligibilidade.

Esse trabalho de contextualização[4] tem por objetivo exercitar a leitura e a pesquisa, de modo simplificado, sobre um assunto que seja para você significativo, de seu interesse e que tenha real relação com o design. O exercício deve ser entendido como um relato com comentários sobre uma determinada área de conhecimento, um determinado sistema ou fenômeno, uma forma ou um meio de ação humana, determinados conhecimentos específicos, técnicas, atividades, teorias, métodos ou fatores que direta ou indiretamente influenciam e determinam o design. São as seguintes sugestões: *arte, história da arte, informática, cultura, sociedade, natureza, psicologia, antropologia, filosofia, tecnologia, geometria, máquina, linguagem, indústria, comércio, moda, transporte, comunicação, cinema, esporte, engenharia, fotografia, mídia, lazer, trabalho, homem,*

Figura 4.3. Exposição de design de moda em uma praça de Shanghai. Ambiente temporário montado com estruturas e materiais apropriados.

Figura 4.4. Aparelho de massagem com uma forma inspirada em elementos naturais. A natureza, a tecnologia, a estrutura, a função e a estética estão relacionadas em diversos contextos.

Figura 4.5. Painel de informação, no contexto da comunicação, envolve questões de paisagem e mobiliário urbano, usabilidade, acessibilidade, ergonomia, tecnologia, cultura etc.

4   Ao estudar, analisar ou pesquisar sobre um assunto específico é fundamental saber em que situação, em que realidade e em que condições gerais, em seu âmbito maior, ele se situa. O contexto é a conjuntura de uma série de fatores que influem no resultado daquilo que é o objeto do seu estudo. A contextualização e, por isso, uma apresentação descritiva panorâmica de uma realidade.

meio ambiente etc. Você estabelece o tema, que pode ser: os assuntos sugeridos anteriormente *e Design* ou *Design e* os assuntos sugeridos anteriormente. Por exemplo: Cor e Design; Design e Moda; Artes e Design; Transporte e Design; Design e Comunicação; Publicidade e Design; Design e Sustentabilidade.

Como sabemos, o design é uma área interdisciplinar, pois, para o desenvolvimento do projeto em design, dependemos do conhecimento de diversas áreas. Vários fatores influenciam esse processo e determinam a configuração do próprio produto. Então nos perguntamos: a arte é importante no design? Quando e em que fase a geometria é necessária em um projeto gráfico? É sabido que produtos como utensílios, veículos, livros e interfaces, entre outros, são resultados do design ou, no mínimo, contam com a intervenção do design em determinadas fases do seu desenvolvimento. Assim, no exemplo do veículo, pergunta-se: qual o papel do designer? Que parte do veículo exige a intervenção dele e que conhecimentos ele deve ter para dar conta do projeto? Outro exemplo seria de uma revista, quando perguntamos: onde se vê o trabalho do designer? Como é o processo do trabalho e o que o designer precisa saber para exercer a sua função? Muitas dúvidas têm que ser esclarecidas para quem estuda o design. Portanto, a leitura, a pesquisa, a investigação, a indagação e a reflexão são importantes para que o aluno possa aprofundar o seu estudo, entendendo melhor o design em diversos contextos (humano, histórico, antropológico, social, científico, filosófico, artístico, estético, ambiental e outros).

Leitura e análise de um produto de design de comunicação (Exercício 2)

Figura 4.6. Que mensagens estas capas de revistas femininas pretendem passar para os leitores? São capas bem-resolvidas nos aspectos estético e comunicativo? Que conteúdo de design gráfico está envolvido?

Este é um exercício de leitura e análise de um produto de design de comunicação. Sugerimos que escolha um produto que, de alguma maneira, interessa a você, seja por sua qualidade, seja por sua peculiaridade. Qualquer um dos exemplos a seguir citados, ou não, servirá como objeto de leitura, estudo e análise do seu trabalho:

Uma peça impressa, por mais simples que seja, por exemplo, um cartão de visita, tem razões de ser daquela forma, por ser criado por alguém para alguém que gostaria de dá-lo a alguém, com determinada intenção. Dessa maneira, produtos mais complexos, como um jornal ou uma revista, podem envolver muitos elementos, fatores, condições e demais questões que lhe deram uma "cara".

Na área de design de comunicação, deparamos diariamente com uma grande diversidade de produtos: todos os tipos de peças impressas (folder, cartaz, folheto, catálogo e outros), mídia impressa (meios de comunicação como jornal, revista, periódico, cartilhas, história em quadrinhos, livros e outros), embalagens de produtos (soluções gráficas, estético-visuais e comunicativas), identidade visual (logotipo, marca e outros elementos gráficos aplicados em peças impressas, veículos, uniformes, objetos, ambientes e outros) e produtos em mídia eletrônica ou digital (todos os tipos de interfaces visuais interativas, multimídia, imagens virtuais aplicadas em jogos, programas, páginas de *sites*, *displays* em aparelhos, máquinas e outros) e muitos outros.

O trabalho consiste em leitura e análise de um produto de design de comunicação. A leitura tem o objetivo de estimular a observar, verificar e entender o porquê e como um determinado produto foi concebido, desenvolvido e produzido. A análise tem o objetivo de produzir discernimento entre os pontos positivos e negativos das características do produto. Deve-se, na leitura e na análise do produto, abranger as seguintes considerações gerais e básicas a ele referentes:

Finalidade e objetivos (venda, atração, divulgação, fixação na memória, destaque, identificação e outros).

Fatores condicionantes que influenciaram a configuração final (social, econômico, cultural, psicológico, entre outros).

Aspecto estético-visual: uso de elementos visuais (cor, textura, tom, forma, imagens e grafismo, por exemplo) e de comunicação (linguagem, tipografia, imagem, composição, expressão, logotipo e outros).

Público-alvo ou **leitores** (faixa etária, sexo, preferências, necessidades e exigências).

Processo e técnicas de criação, desenvolvimento e produção (do design ao produto final, técnicas, métodos, tecnologia e materiais).

Materiais: tipo de material usado, suas características e qualidades (espessura, formato, consistência e outros).

Resultado verificado junto ao público ou ao usuário (reação, influência, consequência).

Figura 4.7. Ilustração para as capas de agenda para Associação dos Professores da PUC-Goiás. Ilustração feita com lápis de cor por Tai.

Figura 4.8. Cartaz com ilustração temática – diversidade genética no Cerrado. Design de Tai.

Figura 4.9. Detalhe da ilustração "Trigal", elaborada para a embalagem de macarrão da Emegê. Ilustração em aquarela feita por Tai.

5
As interações entre os sistemas

Os sistemas usuário, atividade, objeto (produto) e ambiente

O sistema é a unidade funcional composta por uma variedade de elementos, componentes ou subsistemas que interagem entre si, exercendo uma função ou assumindo uma utilidade. Aqui abordamos sistemas físicos que permitem a prática de atividades e interações. Mesmo quando o sistema ou subsistema, em forma de um produto, por exemplo, encontra-se fisicamente estático, a interação entre os elementos que o constituem procede permanentemente devido às suas forças inerentes. Essa interação é efetiva quando há uma alta sinergia (a boa integração interativa que torna o sistema eficaz no funcionamento) e uma boa homeostase (a característica de manter a estabilidade do meio interno) nesse sistema.

Na abordagem sistêmica da ergonomia, Itiro Iida[5] conceitua o sistema como unidade básica constituída por elementos como: fronteira (limites do sistema), subsistema (elementos ou componentes), interações (relações entre os sistemas), entradas (*inputs*), saídas (*outputs*), processamento (atividades de interações) e ambiente.

Sistemas, subsistemas e seus elementos

Os elementos ou componentes simples relacionam-se e agem reciprocamente, fazendo acontecer algo. Assim, eles formam um sistema que tem uma função ou um objetivo geral a ser atingido. Se esse sistema se relaciona com outro sistema,

---

5 Itiro Iida, engenheiro de produção, doutor em engenharia, é professor, desde 1966, da USP, UFRJ, ESDI, Fundação Getúlio Vargas, Universidade de Brasília e demais instituições ligadas ao ensino da engenharia, design e ergonomia. É autor do importante e clássico livro *Ergonomia – projeto e produção* (3ª edição, Editora Blucher, 2016).

Figura 5.1. Aluno desmonta um brinquedo para verificar o sistema mecânico composto por várias peças que se interagem para criar movimentos.

assumindo outra função, o conjunto torna-se um sistema maior. Desse modo, encontramos os sistemas em diversos níveis. Temos, portanto, a noção de sistemas e subsistemas.

Na natureza, por exemplo, uma árvore é um sistema que, por sua vez, é composto por vários subsistemas, tais como raízes, troncos, galhos e folhas. Um conjunto de muitas árvores forma um sistema maior, que é a mata ou floresta. Em escala menor, os prótons, nêutrons e elétrons são os elementos mínimos que formam o sistema mínimo, que é o átomo, que é constituído de vários outros ainda menores. Esses sistemas mínimos formam a molécula, que já é outro sistema ainda maior e assim por diante.

Analogicamente, o objeto, como sistema físico, é constituído por subsistemas, como componentes (ou peças) ou partes que o tornam funcional. Nesse caso, determinados componentes simples podem ser redefinidos como novos sistemas, pois entre eles existe a sinergia.

Componentes como sistemas

Ao estudar as diversas questões do design, necessariamente temos que nos lembrar, sempre, dos componentes básicos de um sistema maior, que é constituído por *usuário, atividade, objeto* e *ambiente*, os quais têm também outras denominações, como *homem, tarefa, máquina* e *ambiente*, principalmente na Ergonomia. O principal desses componentes, o homem, é um subsistema que interage com um ou mais diferentes subsistemas, gerando assim situações, que também podem ser chamadas de fenômenos, os quais são estudados, analisados e avaliados com o fim de detectar seus problemas e descobrir soluções.

A atividade e o objeto como sistemas

Figura 5.2. Uma caixa, feita manualmente em papel por meio de dobraduras, é um sistema composto por várias peças, de diferentes cores, acopladas e encaixadas, sem o uso de cola.

A *atividade* em si também pode ser considerada como um sistema, pois ela é constituída por diversas ações em sequência, possibilitadas por técnicas, recursos e processo, para que seja desenvolvida com sucesso. O objeto, ou o produto, ou a máquina (termo usado com frequência na Ergonomia) é um sistema constituído por diversas partes, ou componentes, ou peças que interagem entre si, mesmo no estado estático, sem movimento algum, fazendo com que o objeto tenha uma função.

O ambiente como um subsistema

O ambiente, considerado como um dos componentes do sistema *homem-máquina-ambiente*, a unidade básica da ergonomia, é um subsistema composto não só por objetos (mobiliários e objetos utilitários e não utilitários) e elementos arquitetônicos (janelas, portas, teto, piso, escada, entre outros), mas também por vários fatores que condicionam a geração do ambiente: a iluminação, a ventilação, a acústica, entre outros. Não devemos esquecer que, conforme a circunstância, as pessoas fazem parte do ambiente, pois o ambiente é todo o conjunto composto de elementos animados e inanimados que interagem entre si, gerando e mudando as situações. Assim, esse ambiente não é apenas físico como também psicossocial.

Figura 5.3. Ambiente como um sistema composto de uma variedade de objetos e elementos que o tornam funcional e agradável. O espaço é um dos elementos que compõem o ambiente.

Podemos dizer que todos os objetos ao nosso redor possibilitam gerar interações entre sistemas e subsistemas, de diversas dimensões e graus de complexidade, provocando variados fenômenos e situações na vida das pessoas, na população e nas sociedades.

Interações e a intervenção humana

O mundo, como o universo todo, é ativo por ter infindáveis e diferentes interações entre todos os tipos de elementos e sistemas. As sociedades se transformam e se desenvolvem graças às interações entre diferentes sistemas e subsistemas. A vida cotidiana está repleta de interações extremamente diversificadas e complexas, em diferentes níveis, que ocorrem o tempo todo. Se as coisas funcionam, acertando ou errando, é porque entre si há interações. Erros, falhas, deficiências, inadequações e contradições existentes nas interações constituem-se também como motivadores da intervenção humana, que têm como objetivo aperfeiçoar os sistemas de interação. Não se trata do ciclo de erros e acertos; todo esse processo da busca de aperfeiçoamento é uma verdadeira espiral crescente do desenvolvimento, pois a humanidade tende a buscar acertos baseando-se em suas experiências práticas.

Processos interativos entre os sistemas

Nas áreas de estudo centradas no homem, o estudo das interações entre indivíduos, grupos de indivíduos e vários sistemas em diversos níveis é fundamental para entendermos os variados processos interativos e buscarmos as melhores formas de interação, em busca de adequação (ou otimização) das condições favoráveis às ações, atividades e comportamentos humanos. Nesse âmbito, o homem, o objeto, a atividade e o ambiente são os quatro elementos básicos que constituem um sistema.

O usuário e o produto

Homem, como todos nós entendemos, sem maiores problemas, representa *ser humano*, em singular, ou seres humanos, pessoas e indivíduos. No design, podemos substituir a palavra *homem* pelo termo *usuário* e entendemos que este significa aquele que está relacionado com o *produto*. Este último, por sua vez, é o objeto produzido e usado pelo homem para determinada finalidade, em atividades da vida cotidiana, no trabalho, no lazer, no esporte, na locomoção e no descanso. O objeto, ou, mais especificamente, o *produto*, existe devido às necessidades do homem em função das variadas atividades exercidas na vida humana.

A atividade e o ambiente

A atividade humana é também fundamental para que o homem sobreviva sob condições raramente confortáveis. A *atividade*, na concepção em design, representa algo mais amplo, podendo abranger desde o repouso, de descanso, até o trabalho de produção, por exemplo, o conjunto de ações e tarefas, em lazer, alimentação, estudo, esporte, arte e trabalho de modo geral. E, para que a atividade seja realizada de maneira satisfatória, o homem depende ainda de outras condições favoráveis à sua atuação, tais como o bom "clima" organizacional e o relacionamento das pessoas.

Usuário-atividade-produto-ambiente

Tanto o *ambiente* natural como o construído pelo homem são, na verdade, um conjunto de condições e fatores muito complexos, cujas inter-relações e combinações vão definir suas qualidades e, consequentemente, as da atividade. Assim, os quatro elementos essenciais do sistema *usuário-atividade-produto-ambiente* são termos adequados ao design (e também, em ergonomia aplicada em design) no lugar das denominações *homem-tarefa-máquina-ambiente*, usualmente aplicados na ergonomia de modo geral.

As inter-relações e interações

No contexto maior, um país funciona com os sistemas político, econômico, social, cultural, educacional, entre outros, em que cada um deles pode ter seus subsistemas. Esses grandes sistemas trabalham em conjunto para que a sua sociedade funcione bem e com boas qualidades. Se um sistema falhar, por exemplo, o econômico, este pode influenciar outro, gerando efeitos prejudiciais e trazendo consequências que poderiam deixar toda a sociedade entrar em crise ou colapso. Similarmente, no mundo dos objetos, um produto, seja simples, seja complexo, quando é composto por várias partes ou componentes que se relacionam entre si e geram uma função, constitui um sistema ou subsistema.

A falha de um sistema

Quando uma parte ou um componente falhar, o sistema – o produto – pode então apresentar problemas, implicando sua má função. Um simples exemplo explica bem essas relações: o automóvel. O carro é um sistema complexo composto por um conjunto de subsistemas, no qual cada um desempenha uma função particular. No carro encontramos o motor, a embreagem, os freios, o sistema elétrico, o sistema de resfriamento e vários outros que interagem para que ele funcione sem problemas. A falha de um componente, por menor que seja, é capaz de interromper o funcionamento de um subsistema que, por sua vez, pode paralisar o sistema maior, deixando o carro simplesmente em colapso.

Figura 5.4. Parte do sistema mecânico de um automóvel mostrado em uma exposição. O defeito eventual de uma peça pode impedir que o veículo desempenhe a sua função.

Os sistemas em vários níveis

Nas relações entre o homem (usuário) e o objeto (produto), entre o homem e o ambiente, entre o homem e a natureza e entre as pessoas, as interações ocorrem de maneira semelhante. O *homem* é um sistema. O *objeto* é o outro sistema. Os dois formam um sistema de interação de primeiro nível – *homem-objeto*. A interação entre o homem e o objeto (na ergonomia, costuma-se usar o termo *sistema homem-máquina*) se estabelece em uma situação de atividade ou trabalho que ocorre em um determinado ambiente ou espaço. Em um nível ainda maior, o sistema é constituído de: o homem (usuário), o objeto (produto) e o ambiente, também em uma situação de atividade ou trabalho. Portanto, podemos dizer que o sistema de interação de segundo nível é de *homem-atividade-objeto*. Já o mais alto nível é o de *homem-atividade-produto-ambiente*.

O resultado da boa interação

Figura 5.5. O sistema usuário-produto é um conjunto relacional que efetua determinada atividade. Este ponto de venda tem a finalidade atrair o usuário (consumidor) a visitá-lo.

Na interação entre os sistemas em primeiro nível – usuário e produto – o usuário utiliza o produto e usufrui as vantagens a ele oferecidas, e o produto, de alguma maneira, vai exercer sobre ele efeitos e influências, causando consequências, sejam positivas, sejam negativas, em situações diversas. Uma atividade, uma tarefa ou um trabalho podem ter a sua efetividade, em certo grau, influenciada pela qualidade da interação. Mas a efetividade também depende do tipo de atividade e da qualidade do ambiente; e estes são altamente influenciados por uma diversidade de elementos e fatores. Por isso, no sistema usuário-atividade-produto-ambiente (ou homem-tarefa-máquina-ambiente), a interação entre os quatro elementos básicos da ergonomia ocorre de maneira total e intimamente inter-relacionada, em cadeia.

Figura 5.6. Mobiliário de grande porte que busca uma integração estética e ergonômica entre usuário, atividade, mobiliário e ambiente urbano.

6

O objeto como produto de design

Após análise, feita anteriormente, sobre as interações entre o homem, a atividade, o objeto e o ambiente, percebemos que é muito importante estudar cada um dos quatro elementos básicos em constantes e permanentes interações em todas as situações, na nossa vida cotidiana e, enfim, na sociedade. O design, principalmente de ambientes, não pode absolutamente deixar de prestar atenção a elas, na pesquisa e na prática do projeto.

No design, a palavra *produto* é usada no lugar do termo *objeto* por ser mais específica, dando evidência à produção industrial. Já a palavra *objeto* tem conotações mais amplas e gerais, incluindo, por exemplo, objetos naturais. No entanto, Abraham Moles[6] (1920-1992), um grande mestre em teoria de comunicação social, tem suas próprias interpretações, modos de classificação e conceituações, diferenciando os objetos das coisas, dando ao objeto o caráter de fabricado.

Objetos para atender às nossas necessidades

Estudamos o objeto porque ele é aquilo que nós produzimos e usamos para atender às diversas necessidades na nossa vida cotidiana. Sem ele, o homem seria ainda primitivo. Com ele, a nossa vida se torna mais fácil, mais cômoda e mais segura. Essa última

Figura 6.1. Porta-retrato de resina, de *Feitos por Stella*. Design de Tai. Objeto produzido para atender a uma necessidade afetiva de seus usuários.

---

6 Abraham Moles (1920-1992), engenheiro elétrico francês, doutor em física e filosofia, professor de sociologia, psicologia, comunicação e design, foi um importante teórico em comunicação social que exerceu grandes influências em pesquisas. Dentre os seus livros, destacam-se: *Teoria dos objetos* (1981), *Teoria da informação e percepção estética* (1978), *Sociodinâmica da cultura* (1973) e *O kitsch* (1998).

afirmação está adequada? Ele não nos traz mais problemas, mais insegurança e uma vida mais difícil ainda? Até onde chegaremos com ele? O que devemos fazer em relação à criação do objeto, adequando-o à nossa vida de modo positivo? O designer, por ser um dos profissionais responsáveis pela concepção do objeto, precisa estudá-lo em diversos contextos e aspectos. No contexto sociológico ou antropológico, há estudos de classificação e caracterização dos objetos, servindo como fundamentos do estudo do objeto. A teoria e a história do design têm esse estudo como referência de informações contextuais básicas.

Objetos como produtos de design

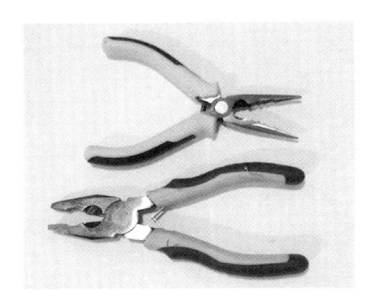

Figura 6.2. Objeto de necessidade para trabalhos técnicos específicos – uma ferramenta indispensável para facilitar o trabalho que exige esforço manual e segurança.

O objeto, entendido na área do design como o produto – aquilo que é o resultado do projeto e produzido pela indústria – apresenta normalmente funções, qualidades, valores e características já previstos antes de ou durante o processo de seu desenvolvimento. De modo geral, os objetos encontrados ao nosso redor são produtos de design. Porém, muitos deles não são exatamente frutos de design, mas da intuição, da adaptação funcional ou estética, da imaginação momentânea, da improvisação ou da manifestação artístico-expressiva. Os objetos utilitários de maior complexidade que não foram desenvolvidos por processo de projeto são facilmente sujeitos ao risco de falharem em qualidades, principalmente no aspecto ergonômico e, muitas vezes, trazem consequências negativas aos seus usuários, sem que estes tenham consciência disso.

A função mediadora do design

O design, que desempenha uma função mediadora entre produção (fabricação) e uso (consumo), exige que o designer esteja consciente de que o produto a ser lançado no mercado tem suas funções, qualidades, valores e características muito bem definidas em função de seus clientes e futuros consumidores. Assim, o produto deveria ser fruto do design. No entanto, os nossos ambientes estão não só repletos de produtos, mas de muitos tipos de objetos não industriais. Alguns são artesanais e outros são obras artísticas ou ornamentais. Para compreendermos o fenômeno dos objetos, devemos recorrer ao estudo das teorias dos objetos, fundamentadas na antropologia, na sociologia, na psicologia e também na estética. O fenômeno de *kitsch* é particularmente interessante para o estudo da estética (ver Capítulo 12, *A estética do* kitsch *e o design*).

O que é objeto?

O termo *objeto* representa, com grande abrangência, praticamente tudo, mas o uso desse termo é importante nas teorias, principalmente no estudo de contextos mais amplos, como: antropológicos, sociológicos, filosóficos e psicológicos. Por isso, no estudo das interações entre o homem e outros elementos exteriores a ele, a palavra *objeto* é usada com frequência. Então, o que é objeto? A definição dessa palavra ajuda-nos a melhor entender os problemas das interações entre os diversos sistemas, de caráter fenomenológico da vida cotidiana.

Objeto, no senso comum

O que é objeto? No senso comum, o objeto é tudo que, independentemente de sua origem, nós vemos, tocamos, usamos e que tem forma, cor, textura, peso, tamanho e volume, mas que não tem vida. No entanto, sociólogos, filósofos, cientistas de diferentes áreas, arquitetos, designers, psicólogos, teólogos, enfim, pessoas de diversas áreas e segmentos da sociedade têm versões bastante variadas sobre o objeto. Mas, no nosso estudo da interação entre o usuário e o objeto, uma adequada definição torna-se importante, porque ele possui funções, qualidades, valores e características que devem ser conhecidos e analisados devido às suas implicações na qualidade relacional com o usuário e na efetividade da atividade na qual o objeto é usado.

Objeto – da origem da palavra

Em busca de conceito apropriado para o estudo do design, comecemos pela definição etimológica da palavra *objeto*. A palavra veio do latim *objectum*, tendo o significado de "lançado contra" – coisa existente fora de nós mesmos ou posta diante de nós – e, conforme alguns dicionários, o objeto tem um caráter material: tudo que se oferece à vista e afeta os sentidos (Larousse). Os filósofos empregam o termo no sentido do pensado, em oposição ao ser pensante ou sujeito. Um objeto é algo que tem características e relações, apresentadas por um corpo material ou uma mente particular. Em áreas de estudo como a filosofia ou a psicologia, por exemplo, o objeto pode ser o "pensado" imaterial e abstrato, aquilo que é

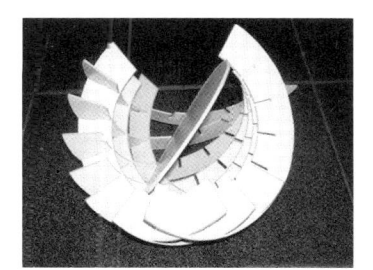

Figura 6 3. Objeto experimental gerado no processo criativo com o objetivo de obter uma configuração estética e estrutural para aplicação em design.

o objeto de estudo, pesquisa e investigação. Na área da internet e da informática, o objeto pode ser aquilo sobre o qual incide o conhecimento ou recai a ação, sendo oposto ao sujeito, que é aquele que exerce a ação ou o conhecimento. No entanto, de modo geral e na vida cotidiana, o termo *objeto* compreende, por uma parte, o aspecto de resistência ao indivíduo e, por outra, o caráter material do objeto e, finalmente, a ideia de permanência, ligada à de inércia, mesmo que possa ser deslocado, manejado e controlado. Moles sustenta que:

> as coisas são universais separáveis da continuidade a priori da Natureza, quantificáveis e passíveis de serem nomeadas, que assumem o estatuto de objetos quando são efetivamente separados e quantificados pela indústria humana, e assim reduzidos a uma mobilidade (MOLES, 1972, p. 33).

Como a definição de objeto tende ser extremamente ampla, a considerável restrição pela fenomenologia da vida cotidiana ajuda a encontrar uma definição que possibilite o estudo na área de design sem deixar equívoco, pois o design está intimamente ligado à vida cotidiana. A fenomenologia nos permite diferenciar os "objetos" das "coisas" em geral. Na nossa civilização, especialmente na sociedade industrial e de consumo, os produtos se destacam de todo um conjunto de coisas, como produtos intencionalmente elaborados, por mãos humanas e pela máquina.

Objetos nos fenômenos sociais

Dos fenômenos sociais, verificam-se problemas da vida cotidiana ligados a trabalho e serviço (trabalho braçal, controle e manutenção, artesanato e manufatura), indústria (transformação e produção), transporte, economia (distribuição de produtos, comércio, armazenamento, marketing e consumo) e outros setores. Esses problemas extremamente diversificados são analisados e pesquisados de maneira que os tópicos principais de cada um sejam explicitados e estudados para determinados fins de interesse. No design, a definição do objeto aproxima-se bem à da fenomenologia da vida cotidiana, o objeto pode ser entendido baseando-se na percepção sensorial total do indivíduo.

Valores, qualidades e características

Convertidos em mercadorias (geralmente), com seus valores de uso e de troca, com qualidades a elas atribuídas, mais outros valores simbólicos, afetivos, de posse, os produtos "trabalhados" e fabricados constituem, na sociedade industrial e de consumo, um verdadeiro império de objetos, estes que são classificados em espécies, categorias, tipos e gêneros, de acordo com suas característcas, caracteres, qualidades, dimensões e destinações. Nesse universo imenso de objetos, a vida cotidiana do homem está intimamente relacionada e sustentada por objetos, estes que, por sua vez, estão sujeitos à manipulação e são passivos de uso e consumo. Portanto o objeto, no ponto de vista dos sociólogos, além de ser o produto do *homo faber*, tem as características de passividade, artificialidade e mobilidade.

Os seres humanos, hoje, estão intimamente relacionados à sociedade por meio dos objetos, portadores das funções e mensagens, permitindo ocorrer fenômenos e situações nas diversificadas atividades humanas.

Objetos permanecem ao nosso redor servindo a nós como meios, uma espécie de prolongamento de nossos atos, atendendo às nossas necessidades.

Escalas de abrangência e classificação

Inúmeros objetos diferentes no nosso cotidiano precisam ser classificados para que sejam estudados em cada área específica, já que tudo pode ser considerado como objeto. Dessa maneira, nasceram diversas classificações, feitas por pesquisadores como Abraham Moles, Jean Baudrillard e Bernd Löbach, entre outros.

Na classificação feita por Löbach, objetos são divididos em quatro categorias: naturais; modificados da natureza; objetos artísticos; e objetos de uso. Essa última categoria ainda se divide em produtos artesanais e produtos industriais. Em uma categoria especialmente destacada, estão os bens de produtos de consumo, que inclui também alimentos e outros perecíveis ou biodegradáveis.

Na vida cotidiana, no sentido corrente da palavra, o objeto é qualquer coisa concreta e sem vida, ou um utensílio, um aparelho, um equipamento, um móvel e, principalmente, um produto fabricado. Em geral, automóveis, aviões e até uma estação espacial podem ser considerados como objetos. Mas casas e outros tipos de abrigos cuja locomoção é quase impossível já não são admitidos facilmente como objetos.

Conforme a primeira escala de abrangência, objetos da vida cotidiana são objetos normalmente criados ou desenvolvidos por engenheiros, designers e arquitetos. O psicólogo social Abraham Moles estabeleceu a relação

Figura 6.4. Apesar de pequenos, estes relógios têm algumas funções e são de alto grau de complexidade estrutural, com centenas de peças.

Figura 6.5. Aparelho de exercício físico, um produto de médio tamanho, de baixa complexidade funcional e estrutural. Cores contrastantes para gerar um forte estímulo visual.

entre o englobado e o englobante quanto às suas dimensões. Objetos pequenos que possam ser colocados e guardados em outros objetos maiores, na escala humana, são os englobados; já os englobantes são aqueles que vestem, guardam ou abrigam os menores, ou mesmo o próprio indivíduo, por exemplo, a vestimenta, o automóvel e a edificação. Abraham Moles explicou ainda que o objeto situa-se em um determinado nível do Modulor tal como o define Le Corbusier em sua busca dos módulos dos elementos do mundo exterior em relação ao homem. E, de acordo com seu raciocínio, podemos dividir os objetos, que vão de milímetros a alguns metros, em quatro níveis de percepção baseados no conhecimento tátil e visual.

Classificação conforme dimensões

Figura 6.6. Maquinaria de grandes dimensões, um maxiobjeto que permite ao seu usuário entrar nele.

Maxiobjetos – são aqueles nos quais as pessoas podem entrar e estar dentro para permanecer ou exercer suas atividades. Casa, automóvel, avião e navio pertencem a essa categoria.

Objetos médios ou grandes – são um pouco maiores ou menores que a nossa estatura e com escassa mobilidade e são representados largamente pelos móveis, máquinas e equipamentos intimamente ligados à vida cotidiana, doméstica e social e de trabalho das pessoas.

Objetos pequenos – são aqueles que podem ser contidos por ou apoiados sobre objetos médios e grandes. Aparelhos, utensílios e instrumentos que são normalmente manejados manualmente em ações frequentes e trabalhos diários. Esses são, por exemplo, telefone, copo, bolsa, tesouras, relógio, óculos, lata, cinzeiro, porta-retratos entre dezenas e centenas, muito próximas a nós.

Mini e micro-objetos[7] – são aqueles que podem ser manejados e contidos entre os dedos das pessoas ao executarem pequenas tarefas ou trabalhos que exigem certo grau de precisão. Pertencem a esse nível a agulha, o anel, a chave, o prego, o grampo, o prendedor e muitos outros que nós guardamos em estojos ou caixinhas.

Na psicologia social e no estudo da fenomenologia da vida cotidiana, os componentes ou peças de objetos não são considerados objetos de interações diárias por não terem, isoladamente, funções diretas para nossas atividades diárias. Uma agulha tem sua função diretamente relacionada à tarefa de costurar, mas a válvula de uma máquina ou a dobradiça de uma tampa, por exemplo, não constituem mediadores diretos do homem na execução de suas tarefas.

---

7   Abraham Moles chama os objetos desse nível de "miniobjetos" e não incluiu os micro-objetos. No atual estágio da era industrial, cada vez mais aumentam em número diversificados micro-objetos, os quais não devem ser menosprezados.

Complexidades funcional e estrutural

Os objetos podem ser estudados conforme sua complexidade funcional e estrutural. Como constatamos de objetos ao nosso redor, dos mais simples até os mais complexos – do alfinete até o computador – muitos deles são bem simples, mas apresentam funções complexas, como outros estruturalmente muito complexos podem desempenhar poucas funções. Muitas máquinas possuem mecanismos complexos e executam pouquíssima variedade de tarefas. O relógio é um dos exemplos – ele anuncia horas, minutos e segundos, mas é um sistema que possui centenas de componentes. Portanto, não seria possível classificar os objetos para fins de estudo, de organização ou para facilitar o uso deles na vida cotidiana, sem levar em consideração dois critérios básicos: a função e o tamanho.

Figura 6.7. O automóvel é um objeto de grande complexidade estrutural e funcional e, como consequência, o processo de design e produção dele é complexo, envolvendo diversas áreas e setores. Design de Eudes Rocha, ganhador do concurso Ford Talentos do Design, 2012.

Em residência, objetos ligados à alimentação quase sempre ficam na cozinha e na sala de jantar; os talheres estão perto dos pratos; as ferramentas, tais como alicates, chaves de fenda, martelos, serrotes e demais objetos pequenos – parafusos e pregos – ocupam um espaço conjunto – uma oficina, por exemplo. Mas podem fazer parte do mesmo espaço também as máquinas grandes e estruturalmente complexas, pois desempenham as mesmas funções que outras ferramentas simples. Usamos a nossa intuição e o nosso bom senso para organizar nossos objetos, seguindo, porém, esses dois critérios: a função e o tamanho.

Concepção do objeto e do ambiente

Como o objeto é concebido? Como o ambiente é criado? Essas perguntas devem encontrar respostas no nível do design – explicações que justifiquem claramente a origem e o motivo que levam à necessidade até chegar à concepção do objeto ou do ambiente. Temos que ser capazes de dizer como raciocinamos ao conceber ideias que se configurem em produtos concretos.

Bernd Löbach apresenta a ideia sobre a configuração do objeto em três maneiras: a *prático-funcional*, a *estético-funcional* e a *simbólico-funcional*. A palavra "funcional" repetida nas três tem a intenção de enfatizar a ideia da "função", mesmo quando se trata da expressão estética ou da conotação simbólica. Não sou contra a proposta dele, mas, pela conveniência didática, proponho as concepções *prático-funcional*, *estético-visual* e *simbólico-sugestiva*, permitindo clarear melhor seus significados.

As funções prática, estética e simbólica

O objeto ou o produto é concebido e desenvolvido partindo de ideias ou propostas com abordagem das suas funções. A primeira delas costuma ser a *prático-funcional*, como um critério que atende à necessidade do usuário e aos requisitos de uso, tais como: a praticidade, a versatilidade, a facilidade de manutenção, o conforto e a segurança. A segunda é a *estético-visual*, que visa a criar um aspecto visual, uma aparência esteticamente bem-resolvida e que possa transmitir mensagens que estimulem o prazer do usuário, no sentido de atração visual, alegria, aconchego, enfim, sensações agradáveis. Já a *simbólico-sugestiva* possibilita enfatizar o valor simbólico ou sugere um significado específico e especial ao seu usuário. Esta última pode ser uma função intencionalmente criada para o produto como também gerada pelo aspecto visual ou pelas circunstâncias especiais (fenômenos inesperados, moda, movimentos, marketing etc.), independentemente da intenção do designer.

A função indicativa do produto

Ao explicar as funções do produto, Bernhard Bürdek apresenta ainda a ideia da *função indicativa*, além da função estética e da simbólica, deixando clara a ligação entre a estética e a praticidade. É verdade que a estética de um produto pode ajudar a melhorar a funcionalidade, mas, quando ela está adequadamente resolvida, especialmente quando integra com a qualidade de *affordance* do produto. Detalhes que são visualmente estéticos podem, ao mesmo tempo, ser práticos enquanto indicam e orientam o que e como proceder durante o uso do produto. Um dos melhores exemplos é o caixa eletrônico do banco. O equipamento apresenta na sua parte superior dois tipos de interface. A interface com teclas físicas e a outra com teclas e outros elementos gráficos virtuais – dispositivos, comandos, ícones e palavras – são concebidas de modo que funcionem e que facilitem o uso.

Affordance em produtos

Um produto, independentemente da sua função estética, ao proporcionar ao seu usuário um conjunto de atributos ou propriedades, características físicas, permitindo-o perceber rapidamente de que maneira ele deve ser usado, apresenta uma função chamada de *affordance*, um conceito primeiramente apresentado por J. Gibson e propagado por Donald A. Norman, autor do livro *Design of Everyday Things* (New York: Basic Book, 1988).

Conforme Norman, *affordances* fornecem pistas evidentes das operações de coisas e permitem que usuários saibam o que fazer somente pelo olhar, sem precisar de instrução. A forma circular pode ser associada com o movimento de girar ou rolar; já o triângulo ou quadrado nos transmite a ideia de estabilidade ou apoio. Um exemplo simples e de fácil compreensão é a taça de vinho. Entendemos por intuição que a parte superior convexa é para conter o líquido, a parte do meio é para o usuário segurá-la com os dedos e a parte inferior serve para firmar a taça ao ser colocada em uma superfície horizontal, pois cada parte nos deixa explícita, de modo imediato, a sua função. Outro exemplo, de produto de maior complexidade, é a bicicleta. Quando você vê uma bicicleta, de imediato você sabe onde e como sentar e percebe que você deve segurar o guidão com as duas mãos e movimentá-lo para mudar de direção. Os dois pedais têm todas as características para sugerir o ato de pedalar do ciclista. A forma, o tamanho, a localização, o posicionamento, a fixação, o movimento e outras características das partes da bicicleta indicam ou sugerem o modo correto de usá-la.

A organização funcional dos elementos

Assim, todos os elementos que funcionam como dispositivos ou comandos, virtuais ou não, devem ser criados e organizados levando-se em conta a facilidade de uso do equipamento. Nesse caso, várias características devem ser pensadas: a forma, o tamanho, a cor, a textura, o espaçamento, a disposição, a ordem, a sequência, enfim, a composição funcional desses elementos.

Hierarquicamente cada dispositivo deve ter uma forma, uma cor, uma textura, um tamanho e um lugar apropriados à sua função específica. Para garantir a usabilidade, a disposição deles é tão similar à disposição dos móveis e objetos em um ambiente ergonomicamente bem-solucionado.

A função indicativa envolve também, portanto, uma atenção especial à ergonomia informacional, garantindo a legibilidade, a visibilidade e a inteligibilidade das informações visuais e escritas. Mas essa função indicativa, sugerida por Bürdek, é exatamente o "trabalho" conjunto da função prática com a estética dos elementos em comum. Podemos dizer que existe uma concepção prático-estética do produto, na qual a forma e a cor se definem de acordo com suas funções de uso.

Figura 6.3. Esculturas urbanas com função exclusivamente estético-visual, com expressão lúdica, integrando com a arquitetura e o mobiliário urbano para formar uma paisagem urbana.

Concepção prático-funcional

Figura 6.9. Mobiliário urbano, para estacionamento de bicicletas, apresenta não só função prático-funcional, mas também preocupação com o aspecto visual diferenciado.

A concepção prático-funcional é o modo de pensar no processo da configuração do objeto e do ambiente, levando em consideração, primeiramente, os requisitos de uso, tais como: a praticidade, a funcionalidade, a versatilidade, o conforto, a segurança, a facilidade de manutenção. Essa concepção condiz com a necessidade primeira e real quanto ao uso do objeto como ferramenta ou utensílio, ou do ambiente como lugar, propício a ou facilitador de uma ação, atividade, tarefa ou trabalho.

Cada objeto utilitário oferece uma ou mais de uma função. Por exemplo, uma simples caneca tem a função de conter líquido para ser bebido; porém, ela deve apresentar algumas vantagens facilitadoras para o uso. Algumas delas podem ser: tamanho ideal, leveza, resistência, facilidade de carregar, facilidade de lavar, higiene, conforto e segurança. Assim, entendemos que a caneca adequada para o uso atende a certas condições, as quais devem ser pensadas no processo de concepção do design. Mas todas essas condições podem ter relação com muitos fatores, tais como o material, a forma e a estrutura. E estes têm a ver também com a aparência visual. E aparência visual é a questão da estética. Desse modo, a concepção do objeto e do ambiente não se limita ao modo prático-funcional, mas também é pensada, aliás, já extremamente pensada, de modo estético-visual.

Concepção estético-visual

Quando a concepção é estritamente estético-visual, ou seja, o designer pensa tão enfaticamente na aparência do objeto utilitário, com a intenção de criar algo visualmente muito diferente, corre o perigo de cair na armadilha do *styling* enfático, negligenciando outros importantes critérios e parâmetros destinados ao uso. Volto a afirmar que o designer deve mesmo sempre associar a função utilitária e a função visual, ou melhor, integrar as duas funções: prático-funcional e estético-visual. A praticidade no uso e a beleza na contemplação são duas coisas que convivem no objeto bem-pensado. No design de objetos intimamente vinculados à criação de estilos, que dependem principalmente da expressão visual, artística ou estilística, como produtos do design de moda e de joias, a mudança estilística torna-se fundamental para o seu sucesso.

Aparência visual – comunicativa e afetiva

Pensar na aparência visual do objeto significa pensar em comunicação, expressão, percepção e manifestação artística ao mesmo tempo. Basicamente o objetivo de criar a aparência visual é estabelecer uma relação comunicativa e afetiva – uma conexão emocional, entre o usuário e o seu objeto (ou ambiente). Um produto ou um ambiente deve realmente apresentar uma boa aparência e expressar a sua imagem para conquistar afetivamente o seu usuário. A estética torna-se um conteúdo indispensável do design. A recente e muito usada palavra "agradabilidade", junto a outra também muito explorada, "usabilidade", querem dizer essa mesma ideia de combinação. Os consumidores costumam dizer "estou procurando um produto bom, bonito e barato". O bom é aquele que tem boa função prática, e o bonito, boa função estética. O barato já é um problema ainda mais complexo, pois está ligado a tudo isso e intimamente aos fatores da produção e do mercado.

Figura 6.10. Banco de pedra ornamentado com motivo floral, reduzindo a típica frieza do material, acrescendo ao parque londrino mais elementos para humanização do ambiente.

A palavra "estética" que usamos aqui não se refere à questão no contexto filosófico, mas se diz muito mais em relação à concepção da aparência visual agradável, ou mesmo, bonito, simpático, atraente. Mesmo assim, vulgarmente falando, a estética é um assunto extremamente complexo, ligado a diversos fatores e áreas de estudo, a saber: cultura, história, sociologia, antropologia, psicologia, semiótica, informação, comunicação, percepção, arte, ergonomia, *estalt*, teoria da cor, moda e *kitsch*.

Afinal, o que é bonito, o que é uma boa forma, o que é feio e o que é brega? São conceitos realmente de difícil afirmação. Então como podemos trabalhar em função de concepção estético-visual? A resposta está em análises e reflexões feitas a partir de pesquisas teóricas e de campo. É possível descobrir do público os gostos e preferências, aceitação imediata, aceitação gradual e aceitação futura de certas características da estética.

Organização dos objetos

O objeto ocupa seu lugar conforme a vontade de seu dono. Isso é evidente, porque cada pessoa coloca o objeto de acordo com a sua conveniência, necessidade ou mesmo, sua total vontade, fortemente influenciada pelos hábitos. Mas, racionalmente pensando e, principalmente, quando se trata de uma questão do design, os objetos devem ocupar seus devidos lugares no ponto de vista da *organização*, o que pode tornar os ambientes visual e funcionalmente melhores, pois isso não só ajuda a criar a sensação de ordem e conforto, mas também oferece segurança.

Para compreendermos a importância da organização, primeiramente devemos conhecer seus fatores inerentes, que são: espaço; localização (em plano e altura); posição; direção; agrupamento; proximidade; hierarquia (graus de importância); ordem; iluminação, entre outros.

Território – zona de influência

Figura 6.11. Nas ruas de Paris observa-se que, além das pistas para automóveis e calçadas, existem ciclovias e áreas para guarda de bicicletas e descanso para pedestres. Essas vias e áreas são demarcadas como territórios invioláveis, pois cada uma é destinada para um tipo de usuário e uma função.

É necessário compreendermos que o objeto, além de ocupar fisicamente um espaço, gera uma zona de influência de acordo com a sua importância, exatamente como atua o indivíduo. Analogamente a noção da *territorialidade* aplica-se, de algum modo, ao objeto, embora este seja um ser inanimado. Um objeto deve manter-se em uma distância relativa do outro quanto à "individualidade" e conforme a importância hierárquica. Quando um objeto é valorado, ele passa a ganhar um espaço de destaque, implicando até a definição especial de sua localização, posição e direção. Hierarquicamente o destaque é assumido devido à sua importância, na estética, na simbologia, no valor monetário e na função utilitária.

É comum nos depararmos com objetos amontoados em desordem, como também é frequente vermos objetos dispostos um ao lado do outro, um em cima do outro, de modo ordenado. Não há dúvida de que sempre tentamos organizar as coisas na nossa vida cotidiana. A causa desse fato, psicologicamente, já é comprovada, pelas pesquisas feitas por psicólogos, de que o nosso cérebro processa com maior facilidade coisas percebidas como mais simples, simétricas e em ordem.

A percepção e a *Gestalt*

A nossa percepção visual que busca naturalmente formas simples e ordenadas encontra explicações na teoria da *Gestalt*, a psicologia da forma, na qual vários princípios – simetria, proximidade, similaridade, continuidade, fechamento, regularidade e plenitude ("pregnância") – nos mostram que, tanto no estudo e na criação de formas bi e tridimensionais como na organização de objetos em espaços, a simplicidade, que é a característica formal de padrões visuais de fácil reconhecimento perceptivo, é o princípio mais forte da *Gestalt*. No entanto, devemos aplicá-la com criatividade, integrando esses princípios com os da composição, a fim de produzir resultados atrativos. Evitamos, assim, a monotonia demasiada da simplicidade e também a tensão excessiva provocada pela complexidade, buscando organizações esteticamente adequadas a cada situação ou projeto específico. E, na prática, a organização possibilita a facilidade, a comodidade, o conforto e a sensação de segurança no uso do objeto em todos os tipos de atividade diária. Podemos dizer que, em muitos produtos, a *simplicidade é a síntese de uma complexidade como resultado de uma boa organização*. Baxter[8] defende que a atratividade do produto resulta de uma combinação adequada de elementos simples e complexos.

Figura 6.12. O usuário de um ambiente como este normalmente tenta organizar seus objetos de modo ordenado, pensando tanto na aparência visual como na praticidade.

Agrupamento estético e funcional

Agrupamento de objetos (produtos) ocorre em diversas ocasiões: 1ª) colocação aleatória pela conveniência pessoal; 2ª) guarda de objetos, em condicionamento para proteção e reserva; 3ª) guarda de objetos para embalagem e transporte; 4ª) apresentação e exposição; e 5ª) disposição organizada pela necessidade de uso.

Excetuando-se a primeira, todas as quatro ocasiões são especificamente ligadas à solução ergonômica e devem ser estudadas tanto no design do objeto como no de ambiente. O melhor agrupamento de objetos (produtos) para guarda e proteção é associado ao problema de empilhamento e, portanto, ligado à própria forma (configuração física) do produto e, muitas vezes, da sua embalagem. O menor espaço que o conjunto de produtos ocupa depende da melhor configuração que permita melhores

Figuras 6.13 e 6.14. Em diferentes situações e para diferentes objetivos, objetos de coleção são agrupados de maneiras distintas.
Mercadorias são colocadas conforme tipos, tamanhos e cores para atrair visualmente consumidores. Fotos antigas de personagens renomados, organizadas de maneira espontânea, preenchendo todo o espaço das paredes, geram um ambiente animado e informal, com apelação para a nostalgia.

---

8   Mike Baxter, no livro *Projeto de produto* (tradução de Itiro Iida, Blucher, 1998), apresenta um capítulo sobre princípios do estilo de produtos, no qual analisa diversas questões ligadas à percepção visual, à *Gestalt* e a relação entre a simplicidade e a complexidade.

formas de acomodação, como em veículo de transporte ou em contêiner. Já o melhor agrupamento de objetos para apresentação ou exposição está associado à estética e aos efeitos visuais, atrativos ou persuasivos. No agrupamento estético é uma questão de composição estética, que envolve o uso de elementos visuais (como a forma, a cor, o tom, a textura) e fatores como ritmo, movimento, equilíbrio, harmonia, cheio e vazio, peso entre outros.

Não há dúvida de que, para cada finalidade, há uma forma de organizar ou compor objetos. As mercadorias em supermercados são colocadas para fins de exposição e venda para um público consumidor muito grande. Em residências, os objetos são organizados para proporcionar praticidade e visual agradável de acordo com gostos pessoais. Enfim, o design exige, para a organização em agrupamento de produtos, dois critérios fundamentais: a função prática e a estética.

7
Configuração do ambiente humanizado

O ambiente, a ambiência e a ambientação

O ambiente é entendido normalmente, no design, como o entorno do sistema ou o espaço "ambientado" (ambiência), física e visualmente perceptível como um conjunto de elementos e condições arranjados ou organizados para se adaptar às exigências dos indivíduos que nele fazem algumas atividades.

A palavra *ambiente* tem significados bastante amplos, envolvendo desde pequenos ambientes internos criados pelo homem até o meio ambiente global. Vários termos usados com frequência – ambiente físico, meio ambiente, ambiência, ambiente e ambientação – têm denotações e conotações, partes em comum e partes similares ou diferentes[9]. A seguir, gradativamente, chegaremos a clarear os sentidos no uso mais adequado desses termos. Aqui, não vamos discutir o termo usado em outras áreas, por exemplo, da informática.[10]

Um ambiente é bom quando o seu usuário está satisfeito com ele, recebendo estímulos para desenvolver atividades que a ele são destinadas. Como qualquer

---

9   Exemplos de termos que usam a palavra *ambiente* são diversos para diferentes contextos, por exemplo, meio ambiente, ambiente social, ambiente legal, ambiente microgravitacional, ambiente tecnológico. Meio ambiente inclui tudo o que afeta diretamente o metabolismo ou o comportamento de seres vivos, incluindo a luz, o ar, a água, o solo ou os outros seres com que coexistem. Ambiente social refere-se à cultura em que um indivíduo vive, ao lugar onde ele é educado e também ao conjunto das pessoas e instituições com quem ele interage.

10 Na informática, o ambiente se refere a *hardware*, sistema operacional em que determinado programa pode ser executado e realizando processos que permitem o funcionamento. Os termos mais usados são, por exemplo: ambiente de desenvolvimento integrado, ambiente inteligente, ambiente de trabalho, ambiente de trabalho remoto, ambiente virtual, entre outros.

tipo de objeto, a *agradabilidade* e a *usabilidade* são condições básicas para a satisfação do seu usuário. Assim, é normal que o usuário recorra aos recursos de decoração ou ornamentação do seu ambiente, usando elementos que possam ambientar o espaço ao seu gosto, tornando-o agradável.

Ambientação para fins específicos

Diversos motivos solicitam o trabalho de ambientação, com objetivo de criar quase que um cenário, conforme a "atmosfera" de propósitos bem-direcionados. Principalmente lojas devem ser ambientadas nos dias comemorativos ou nas temporadas festivas. Cenários específicos como os de estandes de exposições e de grandes eventos ou cenários para fins publicitários são tipicamente frutos de ambientação. Residências, muitas vezes, recorrem ao trabalho de ambientação, com a clara intenção de criar um ambiente cenográfico, decorado, ornamentado e de ostentação. A ambientação poderia facilmente levar o ambiente para o âmbito do *kitsch*, quando o designer apela fortemente aos gostos populares pelo luxo falso, por exemplo, e ao exagero desnecessário. É preciso, porém, que projetos de ambientação para fins específicos utilizem recursos muito efetivos de simbolismo e metáfora, além de expressão e de comunicação baseadas na utilização de elementos visuais que gerem múltiplos estímulos. São ótimos exemplos os ambientes fantasiosos do Disney World, frutos de projetos de ambientação altamente eficientes, que conseguem levar seus visitantes ao clímax do prazer da diversão. Para uma festa de aniversário de criança, há a preocupação de fazer ambientação, decorando o ambiente para animar a criançada e, para isso, recorre-se à criação de um cenário, cheio de fantasia, muitas vezes, temática. Ambientes como esses são sempre altamente estimulantes, gerados com elementos de características do *kitsch* (ver *kitsch*, Capítulo 12).

Ambientação ou não, quando se trata do ambiente, seja qual for o propósito, o design faz a diferença. O resultado tem que atender, com eficácia, às necessidades e exigências de seus usuários e corresponder à finalidade e à função do ambiente proposto.

Ambiência – criação do ambiente humanizado

Quais são a finalidade e a função de uma sala residencial? E de uma perfumaria, uma joalheria, uma loja de calçados, uma loja de presentes, uma livraria, um restaurante, um bar? Para cada finalidade ou função, destina-se um tipo de ambiente. Um bom ambiente é aquele que gera o estímulo efetiva e adequadamente aos seus usuários para determinadas atividades. Esses estímulos podem ser gerados pelos elementos visuais (cores, texturas, tons, formas, grafismo, imagens), disposição dos objetos e mobiliários, organização de espaços, luzes, cheiros e sons. O ambiente é bom quando ele é humanizado, animado. Os elementos e fatores responsabilizados pela geração de estímulos de todos os tipos, tanto físicos, biomecânicos e fisiológicos, como psicológicos, mentais e perceptivos, agem em conjunto, o que pode ser chamado de ambiência.

Figura 7.1. Aspecto visual que gera estímulo sensorial agradável faz parte do ambiente humanizado. As floreiras dispostas em uma composição rítmica tornam este ambiente urbano mais animado.

Um espaço de trabalho não recorre à ambientação para ser adequado, mas o design atenta para gerar uma ambiência adequada a favor do usuário, de modo que ele seja eficiente nas suas atividades.

O design e a arquitetura frequentemente usam o conceito de ambiência no lugar de ambiente ou de ambientação. Mas qual é a diferença entre eles? Conforme os dicionários da língua portuguesa, ela é sinônimo de ambiente. Mas, no estudo mais específico do design e da arquitetura, podemos dizer que ambiente tem conotações amplas, enquanto ambiência tem a conotação de espaço intencionalmente organizado e humanizado, aplicando com ênfase elementos que gerem "atmosfera" psicossensorial, nesse meio não apenas físico, mas estético e psicológico, destinado a determinadas atividades, em condições humanamente satisfatórias e sem estresses em termos de estímulo e segurança.

Humanização e animação do ambiente

O ambiente bom é o ambiente humanizado, animado. Então, estamos falando da humanização do ambiente, que visa a oferecer as condições que permitem seu bom uso pelo usuário, de maneira efetiva ou até prazerosa. O ambiente bom é aquele que é agradável, confortável, seguro e funcional – aquele que apresenta um alto grau de "agradabilidade" e "usabilidade".

O ambiente bom é aquele que consegue gerar estímulos adequados ao seu usuário, a fim de que este, por meio da sua percepção, consiga ter boas sensações, entender o significado do ambiente e, consequentemente mostrar reações (física, fisiológica e psicológica) positivas.

É correto dizer que a humanização e a animação do ambiente têm, de certa maneira, o mesmo sentido, ou pelo menos, a mesma conotação, de que o ambiente destinado ao ser humano deva apresentar vivacidade. Desse modo, a palavra animação quer dizer gerar "vida". O ambiente cheio de vivacidade, neste caso, é o ambiente humanizado. No senso comum, as pessoas rejeitam a monotonia apresentada por ambientes que carecem de elementos animadores da sensação, configurados como objetos, alguns com a exclusiva função de decoração. Normalmente, o espaço onde há plantas e objetos é um ambiente que tem vida. Esses elementos são exatamente os signos indicativos da presença do ser humano.

Os fatores que favorecem a humanização do ambiente são aqueles que são diretamente ligados às condições de conforto térmico, conforto acústico, iluminação. E diversos elementos contribuem para a humanização do ambiente: espaços, formas, cores, texturas, elementos gráficos, elementos comunicativos e também elementos não visíveis, tais como a música e o aroma.

O ambiente físico, o ambiente construído

Ambiente é uma palavra usada popularmente para se referir ao *meio* onde as pessoas vivem. Esse *meio*, usualmente chamado de meio ambiente, quando é fruto de criação do homem, é constituído por diversos elementos naturais e artificiais, organizados de maneira que se adaptem ao seu usuário em diversos aspectos. Aqui, estamos falando especificamente do ambiente físico[11], que tem um significado mais limitado, e não o ambiente concebido como social ou interpessoal. No aspecto prático-funcional, o usuário normalmente quer que o ambiente físico construído seja um meio facilitador para as suas atividades diárias e, no aspecto visual, tenta transformá-lo para que ele se torne visualmente satisfatório conforme o seu gosto. O ambiente criado pelo profissional para um determinado usuário, com objetivos bem-definidos, passa por um processo de projeto e de configuração final. São três fundamentos que explicam como um ambiente ou objeto toma forma: a configuração prático-funcional, a configuração estético-visual e a configuração simbólico--sugestiva. Devido à busca da conveniência e do prazer que é, de modo geral, a ânsia das pessoas em relação ao seu ambiente, os três modos de configuração manifestam-se ao mesmo tempo, diferenciando-se entre si apenas pelo grau de ênfase.

As interações em diferentes formas e níveis

Nós vivemos em um complexo sistema social onde há interações diversificadas, em diferentes formas e níveis, entre o homem, o objeto e o ambiente construído. Todos os seres interagem para viver e sobreviver de melhor maneira. A interação

---

11 Conforme os psicólogos ambientais, o ambiente físico se divide em dois tipos: o construído (ou modificado) pelo homem e o natural (HEIMSTRA, 1978). O ambiente construído é resultado do projeto ou, no mínimo, do arranjo espontâneo, porém intencional, realizado pelo seu usuário.

entre uma pessoa e a outra, entre um grupo de pessoas e o outro, em um aspecto, serve para buscar harmonia e prazer na convivência interpessoal ou social; em outro, tem o objetivo de possibilitar uma melhor convivência ou de conseguir a supremacia de um sobre o outro em concorrência ou competição, tanto no nível pessoal como em âmbito maior, até em nível internacional. Tanto a convivência quanto a concorrência dependem de modos, métodos, técnicas, recursos e processos nas interações. Há todo um sistema de interações tão complexo que não se recomenda a discussão aqui. Cabe a nós aqui analisarmos apenas as interações no âmbito do ambiente e dentro do contexto do design, porque nas interações em nível ambiental é possível observar, detectar e estudar os problemas referentes às inter-relações entre os quatro elementos básicos de um sistema ambiental: o homem, o objeto, a atividade e o ambiente (construído)[12].

Figura 7.2. Junto ao saguão desse hotel, verifica-se uma área grande onde está um balcão de atendimento, o acesso aos elevadores e, ao lado, na entrada, um ambiente separado por um painel transparente e ornamentado por elementos gráficos. As áreas são totalmente integradas, permitindo aos usuários interagirem e se comunicarem.

O homem, no nosso estudo, pode ser chamado de o usuário. O objeto define-se como qualquer coisa física e artificial que ocupa um lugar no ambiente e que tenha atributos estéticos e funcionais, abrangendo desde pequenos utensílios, utilidades domésticas, equipamentos até móveis. A atividade deve ser entendida como uma ação ou um conjunto de atos que possa gerar resultados ou consequências para aquele que a exerce e, muitas vezes, para outras pessoas.

Os elementos do ambiente construído

Antes de tudo, devemos entender que o ambiente é a soma de todos os elementos ou componentes perceptíveis em um espaço onde o homem está e, de algum modo, exerce alguma atividade. Um espaço pode não conter nenhum objeto, mas, por existirem nele alguns elementos visuais (luz e sombra, cor, por exemplo), ele passa a ser um ambiente, embora não suficientemente humanizado e não animado.

12 Os estudiosos ou pesquisadores da ergonomia frequentemente citam o sistema HTM (homem-tarefa-máquina), cujo último componente pode ser substituído por *objeto*, a denominação mais apropriada, principalmente na área do design. O ambiente, na verdade, é outro elemento tão fundamental como os outros para o estudo de interações, pois está diretamente relacionado a fatores inerentes como o espaço, a iluminação, a ventilação, a temperatura e o ruído, entre outros.

O ambiente é, na verdade, o espaço caracterizado por uma "atmosfera" com um determinado caráter que possa exercer certa influência na sensação e na reação da pessoa que nele está inserida. O ambiente, por isso, só é ambiente quando há no espaço seu elemento mais primordial – o sujeito sensível e perceptivo, porque somente assim é possível existir o relacionamento entre os dois – o homem e o ambiente.

A força motivadora do ambiente

Figura 7.3. Ambiente criado para o público infantil, em um parque de Paris. Terreno preparado em relevo acentuado, espaços criados para "aventuras" e uso de formas e cores contrastantes para estimular as crianças a explorar a sua imaginação e fantasia.

O relacionamento entre o homem e o seu ambiente físico é estudado pela psicologia ambiental, considerando que o comportamento humano está, em muitas formas, relacionado funcionalmente com os atributos do ambiente físico e que ele, em um contexto específico, pode também definir um determinado padrão de comportamento. O ambiente físico é capaz de estimular o usuário e gerar efeitos psíquicos e emocionais, tanto positivos como negativos, por possuir uma força motivadora, constituída pelas diversas qualidades associadas. Essas qualidades associam-se a todos os elementos físicos, químicos, visuais e acústicos. O comportamento[13] e a personalidade do indivíduo, bem como suas atividades, podem ser fortemente influenciadas pelos efeitos gerados por essas qualidades associadas.

Quando o relacionamento entre o usuário e o seu ambiente é satisfatoriamente resolvido, a interação entre os dois torna-se positiva, adequada ou otimizada. Esse ambiente pode ser considerado humanizado. Onde há vida, há estímulos; portanto, animado. Nesse ambiente, diferentes objetos, junto a outros elementos, inclusive arquitetônicos, devem atender às necessidades funcionais e exigências psicológicas do seu usuário, para que este se sinta bem ao usufruir também do conforto e da segurança oferecidos pelas condições ambientais. A sensação de bem-estar e a satisfação física e psicológica provêm da organização adequada dos elementos que constituem o ambiente e, em uma boa parte, resultam da comunicação, principalmente aquela visual.

13 Comportamento, na concepção da psicologia ambiental, refere-se a "uma faixa quase ilimitada de atividades" (HEIMSTRA, 1978). Ele é qualquer forma de atividade observável e detectável.

A comunicação no ambiente

Todos os seres, vivos ou não, são portadores de informações e trocam mensagens entre si. Nas complexas formas de comunicação, essas informações nem sempre são codificadas e decodificadas de maneira correta. No processo de transmissão e recepção de mensagens, ocorre facilmente o problema de distorção e má interpretação. Os problemas podem persistir e, portanto, necessitam de ajustamentos e correções que se baseiam em *feedback* em nosso estudo e projeto. O design é também comunicação, tem o papel de intervir nos trabalhos desses ajustamentos e correções, criando soluções satisfatórias ou inovadoras.

Figura 7.4. Algumas esferas pretas brilhosas em uma praça criam estímulos visuais e lúdicos, estabelecendo uma interação comunicativa no ambiente urbano.

Um objeto, utilitário ou não, com a sua aparência formal, carrega signos semânticos e estéticos, informando e expressando algo ao observador ou ao seu usuário. O conjunto de objetos faz o mesmo. O ambiente também. A exterioridade formal e visual do objeto gera reações, de aversão, de gosto, de simpatia ou de afeto, quase de imediato. Em geral, não ultrapassa 30 segundos até ocorrer a decisão. Por ter influências imediatas, a aparência do objeto ou do ambiente frequentemente se torna uma preocupação enfática do designer no projeto, e a supervalorização da superficialidade acarreta a indução fácil à concepção de resultados sem consistência funcional.

A interação comunicativa entre o usuário e o seu ambiente

Dos signos mais simples até a mensagem formada no objeto ou no ambiente, todos são responsáveis pelo comportamento do seu usuário no processo de interação. Formas, cores, texturas, tons, detalhes e o estilo criado informam e expressam algo que possa determinar o comportamento das pessoas, ou influenciá-lo de alguma forma. Assim, o senso estético, altamente influenciado pelos fatores culturais e psicológicos, passa a ser um importante requisito nessa interação, que, no primeiro momento, é basicamente comunicativa.

As interações são basicamente problemas de comunicação. É fundamental que o designer entenda primeiramente as interações entre as pessoas – como as pessoas se relacionam e se comunicam – para compreender as interações em diversos níveis e entre diferentes sistemas. Sabemos que, para efetuar a comunicação, os seres humanos usam complexas linguagens gestuais, verbais, sonoras, escritas e visuais. Portanto, o estudo dos signos, o da percepção, da imagem, da informação e da comunicação são importantes para a formação do designer.

Linguagens comunicativas sociais

No nível social, é possível que as pessoas se comuniquem apenas usando o visual da própria aparência por meio do traje, do penteado, dos acessórios ornamentais, dos objetos que carregam, além da sua postura e da fala. As pessoas que se comunicam com sintonia se juntam geralmente em lugares em comum e frequentam ambientes que consideram coerentes às suas "linguagens". Visto que há lojas do mesmo ramo, mas de diferentes categorias. Umas são de alto luxo, outras medianas ou populares. Os estabelecimentos comerciais são assim e os ambientes institucionais também apresentam essa discriminação. Portanto, as interações humanas e ambientais sofrem fortes influências das diferenças sociais, econômicas, políticas, culturais e religiosas.

Os diversos aspectos, do visual ao de conforto ambiental, de um ambiente acarretam diferentes modalidades sensoriais. Suas condições devem corresponder às sensações e percepções do usuário em uma comunicação positiva. Dessa forma, dependendo da finalidade de um ambiente, diferentes aspectos podem ser controlados para produzir uma "atmosfera" favorável, ao motivar um adequado estado comportamental para determinadas atividades.

Uso de linguagens específicas

Um *shopping center*, localizado no centro de Shanghai, na China, foi projetado para um público-alvo específico formado por adolescentes e jovens da classe média. Além de acesso fácil por metrô, todos os ambientes apresentam características visuais com ícones familiares aos consumidores juvenis. Da música-ambiente ao tipo de alimentação, todos os itens estão voltados para eles. A linguagem usada na criação dos ambientes é completamente adequada às exigências dessa "tribo" urbana. Esse é um exemplo de uso de linguagens comunicativas específicas para evocar emoções de um público específico.

A interação entre o usuário e o objeto no ambiente

De que forma as pessoas interagem com os objetos ou com o ambiente é uma questão tão complexa como a das interações entre as pessoas. O ambiente é normalmente criado conforme as necessidades e exigências de pessoas que o usam. Assim, todos os objetos, móveis e outros elementos são feitos, adquiridos, dispostos e organizados conforme os gostos, as sensibilidades estético-artísticas, as concepções ideológicas e religiosas, e muitas outras características de personalidade dos seus usuários. A busca de máxima correspondência, principalmente comunicativa e perceptiva, entre o ambiente e o usuário é a preocupação do designer.

A eficiência comunicativa dos objetos

O ambiente usado e vivenciado por determinada pessoa ou um grupo de pessoas é sempre formado de objetos, de diferentes tamanhos, formas, materiais, complexidades e funções. São objetos perecíveis, duráveis, provisórios ou permanentes, abrangendo desde pequenas utilidades domésticas até grandes móveis. A forma como o usuário se relaciona com o seu objeto permanece ainda em primeiro lugar, como uma questão de comunicação, que é diretamente relacionada ao comportamento e à postura do usuário. Por exemplo, se um rapaz possui um aparelho eletrônico de aspecto estético-visual dentro ou acima do padrão por ele exigido, ele certamente o utiliza de modo carinhoso e cuidadoso como símbolo de *status*. E, em troca, esse objeto o satisfaz com a eficiência comunicativa, além da sua função utilitária. Ele o coloca em um lugar ocupando um espaço privilegiado e, muitas vezes, o cultua criando uma situação ambiental e interativa exagerada.

O objeto deve se adaptar ao usuário

Na interação entre o homem e o objeto, este último deve se adaptar às necessidades e exigências do primeiro. Mesmo assim, o homem usa o objeto e tenta adaptá-lo à sua maneira, criando consequências às vezes prejudiciais à sua saúde. O usuário, muitas vezes, não assume posturas e movimentos de modo ergonomicamente adequado. No aspecto do uso, a ergonomia torna-se fundamental quando se trata do conforto na sua utilização. O objeto, principalmente o mobiliário, quando é malresolvido no aspecto ergonômico e malrelacionado ao seu usuário, pode trazer consequências desagradáveis não só no estado físico-fisiológico, mas também psicológico e mental. Essa é uma importante consideração que deve ser lembrada pelo designer. Não só as formas e dimensões, mas os materiais e cores exercem influências no conforto de uso. A posição, a localização e o espaço ocupado do objeto em relação ao usuário são determinantes para uma boa interação no ambiente.

Entre objetos e demais elementos

O ambiente, como já foi referido acima, é constituído de conjuntos de objetos, além de seus usuários. Um objeto isolado é um sistema, e vários outros podem constituir outro sistema, e assim diversos sistemas de objetos formam, juntos com os outros elementos físico-visuais (e também sonoros, energéticos e as próprias pessoas), o ambiente. Deste modo, devemos investigar e analisar como são as relações entre esses objetos e todos os outros elementos, pois as suas interações podem produzir efeitos vantajosos ou prejudiciais para a saúde física e mental dos seus usuários. Essas relações podem ser de: proximidade, distância, dimensões, formas, cores, funções, posição e localização.

Zona de influência – espaço psicológico

Figura 7.5. Cada pessoa e cada objeto no seu lugar e entre um e outro mantém uma distância – um espaço adequado e cômodo. A zona de influência justifica uma distância adequada e confortável.

No mundo dos objetos, em uma família de objetos ou em um grupo de objetos, também há discriminação conforme suas características, categorias, padrões, funções, estéticas, estilos e tamanhos. Desse modo, a aglomeração, o agrupamento e a organização deles em um ambiente devem ser feitos segundo determinados princípios estéticos e organizacionais. As relações entre os objetos são basicamente de distâncias, posições, localizações e afinidades. Cada um tem seu espaço físico como também deve ter seu espaço psicológico – uma *zona de influência* – que percebemos como o espaço suficiente, confortável ou tolerável. Objetos excessivamente próximos criam sensações de estresse, de congestionamento, de peso ou incômodo. Objetos exageradamente afastados podem gerar também uma situação de vazio e monotonia. As situações demais confusas ou rigidamente ordenadas devem ser evitadas. O próprio usuário normalmente tenta corrigir as situações para ele desconfortáveis. Em situações de maior complexidade, o design desempenha o papel do criador ou interventor para que os objetos se relacionem da melhor maneira, fazendo com que atuem harmoniosamente entre si, com uma ordenação agradável e, consequentemente, contribuindo para uma satisfatória interação entre os usuários e seus objetos.

A organização e a ordenação de objetos

A organização e a ordenação[14] dos objetos seguem necessidades e exigências não só psíquicas e estéticas, como também das atividades dos seus usuários. O usuário estabelece um relacionamento com o seu objeto devido a determinada atividade, porque este, na maioria das vezes, é um meio ou instrumento para a realização da atividade, seja do trabalho, seja do lazer, seja mesmo de repouso. Portanto, nas atividades físicas e mentais, o usuário interage com o seu objeto, que pode ser um aparelho, um instrumento, uma máquina, um móvel, um brinquedo,

---

14   As palavras *organização* e *ordenação* têm algo em comum, porém há diferenças de sentido entre elas. *Organização* é sistematização que nem sempre exige uma ordem sequencial ou hierárquica dos elementos, já *ordenação* é uma forma de organização que apresenta uma clara disposição dos elementos. Organização, portanto, é mais flexível e gera resultados extremamente diversificados, às vezes aparentemente "caóticos", mas altamente funcionais.

um jogo ou mesmo um objeto puramente estético, buscando nele uma correspondência e identificação. Nessa interação, uma atividade só é satisfatória nos aspectos da produtividade e de conforto quando o objeto está adaptado às melhores condições exigidas.

A quebra da monotonia perceptiva

A ordenação excessiva ou desorganização extrema são igualmente prejudiciais às respostas perceptivas e fisiológicas do usuário. Em atividades que exigem muita atenção, a monotonia criada pela ordenação excessiva pode reduzir o nível de excitação ou alerta, devido à baixa captação de estímulos.

Um bom exemplo de quebra de monotonia é uma grande ponte marítima que atravessa a Baía de Hangzhou, na China. O projeto contava com a exigência de manter o bom nível de alerta de motoristas ao dirigirem nessa estrada marítima de 36 km, para evitar a monotonia que poderia provocar neles a sensação de tédio e cansaço durante a viagem. A solução está no traçado da longa ponte em uma linha em S, na pintura de guarda-corpo com uma cor em cada 5 km e na criação de uma área de serviços de 10.000 m² e um mirante.

Figura 7.6 A Grande Muralha da China apresenta uma contínua variação de altura e mudança de direção, fazendo curvas, ao longo de seus 6.000 km de extensão. Embora ela tenha sido construída na Antiguidade para a defesa, hoje alguns longos trechos são destinados para contemplação e passeios. Ela é um exemplo da forma dinâmica, contrária à da monotonia.

As atividades humanas e objetos no ambiente

As diversificadas atividades humanas do cotidiano[15] variam muito em nível de complexidade em termos de formas, processos, sequências, recursos e técnicas. Em cada caso de intervenção pelo designer, as atividades e objetos relacionados precisam ser analisados, com as ações e suas sequências identificadas e caracterizadas. Nessa análise, a duração de cada ação, a sequência das ações, as posições ou posturas do usuário em relação às atividades e aos objetos devem ser todas consideradas.

15 *Atividade* tem o sentido de ocupação de uma pessoa. Toda pessoa exerce e desenvolve uma série de atividades diariamente, tanto em casa como em outros lugares, em estudo, em diversão, em esporte, em viagem e em trabalho, tendo assim ocupações do cotidiano, profissionais ou não. Todos nós realizamos uma série de atividades e tarefas diariamente.

Os fatores e elementos ambientais

Mesmo que as diferentes interações entre o usuário e o objeto, entre um objeto e o outro, e entre todo o conjunto sejam efetuadas nas melhores condições, a participação de outros elementos e fatores ambientais só se torna possível quando há uma interação ambiental completa e satisfatória. Esses fatores e elementos ambientais são entendidos como o espaço físico, a iluminação, a ventilação, a temperatura, a umidade, a pintura ou o revestimento das paredes e pisos e outros considerados como fatores condicionantes de um ambiente.

Os quatro elementos básicos do sistema ambiental

A noção sobre o ambiente constituído por objetos e humanizado significa a compreensão das interações dos quatro elementos básicos do sistema ambiental – o *usuário*, a *atividade*, o *objeto* e o próprio *ambiente*. A identificação e a caracterização dos quatro elementos básicos são partes do processo da pesquisa para possibilitar uma análise completa da situação ambiental – humana e objetual, a fim de detectar os problemas que esperam soluções, antes de iniciar o esboço das ideias para o projeto.

A configuração prático-funcional do ambiente

A vida cotidiana das pessoas é, em grande parte, constituída de atividades, trabalhos e tarefas de todos os tipos. As atividades podem ser de produção, de serviço, de cultura ou de lazer e exigem que os elementos constituintes do ambiente correspondam às necessidades das pessoas que as exercem, ao menos, de modo adequado. O usuário quer usufruir o seu ambiente para exercer atividades satisfatoriamente, no sentido de eficiência em primeiro lugar. Um ambiente eficaz é capaz de satisfazer o seu usuário, oferecendo as condições adequadas para a prática de suas atividades, com eficiência e conforto. Assim, a funcionalidade ou a praticidade tornam-se o requisito primordial do ambiente útil. A segurança, porém, é um requisito de extrema importância, acima dos outros requisitos de uso, tais como organização, manutenção, limpeza, versatilidade, praticidade, conforto, segurança, entre outros.

O conforto e a segurança do ambiente

O *conforto* e a *segurança* são requisitos intimamente relacionados à qualidade prático-funcional. Para cada atividade exige um nível de comodidade ou bem-estar, isto é, o conforto adequado e adaptado ao usuário para praticar suas atividades com eficácia e mantendo a sua saúde. O conforto e a segurança não se limitam na organização física dos componentes do ambiente, mas envolvem fatores ambientais, tais como a temperatura, a circulação do ar, a umidade, a iluminação, o ruído e outros.

O conceito de conforto é amplo e este é relacionado a todos os fatores ambientais – a iluminação, a acústica, a umidade, a circulação do ar, a temperatura, o espaço e também o visual, adequadamente harmonizados. A segurança, por sua vez, refere-se à garantia da preservação da vida, da integridade física e da saúde do usuário.

O estímulo visual e o aspecto ergonômico

Embora a configuração prático-funcional seja, de modo geral, a maneira mais imediata e enfática de organizar um ambiente, o aspecto visual ainda é uma grande preocupação do usuário e, muitas vezes, passa a ser supervalorizado em excesso. No entanto, para ambientes, principalmente comerciais ou que dependem muito do alto estímulo visual para gerar impactos, a ênfase ou o exagero na criação de efeitos visuais pode passar a ser um recurso principal. O erro a ser evitado é o apelo visual que passa a prejudicar a qualidade prático-funcional do ambiente. Portanto, o estudo e a aplicação da ergonomia permanecem fundamentais como uma ferramenta para preservar o valor prático-funcional do ambiente.

A configuração estético-visual do ambiente

É perfeitamente natural que os moradores de uma casa ou os usuários de um escritório organizem e decorem seus ambientes a seu gosto, gerando um visual que lhes dê prazer de estar nele e de usufruir as boas sensações por ele estimuladas. O aconchego, a beleza, o estilo e o conforto visual trazem ao usuário a satisfação de estar e permanecer em um lugar. Por serem importantes demais os requisitos de percepção afetiva do ambiente, alguns profissionais, como designers e arquitetos, se não estiverem conscientes da ergonomia, podem tender a supervalorizar o aspecto visual, cometendo facilmente o erro de exagerar na criação de aparências, às vezes "cenográficas", em sacrifício da praticidade.

A configuração estético-visual é uma maneira de organizar um ambiente que se relaciona afetivamente com o usuário, mas não pode se desvincular da prático-funcional. Um ambiente deve ser fisicamente adequado à prática das atividades e visualmente às sensações e percepções que correspondam às necessidades e exigências do usuário.

A configuração simbólico-sugestiva do ambiente

Figura 7.7. No espaço ao ar livre, os estudantes se reúnem para estudo – ambiente improvisado, espontâneo e temporário, porém humanizado, em busca de uma "atmosfera" mais animada.

O homem sensível e cultural é propenso ao uso e à influência da simbologia. A vida social é repleta de ritos, cerimônias e signos simbólicos em atos, comportamentos, atividades, objetos e ambientes. O ambiente pode ser configurado para assumir um determinado caráter por meio do uso e da disposição de elementos variados, fortemente carregados de signos simbólicos e sugestivos, fazendo com que as pessoas que o percebem associem-no como algo – "atmosfera" ou "clima" – ligado a um caráter específico. Por exemplo, o interior de uma igreja apresenta a atmosfera de religiosidade, de espiritualidade e de comunhão por ser criado com o uso de variados elementos, incluindo objetos, mobiliários, cores, símbolos, ornamentos e iluminação, altamente simbólicos e sugestivos.

Estímulos intensos e motivação

Figura 7.8. Interior do pavilhão da Rússia, na Exposição Mundial de 2010, em Shanghai, China. O ambiente de forte estímulo visual que aguça a imaginação de visitantes ao apreciarem a cultura e a contribuição científica e tecnológica da Rússia.

Para atingir uma finalidade específica, a criação do ambiente pode recorrer à maneira simbólico-sugestiva, com estímulos intensos aos sentidos, ou ao modo motivador de gerar a sensação de tranquilidade. Dois exemplos extremos ajudam a explicar isso: antes da chegada do Natal, as lojas são transformadas em ambientes que lembram festas, alegria e presentes, mas quase nada de religião ou espiritualidade. Todos os elementos – cores, formas, sons – são organizados para gerar uma "atmosfera" altamente contagiante, que expressa a festividade natalina, justamente para estimular o consumo. O segundo exemplo é o ambiente do hospital que, muitas vezes, é criado com a intenção de fazer com que as pessoas, principalmente os pacientes, sintam estar em uma "atmosfera" mais tranquila. Hoje, muitos ambientes hospitalares são configurados de maneira humanizada, gerando um clima de aconchego, credibilidade e segurança.

A configuração conforme a finalidade

A ênfase na configuração simbólico-sugestiva é capaz de criar ambientes de fortes e distintas identidades, impressões e significados especiais. Mas a regulação adequada dos modos simbólico-sugestivos proporciona condições para criar ambientes bem-solucionados e de personalidade adequadamente representada.

Como foi dito anteriormente, conforme a finalidade, o ambiente pode ser configurado de maneira simbólica e sugestiva, de forma que diferentes ambientes podem ser configurados para expressar ou representar diversos tipos de caráter, como poderoso, rico, religioso, místico, lúdico, festivo, cultural, político, financeiro, prático e esportivo, entre outros.

A "personalidade" do produto

Analogamente ao ser humano, um produto ou um ambiente podem assumir também uma "personalidade", cujas características são capazes de estimular a percepção do seu usuário para entender ou "ler" a sua expressão, caráter, mensagem, significado, sejam denotativos, sejam conotativos. Patrick Jordan, no seu livro *Pleasure With Products: Beyond Usability* (Prazer com produtos: além da usabilidade), sugeriu que produtos são dotados de personalidades, que permitem interações entre eles e os usuários, acrescentando à ergonomia um novo atributo – o prazer – e introduzindo ao design o conceito de personalidade dos produtos. Ele identificou, em um *workshop*, 17 diferentes traços, chamados de descritores, para "descrever" a personalidade dos produtos, que são as seguintes: 1. solidário/individualista; 2. honesto/desonesto; 3. racional/emotivo; 4. brilhante/obscuro; 5. seguro/inseguro; 6. narcisista/humilde; 7. flexível/rígido; 8. autoritário/liberal; 9. coerente/oportunista; 10. extrovertido/introvertido; 11. cínico/ingênuo; 12. excessivo/moderado; 13. conformado/rebelde; 14. enérgico/fraco; 15. violento/meigo; 16. complexo/simples; 17. pessimista/otimista.

Esses descritores nos ajudam no uso da linguagem visual em estudos e projetos, sejam de produtos, sejam de ambientes, integrando a estética com a funcionalidade e possibilitando oferecer ao usuário ou ao público-alvo uma emoção positiva, graças à personalidade transmitida pelo produto ou ambiente que lhe corresponde com agrado e simpatia.

Análise do ambiente constituído por objetos (Exercício 3)

Este é um trabalho de análise do ambiente com o objetivo de entender os motivos pelos quais um ambiente é configurado, principalmente sobre as funções de objetos existentes nele e como eles são organizados em seus espaços. Tente relacionar o tipo de ambiente (o estilo, por exemplo) com o seu usuário (a personalidade, por exemplo) a fim de descobrir suas correspondências e também inadequações. Primeiramente, identifique e caracterize o usuário, as atividades exercidas no ambiente, o próprio ambiente e objetos contidos nele. Lembrando que as seguintes perguntas podem ajudá-lo a formular as informações mais completas: quem, que, como, por que, quando, quantos e quais.

Ambientes sugeridos: cozinha, sala de estar, sala de jantar, escritório, quarto, banheiro.

O trabalho consiste em análise sobre um ambiente que é formado por diferentes objetos, que possam ser classificados em graus de importância. Há objetos imprescindíveis, muito importantes, menos importantes, secundários e dispensáveis, porém cada categoria dessas é definida conforme necessidades de cada usuário em seu ambiente.

Na identificação e caracterização de objetos, todos os dados e resultados da análise podem ser organizados em esquemas ilustrativos de fácil leitura, tais como diagramas, gráficos, resumos em tópicos, acompanhados de fotografias e outros tipos de ilustrações.

Objetos devem ser listados em uma disposição ordenada em grupos caracterizados por tipos e dimensões, por exemplo: equipamento, mobiliário, utensílios, aparelhos, objetos utilitários e objetos estéticos ou afetivos.

As caracterizações abrangem informações sobre dimensões, quantidades, materiais, qualidades estético-formal, físico-estrutural e prático-funcional.

8

Os quatro pilares do design: a estética, a estrutura, a ergonomia e a tecnologia

Os fatores fundamentais do design

Ao fazermos o projeto, temos que ter em mente muita coisa – público-alvo, mercado, critérios, métodos, técnicas, informações e outros fatores. Aplicando a metodologia e o processo de design, tentamos chegar a um resultado satisfatório. Porém, devemos saber quais são os fatores fundamentais que tornam os resultados finais realmente muito bons. Muitos fatores são fundamentais para influenciar no desenvolvimento tanto do projeto como do próprio objeto criado, seja uma peça gráfica, seja um utensílio, seja mesmo um ambiente. No entanto, existem quatro fatores que podem ser considerados fundamentais e que servem como suportes ao design. Passamos a chamá-los de "os quatro pilares do design". Eles são: a estética, a estrutura, a ergonomia e a tecnologia. Fazendo analogia com uma mesa convencional que tem quatro pernas, dizemos que, se faltar uma perna, a mesa se desequilibra. O design é como uma mesa que tem quatro pernas. É difícil de dizer qual é a perna mais importante, pois todas elas desempenham o seu papel de sustentação.

Público-alvo e os fatores fundamentais

Esses quatro pilares do design são os fatores fundamentais destinados a atender ao objetivo de oferecer produtos de boa qualidade que possam satisfazer seus usuários, consumidores, ou melhor, o público-alvo. No extenso mercado em que uma enorme variedade de produtos está à disposição de consumidores formados por um público diversificado, cada tipo e estilo de produto se destina a um determinado público, do mesmo perfil. Esse, para o projeto de um produto ou um ambiente, é o público-alvo: o coletivo de indivíduos que apresentam necessidades e exigências similares e também o destinatário de todas as informações que um produto passa ao comprador, a fim de convencê-lo de que aquele possui boas qualidades em vários aspectos, como atratividade, estabilidade, consistência, resistência, funcionalidade, praticidade, conforto e segurança. Assim, a identificação e a caracterização do público-alvo é uma tarefa básica no início do projeto.

As características do público-alvo

O *briefing* do processo projetual exige uma análise prévia das características do público-alvo: faixa etária; gênero; condições e expectativas financeiras, culturais, estéticas e psicológicas; características físicas e mentais; desejos, preferências, necessidades e exigências. Enfim, o projeto procura conceber e produzir um produto para atender ao seu público-alvo. Os quatro pilares do design têm exatamente a função de fazer o designer ter em mente esses fatores básicos que, ao serem destrinchados, cobrem as considerações necessárias para tal fim.

A boa integração entre os quatro pilares

Figura 8.1. A combinação dos quatro fatores – estético, estrutural, ergonômico e tecnológico – está evidente no design desse ambiente para atender passageiros do Aeroporto Internacional de Shanghai.

Devemos tentar buscar o equilíbrio entre os quatro pilares ou a boa integração deles, embora trabalhemos com flexibilidade e sem que nos prendamos no conceito tradicional e de senso comum de que as quatro pernas ou os quatro pilares sejam obrigatoriamente do mesmo peso para que o trabalho e o seu resultado fiquem perfeitos. Mas é importante que tenhamos a consciência de que nenhum deles pode ser ignorado e de que não há uma sequência hierárquica entre eles.

Ao falar de design, referimo-nos muito às questões da forma e da função. Onde elas estão inseridas? Elas estão nos quatro pilares do design. Comecemos pela estética. Antes de aprofundar sobre cada item, em poucas palavras, vamos ver a que conteúdo cada um se refere.

A estética, na busca do bom visual

A estética, um termo tomado da filosofia, refere-se à qualidade visual do objeto, que, consequentemente, trata da expressividade, comunicabilidade, agradabilidade, atratividade, afetividade e valor contemplativo que o objeto apresenta ao usuário. Por ser mais perceptível o aspecto visual de um produto, a estética torna-se, frequentemente, a primeira preocupação dos designers. Porém, ela não deveria ser pensada de maneira exagerada, em sacrifício de outras exigências também tão fundamentais. A demasiada atenção à estética do produto provoca, muitas vezes, a negligência de requisitos mais importantes. Por isso, os outros fatores básicos devem ser levados em consideração paralelamente e de forma adequadamente integrada, conforme objetivos estabelecidos. É evidente que há designers que visam a expressar intencionalmente valores estilísticos, principalmente dos setores ligados à moda, onde o foco está na estética. Ainda assim, a estética está diretamente associada ao uso de materiais e ao processo de produção.

Figura 8.2 O projeto dessa cadeira buscou obter um conjunto de boas qualidades: estética, estrutural, ergonômica e tecnológica.

A estrutura para sustentação

De certa maneira, a estrutura equivale ao esqueleto do objeto (produto), proporcionando-lhe estabilidade, sustentação e resistência e possibilitando-lhe a capacidade de resistir às pressões das forças vindas externamente, como peso, força, movimento e impacto de choque. Tomamos um exemplo simples: quando escolhemos uma estante em uma loja de móveis, somos atraídos primeiramente pelo visual agradável do móvel. Mas, em seguida, quase automaticamente tentamos colocar a estante em teste, verificando a sua resistência e a estabilidade, apertando-a e balançando-a, porque sabemos que a estante terá que suportar muito peso. Nesse caso, estamos testando, na prática, a eficiência da sua estrutura.

Figura 8.3. A curvatura desses triciclos não apresenta uma forma estética, mas constitui uma forma estrutural que dá a esses veículos estabilidade e resistência.

A ergonomia é diretamente relacionada à questão da usabilidade, buscando no design do objeto as adequações estática, dinâmica, espacial, relacional e interativa a fim de garantir a saúde, a segurança e a produtividade ao seu usuário.

A tecnologia proporciona ao design do objeto, a escolha do material, processo de produção (fabricação), métodos, técnicas e recursos para a fabricação do objeto. A variedade de materiais é enorme e os processos de produção são cada vez mais diversificados e eficientes, exigindo do designer o acompanhamento e a atualização das informações.

Simplicidade verdadeira – o essencial

Enquanto discutimos as questões da estética, da estrutura, da ergonomia e da tecnologia, não podemos deixar de falar de uma das qualidades fundamentais do design contemporâneo: a simplicidade. Essa qualidade está relacionada simultaneamente à estética, à estrutura, à ergonomia e à tecnologia. Os melhores exemplos disso são as criações da Apple, empresa outrora chefiada por Steve Jobs.

Steve Jobs e seu amigo, o designer Jonathan Ive, tinham uma coisa em comum – a busca da simplicidade verdadeira em vez da simplicidade superficial[16]. Sobre a filosofia da simplicidade, Jobs escreveu: "Simplicidade não é apenas um estilo visual. Não é apenas minimalismo ou ausência de confusão. Implica explorar as profundezas da complexidade. Para ser verdadeiramente simples, é preciso ir realmente a fundo". E eles queriam se livrar de "qualquer coisa que não fosse absolutamente essencial". Ive ainda proclamava: "A simplicidade é a máxima sofisticação" e pensava que a simplicidade resultasse da conquista das complexidades, e não do fato de ignorá-las. E disse que isso "dá muito trabalho... fazer uma coisa simples, compreender de fato os desafios subjacentes e chegar a soluções elegantes"[17].

A estética: a qualidade do aspecto visual, da aparência

Atribuem-se aos objetos criados, valores como o valor funcional, o valor estético e o valor simbólico. Todo objeto criado pelo homem passa naturalmente por um processo de acabamento com a preocupação de lhe dar a esse objeto um aspecto visual agradável e atrativo. Quem cria ou faz um objeto sempre quer que ele fique bonito. O objeto passa a ter um valor agregado. A aparência agradável ou atrativa é realmente uma das preocupações básicas quando ele é concebido e quando ele é adquirido. Assim, todo objeto criado pelo homem apresenta, em algum grau, a sua qualidade estética. Todos devem concordar com isso – o visual ou a qualidade estética é fundamental para que um produto possa estimular o desejo do usuário ou consumidor. Porém, não é uma tarefa fácil criar a qualidade estética por meio de formas, cores e outros elementos, justamente porque nem todas as pessoas têm o mesmo gosto,

---

16   ISSACSON, Walter. A união da arte com a tecnologia, artigo da revista *Veja*, 12 out. 2011, pp. 112-113.
17   Idem.

a mesma preferência, a mesma resposta diante de determinados estímulos visuais. Diversos fatores influenciam as pessoas a reagir aos diferentes estímulos, de diferentes maneiras. Os fatores mais comuns são: a cultura, a educação, a convivência, a sociedade, a família, a idade e também o nível social.

O designer é o criador da beleza para o produto e para isso recorre à sua habilidade técnica e à sua sensibilidade estética e artística. A criação envolve as questões ligadas à arte e à comunicação, relacionadas aos diversos fatores que concorrem para influenciar as pessoas quanto à sua percepção e ao seu juízo perceptivo. Todavia, o designer ainda precisa conciliar a sua atenção à criação das qualidades estéticas com as considerações sobre as qualidades prático-funcionais e ergonômicas.

O aspecto visual do produto é primeiramente dado pela forma funcional – a forma física que é gerada em função do uso – e também pela estrutura, necessária para obter a estabilidade e resistência do produto. Assim, a forma e a estrutura constituem uma aparência-base sobre a qual a aparência final será desenvolvida. As cadeiras, por exemplo, têm uma forma-estrutura básica que é constituída necessariamente por um encosto e um assento. Portanto, a estética do produto é diretamente relacionada à função utilitária.

Figura 8.4. A vitrine que apresenta a moda feminina de uma temporada é praticamente um cenário que privilegia o aspecto visual. A estética enfatiza a mensagem a ser transmitida.

Figura 8.5. A escada do museu se destaca por uma agradável aparência, com detalhes simples e elegantes na solução estética. Os aspectos importantes, como o ergonômico, o tecnológico, o estrutural e o material, foram considerados conjuntamente no design.

A estrutura: estabilidade e resistência

A estrutura é responsável pela estabilidade, resistência, durabilidade e até pela forma visual do objeto. Um objeto precisa da estrutura não só para ficar em pé, mas também para suportar forças ou pesos que recebe externamente. Uma cadeira precisa sustentar o peso de um indivíduo com eficácia, e a sua estrutura necessariamente tem de oferecer essa condição sem depender exclusivamente do material utilizado. Um automóvel, além de permitir a autossustentação, tem que sustentar grandes pesos e ainda precisa ter condições para vencer vibrações provocadas por movimentos e possíveis colisões. Assim, a estrutura da cadeira ou do automóvel é fundamental e imprescindível. E o design de uma peça gráfica ou uma interface visual precisa também da estrutura. Não há dúvida de que a estrutura de que falamos refere-se agora a algo visual, construído, organizado, ordenado e estruturado e que garante ao resultado a consistência – uma força que sustenta visualmente uma mensagem, uma ideia ou um conteúdo. A estrutura se constrói no design gráfico por meio do uso da malha (*grid*)[18], de *layout* e diagramação. Na estrutura básica, os elementos se organizam de maneira ordenada, atendendo a alguns critérios da comunicação e da estética. A própria forma gerada e a composição criada visualmente apresentam uma estrutura.

A forma e a estrutura integradas – uma simbiose

Figura 8.6. Passarela suspensa de um parque em Paris mostra uma boa integração entre a forma e a estrutura.

A estrutura e a forma podem ser uma só coisa ou intimamente relacionadas, embora a forma seja entendida frequentemente como uma figura, uma configuração visual, com função estético-visual. Daí o uso do termo *estrutura formal* ou *forma estrutural*. Em produtos, isso é fácil de ser observado. Um objeto tem uma determinada forma por ser uma estrutura. A partir de uma estrutura básica, pode surgir uma variedade de formas diferentes. Assim, em muitos produtos verifica-se uma simbiose da forma e da estrutura, na qual elas são unificadas. Muitos carros têm praticamente a mesma estrutura, mas suas formas são variadas. Por consequência, suas aparências e seus estilos são diferentes. A estrutura influencia na geração da forma e até na criação de uma linguagem. Sua importância é tamanha, que influi também na função do próprio objeto. As influências são recíprocas.

Formas naturais estéticas, estruturais e funcionais

A natureza está repleta de exemplos: animais, vegetais, fungos e minerais. Animais e vegetais, principalmente, pela sobrevivência possuem estruturas e formas para se adaptarem às condições, muitas vezes muito severas, nos meios ambientes em que estão. Da mesma maneira, ao criarmos um objeto devemos pensar como esse objeto deveria ser para poder se adaptar às condições existentes. Assim, devemos criar uma estrutura condizente com essas condições. A biônica nos permite aprofundar na pesquisa e nas experiências dos estudos analógicos, buscando respostas e inspirações em elementos ou seres biológicos para criar novos produtos.

18 É comum o uso desse termo – *grid* – da língua inglesa, no design gráfico; mas há várias palavras já existentes no Brasil, anteriores a esse termo, como "malha" ou mesmo "grade".

No trabalho feito pelo processo de análise biônica, somos capazes de encontrar soluções nos aspectos *estético*, *estrutural* e *funcional*. Há inúmeros exemplos excelentes de estruturas, resultados evolutivos de milhões de anos, altamente eficazes nos mundos animal e vegetal, com formas espetaculares: ninhos de pássaros, cupinzeiros, colmeias de abelhas, estruturas ósseas de animais, esqueletos de peixes, asas de insetos e aves, conchas, frutos, microestruturas de plantas e assim por diante.

Para entender como funcionam as estruturas, devemos primeiramente conhecer alguns princípios estruturais que nos ajudam a compreender como ela se estabiliza e cria uma resistência capaz de suportar grandes forças externas ou grandes pesos. Várias maneiras de criar estruturas são muito simples na prática. Em uma estrutura triangulada, por exemplo, três varetas amarradas nas extremidades, formando um triângulo, geram já uma estrutura estável e resistente. Uma folha de papel adquire uma estrutura quando é dobrada. Experimentações com a criação de estruturas podem ser muito úteis, interessantes e até divertidas.

A ergonomia – a praticidade e a usabilidade

Pelo senso comum, um produto bom é aquele considerado bonito, funcional, prático, resistente, durável e barato. A qualidade funcional e a prática podem sofrer influências da configuração tanto física como visual, em forma e em estrutura, mas dependem da solução principalmente ergonômica. As questões de ordem ergonômica são tão ou mais importantes do que as de estética, se colocarmos o valor de uso como a prioridade. Em outras palavras, o que importa é a utilidade e não tanto a sua aparência. Porém, a verdade é que a maioria das pessoas escolhe seus objetos primeiramente pela aparência, o que muitas vezes é o elemento enganador de uma escolha errada. Apesar disso, certas marcas preferidas pelos consumidores já se constituem como garantia das qualidades de seus produtos, em diversos aspectos.

A usabilidade, a soma de várias qualidades

Fala-se muito da *usabilidade* no design. Muitos entendem a usabilidade simplesmente como a qualidade daquilo que é fácil de usar. Embora o sentido da palavra seja esse, tal qualidade deve ser somada com diversas outras: a estética e a estrutural, e também o conforto e a segurança, para que a usabilidade adquira um sentido pleno, embora a "facilidade de uso" (uso amigável) continue sendo a

Figura 8.7. Praticidade, conforto, segurança e outros fatores ergonômicos reunidos são entendidos como "usabilidade" do produto.

mensagem básica. E a ergonomia faz abordagem disso tudo, em todas as áreas do design. No design de comunicação, a usabilidade é o resultado da soma de qualidades como a legibilidade, a visibilidade, a inteligibilidade, a agilidade e a interatividade, entre outras. A ergonomia informacional é o estudo específico para o design de comunicação que visa a garantir a efetividade interativa. A ergonomia, em resumo, trata-se do estudo que envolve a praticidade, o conforto, a segurança e a efetividade (ou a produtividade). Enfim, a usabilidade é o resultado adquirido com a ergonomia.

A usabilidade e a ergonomia

Para que o produto ou o ambiente tenham um alto grau de usabilidade, é necessário criar melhores condições relacionais entre eles e seus usuários. Eles precisam ser trabalhados a favor de seus usuários e devem ser adequados a eles da melhor maneira possível, em medidas, formato, estrutura, material, peso, cor, textura e simplicidade. O designer recorre então aos conhecimentos, métodos e técnicas da ergonomia para criar soluções que garantam melhores condições de interação entre o usuário e o seu objeto ou o ambiente.

As dimensões como condições favoráveis

O que determina as condições favoráveis são as dimensões do objeto (ou do ambiente), dos seus componentes e partes. Para que as dimensões sejam adequadamente definidas a favor do usuário, é primordial que o designer entenda as medidas e os movimentos do corpo humano. Portanto, o aspecto antropométrico (sobre as medidas do corpo humano) torna-se um dos tópicos mais básicos da ergonomia, entre o biomecânico (sobre os movimentos do corpo humano) e o fisiológico (sobre os efeitos no corpo humano).

No projeto de um produto, devemos evitar possíveis erros e buscar uma adequação dimensional entre o produto e o usuário. No assento de uma cadeira, por exemplo, um erro de dimensionamento pode prejudicar a eficácia da própria cadeira, a sensação do conforto, a saúde do usuário e o desempenho da atividade. Itiro Iida, autor de *Ergonomia – projeto e produção* (3ª edição, Blucher, 2016), o mais clássico e importante livro sobre a ergonomia no Brasil, evidencia quatro erros no dimensionamento de assentos de cadeiras, já mostrados anteriormente no livro de Panero e Zelnik (2002): assentos muito alto, muito baixo, muito curto e muito longo provocam diferentes problemas de pressão nas pernas ou de instabilidade do corpo.

As dimensões para a usabilidade

Se algumas medidas estão menores do que as adequadas em um produto, isso pode simplesmente implicar a redução do grau de usabilidade (diminuindo o conforto e a eficácia) e o aumento de risco de acidentes durante o uso. Da mesma forma, em uma peça gráfica – um cartaz, por exemplo –, o tamanho das letras, das imagens e dos espaços também é decisivo para sua funcionalidade comunicativa. Se as letras forem demasiadamente pequenas, cairá o grau de visibilidade, reduzindo ou anulando a sua função de comunicação. No aspecto antropométrico, nesse caso, no design de comunicação, a questão está na distância entre o leitor e o cartaz e na relação entre o ângulo de visão e a altura da peça.

Hoje, usamos com muita frequência a mídia digital e interativa e passamos a fazer leitura de textos em vários tipos de *displays* ou monitores, de TV, computadores, *tablets* e *smartphones*. Com isso aparecem alguns problemas, dos quais o cansaço visual – Síndrome de Visão de Computador – é causado pelo excessivo uso desses aparelhos. Iluminações e brilhos são os principais responsáveis desse problema em relação à vista. A tecnologia avança muito para reduzir o cansaço visual, com a melhora da resolução visual. Os monitores de LCD (*Liquid Crystal Display*) são exemplos de grande contribuição, inclusive para a sustentabilidade e o conforto ergonômico de usuários. A distância entre os olhos do leitor e o monitor, tomando o computador como exemplo, deve ficar entre 50 e 70 cm, conforme especialistas; porém, os tamanhos de letras devem ser adequados ou ajustados de acordo com a vista do leitor para uma leitura confortável. De modo geral, os tamanhos das letras entre 10 e 12, usados em editores gráficos e de textos, oferecem bom conforto visual.

Estudamos a ergonomia informacional, especificamente voltada para o design de comunicação em geral, incluindo o design de interface digital, que é caracterizado como uma espécie de multimídia, envolvendo, ainda, recursos sonoros e de animação.

Tecnologia: materiais e processos de aplicação e produção

As ciências e as engenharias avançam rapidamente, fazendo com que o design caminhe para uma direção na qual muitos conhecimentos multidisciplinares e interdisciplinares cruzam-se e complementam-se para dar conta de criação inovadora e do aumento do valor agregado de produtos cada vez mais variados. O designer, dentro do âmbito da sua atuação, precisa conhecer os materiais e as tecnologias, enriquecendo seus conhecimentos, atualizando-se e acompanhando o surgimento dos novos materiais e o desenvolvimento da tecnologia. A informática e a automação revolucionaram o design, implicando no modo de pensar e de agir do designer, no tocante tanto aos conceitos como ao processo.

O rápido avanço da ciência e tecnologia faz com que a complexidade de máquinas aumente cada vez mais, ao passo que aplicação e a utilização delas passam a ser mais fáceis e simples. A tecnologia também cria cada dia mais uma variedade de materiais para diversidade de aplicações, facilitando nossos trabalhos. No design, várias áreas de estudo tecnológico merecem a nossa atenção: a elétrica, a eletrônica, a hidráulica, a pneumática, a aerodinâmica, a hidrodinâmica, a nanotecnologia, a engenharia dos materiais, a robótica, entre outras. Como nosso trabalho é interdisciplinar, é importante que tenhamos informações básicas e noções sobre os princípios aplicáveis no nosso trabalho.

A noção de mecanismo no design de produto

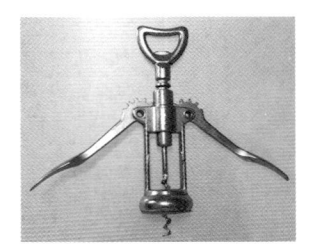

Figura 8.8. Observar um utensílio como este abridor de garrafas nos ajuda a entender como um pequeno sistema mecânico (composto de máquinas simples) nos auxilia a reduzir o esforço físico no trabalho.

No design de produto, além dos materiais, é imprescindível uma noção sobre mecanismo. É importante conhecer, portanto, as "máquinas simples", que nos proporcionam conhecimentos sobre a função física e utilitária de cada uma delas em sistemas mecânicos complexos. Uma enorme variedade de produtos com mecanismo serve como exemplo. Do mecanismo mais simples, como uma dobradiça, até o mecanismo complexo do automóvel, podemos ver a combinação de várias "máquinas simples".

No próximo capítulo, veremos as características das seis "máquinas simples" e os princípios físicos que oferecem para aplicações em produtos.

A evolução tecnológica e novas possibilidades

No design de comunicação e no design de ambientes, também precisamos acompanhar a evolução da tecnologia, sempre atualizando nossos conhecimentos quanto a materiais, novas possibilidades, técnicas de aplicação e de produção. Novos meios de comunicação, novas técnicas de impressão e produção, novos recursos, materiais e equipamentos para ambientes aparecem com o avanço da ciência e tecnologia.

A informática e novos materiais e máquinas permitem que o processo de impressão seja cada vez mais ágil e com qualidade também cada vez melhor. Hoje, a impressão pode ser feita em quase todos os tipos de suportes. Além disso, *outdoors* convencionais estão sendo substituídos por grandes painéis digitais, com imagens dinâmicas e de animação.

No design de ambientes, há uma enorme variedade de materiais que possibilita a criação de efeitos estéticos e funcionais muito ricos. Existe à nossa disposição uma grande variedade de materiais para revestimento, painéis ou chapas em diversos materiais, flexíveis ou rígidos, inclusive metálicos, que podem receber gravações ou ser recortados e vazados com pequenos detalhes.

A tecnologia de impressão 3D (prototipagem rápida) nos permite, hoje, reproduzir formas de uma peça minúscula até um produto de grandes dimensões e complexidade. A variedade de materiais usados nessa tecnologia também está sendo ampliada e usada em diversos setores. Essa é uma tecnologia que ainda vai proporcionar inúmeras possibilidades em design.

Materiais definem resultados

Os materiais e as respectivas tecnologias para a sua aplicação e a manufatura do produto são decisivos para encontrar soluções completas, inclusive para ajudar a obter melhores resultados nos aspectos estético, estrutural e ergonômico do produto. A escolha do material e da técnica de produção define a aparência, a estrutura, a praticidade, o custo, a versatilidade, a resistência, a durabilidade, enfim, as qualidades do produto.

Tanto os materiais como as técnicas são hoje tão diversificados que nos são apresentados como inúmeras possibilidades criativas, também oferecendo grandes facilidades para tornar viáveis e concretas as ideias outrora impossíveis. Novas ideias impulsionam o surgimento de novos materiais e tecnologias, e esses estimulam novas criações.

Há vários grupos básicos de materiais usados no design do produto que devemos saber: as madeiras, os metais, os plásticos e outros. O grupo dos "outros" abrange uma grande variedade de materiais, tanto naturais como compostos, para usos muito diversificados.

Figura 8.9. Projeto de um painel, em chapa de acrílico, com figuras vazadas. O desenho feito em CorelDraw e as formas em preto devem ser vazadas por meio de recorte a *laser*.

Figura 8.10. Todas as peças deste brinquedo, mesmo em detalhes minúsculos, podem ser "impressas" pela impressora 3D.

O desempenho do material

Figura 8.11. A tecnologia possibilita o uso de vários materiais (couro, plástico, espuma e aço) e a conformação dessa cadeira, oferecendo conforto e segurança ao usuário.

A escolha do material deve ser criteriosa para atender a necessidades predefinidas. Assim, é fundamental conhecer as propriedades, as características e a capacidade de desempenho do material, verificando as suas correspondências ou adequações com as necessidades anteriormente detectadas.

Há materiais que resistem à água; outros não resistem nem à umidade. Há materiais rígidos e resistentes, mas que não oferecem a flexibilidade necessária. Há materiais resistentes à água, mas não ao calor. Há aqueles que são isolantes térmicos, acústicos e elétricos. Assim por diante. A variedade é enorme. As propriedades e características são também variadas; por isso, devemos ficar atentos para a escolha criteriosa, para cada produto e cada propósito do design.

A sustentabilidade hoje se tornou ainda mais importante, em virtude de contribuir para salvar o nosso meio ambiente. A escolha do material adequado, com critérios claros, a favor da ecologia, já é uma questão ética da nossa responsabilidade e compromisso. É recomendável, na medida do possível, não usar materiais que possam acarretar no estrago da natureza, em todo o ciclo de vida do produto, desde a extração do material até a obsolescência.

Madeiras, metais, plásticos e outros materiais

Do grupo das madeiras, prefere-se aqui fazer comentários apenas sobre placas ou painéis amplamente usados em confecção ou fabricação de produtos que vão dos pequenos utensílios até os móveis. Esses materiais são aglomerados, MDF (*Medium Density Fiberboard*, prancha de fibras de média densidade), OSB (*Oriented Strand Board*) e compensados. As madeiras maciças só são recomendáveis quando elas são de origem ecologicamente correta, com certificados de madeiras de reflorestamento.

A correta escolha de um material depende de critérios previamente estabelecidos. Digamos que a escolha criteriosa signifique levar em consideração todos os fatores primordiais: a estética, a estrutura, a durabilidade, a factibilidade, o custo de produção, a questão da sustentabilidade e outros. O que significa então a necessidade de conhecer as propriedades, as características e a capacidade de desempenho dos diversos materiais.

Todo material apresenta determinada força intrínseca de resistência contra forças extrínsecas – aquelas vindas de fora, como o peso, o movimento, as intempéries, os ataques químicos, os ataques de insetos, calor, frio e a umidade. Há materiais que resistem à compressão; outros, à tensão, à torção e à flexão. Todo material apresenta também um determinável grau de condutibilidade ou de isolamento térmico, elétrico e acústico. O grau de dureza e de rigidez se deve ao tipo de composição e ao grau de densidade do material. Há materiais duráveis e outros não. Há aqueles biodegradáveis e outros não. Portanto, é decisivo o conhecimento dos materiais e da tecnologia para que dê certo o resultado do projeto. A seguir, fazemos uma breve apresentação sobre os materiais básicos dos grupos dos metais, dos plásticos e chapas de madeiras.

Figura 8.12. Luminária baixa, em forma de ninho, forjada em aço. Alumínio também é muito usado para conformar diferentes estilos de produtos com precisão.

Os metais e suas aplicações

Dos metais, temos dois grupos: os ferrosos e os não ferrosos. Ferro e aço fazem parte dos ferrosos – aqueles que adquirem ferrugem –, no entanto, os materiais tratados por processos especiais podem evitar a ferrugem. Chapas, tubos e perfis de ferro galvanizado, por exemplo, não enferrujam; por isso, são usados contra a ação da água e da umidade. Os três metais ferrosos de maior interesse pelos designers são: aço carbono, aço inoxidável e aços-ferramenta. O aço carbono é conhecido como aço comum. Aço inoxidável é usado para a fabricação de corrimões de escadas, talheres e outros produtos que necessitem de ostentar o brilho do metal permanentemente. Aços-ferramenta são de alta liga e usados para ferramentas, moldes e peças de resistência ao desgaste e altas temperaturas.

Dos metais não ferrosos, os mais comuns são o alumínio, o cobre, o magnésio e o zinco. Um dos mais valiosos e de alto desempenho é o titânio. Os mais comuns têm baixo ponto de fusão, enquanto os mais valiosos e especiais apresentam alto ponto de fusão, sendo, portanto, altamente resistentes à corrosão, à alta temperatura e a impactos. Temos como metais de alto ponto de fusão, alta performance e altos custos, além do titânio, o berílio, o cromo, o níquel e metais refratários (tungstênio, por exemplo).

O alumínio é o metal não ferroso mais usado, leve e resistente, anticorrosivo e de fácil conformação, liga e usinagem. O cobre é um metal que, além de apresentar fácil conformação e formar ligas[19], tem excelente condutividade elétrica e térmica e resistência à corrosão. O magnésio é muito importante para o design de produtos por ter a leveza estrutural, com boa capacidade de amortecimento, boa resistência à fadiga e à corrosão, é usado como o principal elemento de liga com o alumínio e aceita acabamento com pintura ou chapeamento. O zinco é um metal resistente à corrosão, mas tem resistência e ductibilidade moderadas. O aço galvanizado é justamente o aço revestido do zinco para ganhar a função anticorrosiva.

Os plásticos – polímeros, variados e versáteis

Figura 8.13. Muitos produtos, como as cadeiras, são fabricados com plásticos de alta densidade para alto impacto ou de resistência.

Figura 8.14. Polímeros como o polietileno de alta densidade são materiais de alta resistência adequados para peças de veículos e outros produtos sujeitos a queda e fortes impactos.

Polímeros (ou *resinas*), o nome técnico dos materiais, de grande versatilidade, que são popularmente chamados de *plásticos*, apresentam-se em uma enorme variedade de tipos e derivados. Eles são feitos de elementos como hidrogênio, carbono, nitrogênio, oxigênio, flúor, silicone e cloro, em sua maioria derivados de petróleo. São materiais versáteis para adquirir formas e detalhes extremamente variados para a produção de uma enorme gama de produtos. Há também dois grandes grupos: os *termoplástico*s e os *termofixos*.

Ao primeiro grupo pertencem aqueles que podem ser amolecidos, fundidos e conformados com calor. São os plásticos moles, flexíveis e resistentes, usados para brinquedos, baldes e mangueiras, entre outros. O grupo dos termoplásticos inclui polietileno, polipropileno, poliestireno, PVC (cloreto de polivinila), acrílicos, náilon (poliamida), policarbonato e polietileno tereftalato (PET). Esses materiais podem ser fundidos diversas vezes, permitindo a sua reciclagem possível, ao contrário dos termofixos.

Os do grupo dos termofixos são aqueles que só podem ser fundidos com o catalisador e conformados por meio de moldes. Esses termofixos abrangem resina fenólica, silicone, aminas, poliéster, fenólicos, alquinos, poliuretano e epóxi e apresentam resistência química e térmica superior que os termoplásticos. As pessoas que conheceram os telefones antigos, normalmente pretos, rígidos e pesados chamavam o seu material de baquelita, o mesmo usado

---

19 Ligas metálicas são materiais com propriedades metálicas que contêm dois ou mais elementos químicos, sendo, pelo menos um deles, metal. A maioria dos metais existentes não é empregada em estado puro, mas em ligas, com propriedades alteradas em razão de determinadas finalidades (redução de custo, por exemplo).

para uma série de produtos como soquete, alça de chaleira, cabo de panelas, puxador de porta e outros.

Assim, cada tipo de polímero, com suas propriedades e características próprias, é indicado para determinado tipo de produto, com determinada função e propósito do design.

Embora a elasticidade – propriedade existente em materiais como a borracha, que é de látex extraído de seringueiras – seja uma propriedade normalmente ausente nos polímeros, os chamados *elastômeros* permitem ser esticados como as borrachas, sendo muito usados na fabricação de calçados de esporte.

Polietilenos

Há uma variedade de polietilenos para atender às necessidades de uma grande diversidade de produtos de diferentes características e exigências. O de baixa ou alta densidade, o de alto ou altíssimo peso molecular. Os produtos feitos com esses plásticos são: recipientes, brinquedos, embalagens, baldes, utensílios de cozinhas, tubos, fios isolantes, tanques de combustível, contêineres para lixo, coberturas para carrocerias, sacos de lixo e sacolas, entre outros.

Polipropileno

O polipropileno é um polímero de baixa densidade e amolece à temperatura de 150 °C. Com a sua resistência moderada e flexibilidade, ele serve para produção de garrafas, talheres descartáveis, cadeiras e demais produtos.

Figuras 8.15 e 8.16. Polipropileno, polímero de baixa densidade usado para fabricação de uma variedade de produtos.

Poliestirenos

Os poliestirenos (usos gerais, expandido e de alto impacto) são termoplásticos de resistência moderada, mas cada um com suas propriedades e características. Eles são usados para fabricar desde copos descartáveis até painéis de instrumentos de carros.

PVC (cloreto de polivinila)

PVC é um material de alta resistência a impactos e ruptura, largamente usado para fabricação de tubos de pressão, mangueiras, garrafas, forros, esquadrias, cadeiras de jardim e outros produtos, por ter propriedades de isolamento térmico e elétrico, além de ser atóxico. Porém, deve-se considerar que PVC não tolera uma temperatura acima de 60 °C em uso contínuo.

Acrílicos, de alta transparência

Embora o acrílico seja frágil ao impacto, é um termoplástico que oferece excelente claridade, com 92% de transmitância, sendo super-resistente a intempéries. Portanto, serve como material usado para produção de uma grande variedade de produtos, como letreiros, banheiras, eletrodomésticos, instrumentos médicos e lentes, entre outros.

Náilons, de alta resistência à fadiga

O náilon, a poliamida, é um plástico de excelente resistência à fadiga, usado para fabricação de uma grande variedade de produtos que exigem grande resistência e durabilidade, como cordas, engrenagens, escovas, pentes, plugues, redes, cames e roldanas, entre outros.

Policarbonatos, de excepcional resistência

Figura 8.17. Chapa de policarbonato, leve e de alta resistência, é muito usada em coberturas translúcidas.

O policarbonato é – com suas características de transparência, leveza, ótima estabilidade dimensional e excepcional resistência contra impacto, chamas e radiação ultravioleta – um material muito recomendado para a fabricação de equipamentos de comunicação, computadores, equipamentos médicos, componentes para iluminação, painéis interiores e assentos em aviões, equipamentos de processamento de produtos químicos, toldos e CDs, entre outros.

Poliéster, de baixo custo

Do grupo dos termofixos, os mais básicos são aqueles muito conhecidos, como o poliéster, o poliuretano, o silicone e espumas flexíveis ou rígidas, entre os quais o poliéster e o poliuretano podem ser encontrados como termoplásticos. O poliéster tem custo mais baixo e é usado para uma variedade de produtos, como pequenos componentes de moldagem por prensagem a frio.

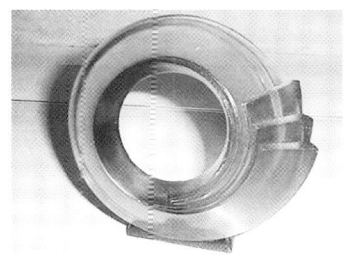

Figura 8.18. Porta-retrato, em resina de poliéster em verde transparente.

Poliuretano, de alta resistência à abrasão

O poliuretano é um termofixo de alta resistência, notavelmente a abrasão, tração e ruptura, e de bom amortecimento de vibrações. Por isso, é altamente indicado para a fabricação de partes mecânicas, peças exteriores, óculos, bolas de golfe e outros produtos.

Outros termofixos, como melamina, ureia, fenólicos, alquidos, epóxi, vinil-éster e alílicos, têm usos específicos para produtos específicos cuja produção depende do processo por meio de moldes.

Figura 8.19. Pequena roda em poliéster transparente, usada em móveis.

Fibra de carbono, de alta resistência e leveza

Fibra de carbono, material de custo elevado, é uma fibra sintética composta de finíssimos filamentos compostos de fibras de carbono (a espessura de uma fibra é dezenas de vezes mais fina do que um fio de cabelo) e possui propriedades de resistência maior do que as do aço e de leveza como as de madeira ou do plástico. Ela é aplicada em compósitos com polímeros termofixos, poliéster ou vinil-éster – plásticos reforçados por fibra de carbono – usados para fabricação de peças de máquinas, veículos, aparelhos esportivos, instrumentos musicais, entre uma variedade de produtos que exigem grande resistência e leveza.

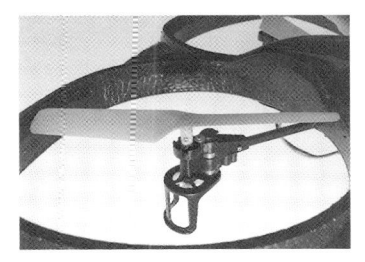

Figura 8.20. O material de compósito reforçado de fibras de carbono oferece excelente resistência e grande leveza a este pequeno aparelho voador – drone de brinquedo.

As madeiras – MDF, OSB, compensados e aglomerados

Figura 8.21. Chapas de MDF e compensados são largamente usados para produção de móveis e aplicação em ambientes internos.

Deixamos de tratar do assunto sobre as madeiras maciças, devido à ocorrência de inúmeras espécies, com variadas propriedades, características e aplicações que merecem estudos específicos e extensos. Só deixamos aqui o alerta de que devemos utilizar apenas madeiras maciças de floresta plantada ou que apresentem o *selo verde*[20], uma certificação de garantia de sua origem ambientalmente correta. Aqui, falaremos somente de alguns tipos de painéis de madeiras que são largamente usados para fabricação de produtos e aplicação em design de interiores. As vantagens do uso desses materiais estão não apenas na sua versatilidade por serem usináveis, mas também por contribuírem para a preservação florestal.

Os painéis MDF (*Medium Density Fiberboard*, prancha de fibras de média densidade) são os mais usados, principalmente para fabricação do mobiliário. Para móveis de grande porte, embora o material seja de boa qualidade e de grande versatilidade, ele apresenta três desvantagens: é pesado, absorve água e, quando aplicado na posição horizontal, verga-se facilmente com o seu próprio peso.

Os painéis de OSB (*Oriented Strand Board*), feitos de fragmentos de madeira prensados e endurecidos com resina, podem ser usados no lugar de MDF e são resistentes, mas suas qualidades são inferiores.

Painéis compensados são excelentes, pois são resultados de prensagem de lâminas sobrepostas e fibras em sentidos cruzados que aumenta consideravelmente a resistência contra a flexão (empenamento). Porém, como outros tipos de painéis, os compensados também apresentam diferentes qualidades. O melhor deles é chamado de compensado naval, de excelente qualidade.

Na fabricação de produtos ou aplicação em ambientes, esses materiais – MDF, OSB ou compensados – devem receber em suas superfícies um tratamento de proteção, com selador, verniz, tinta ou por meio de revestimentos melamínicos. A escolha do tipo de painel de madeira para uso depende da adequação de suas propriedades, características e desempenho às exigências previstas do design.

---

20 Os governos e organizações não governamentais (ONGs) de vários países formularam um conjunto de normas para regular o comércio de produtos de madeira provenientes das florestas tropicais por meio de acordos internacionais e determinaram que as madeireiras que possuem o selo verde devem comercializar apenas produtos retirados das florestas de forma ambientalmente correta e enquadrados em um plano de manejo certificado por organismos internacionalmente reconhecidos, como o FSC (*Forset Stewardship Council*, Conselho de Manejo Florestal).

Materiais e sustentabilidade

Em consideração à sustentabilidade, a questão imprescindível hoje em quase todas as áreas é a escolha adequada do material para fabricação do produto. A preocupação ecológica não é apenas quanto ao impacto causado pela extração da matéria-prima, mas também quanto ao processo de fabricação do material e pela liberação das substâncias tóxicas prejudiciais à saúde dos seres vivos.

Figura 8.22. Montagem de um móvel de madeira maciça, porém com selo verde. As madeiras maciças, como de eucalipto e pinho são popularmente usadas em móveis e pequenos objetos.

O designer pode, no seu projeto, contribuir para a sustentabilidade da produção, optando por materiais favoráveis à preservação do meio ambiente. A utilização de matéria-prima e materiais, o processo de fabricação, a reciclagem e o reaproveitamento devem ser seriamente pensados pelo designer. Os materiais biodegradáveis, recicláveis, reciclados e reaproveitáveis, os mais acessíveis e econômicos e os mais fáceis de ser processados e trabalhados são os mais indicados para o uso pela sustentabilidade. A atualização do designer em informações sobre materiais e tecnologias é fundamental para essa questão.

Nanotecnologia e materiais

A nanotecnologia é o estudo de manipulação da matéria em uma escala atômica e molecular, entre 1 a 100 nanômetros (um nanômetro é igual a 0,000000001 m), e de desenvolvimento de materiais ou elementos para diversas áreas, como a eletrônica, ciências da computação, medicina e engenharias. Vários resultados surpreendentes já foram produzidos, por exemplo, com semicondutores, nanocompósitos, biomateriais, *chips*, entre outros.

A nanotecnologia parece poder transformar ficção científica em realidade, abrindo possibilidades de aplicação real em setores científicos, médicos, industriais e ambientais. É possível que, em um futuro próximo, encontremos materiais com superpoderes. Os cientistas já chegaram a criar um metal mais leve que o isopor. Materiais como esses, quando forem produzidos em escala industrial, melhorarão muito a qualidade e o desempenho dos veículos principalmente. Uma espécie de tecido desenvolvido pela nanotecnologia é de uma resistência tão eficiente que é à prova de bala. Há notícias sobre a nanotecnologia que a relaciona a produtos e aplicações como tecidos resistentes a manchas, capeamentos de vidros, metais com elasticidade, aplicações anticorrosivas em metais, microprocessadores e equipamentos eletrônicos em geral.

9
As máquinas simples

Os princípios elementares para o funcionamento

Por que o ser humano cria e usa máquinas – utensílios, aparelhos, ferramentas e equipamentos? A resposta é unânime: para facilitar a vida e o trabalho. As máquinas reduzem enormemente nosso esforço físico no trabalho, consequentemente, reduz o tempo gasto em atividades realizadas.

Todos os ambientes em que vivemos estão repletos de objetos de todos os tamanhos, funcionando como nossos utensílios, ferramentas e máquinas, para facilitar nossas atividades diárias. Todos os tipos de produtos, até máquinas mais complexas, são constituídos por alguns dos seis tipos de "máquina simples". Eles são: roda e eixo, roldana, alavanca, plano inclinado, cunha e parafuso. Essas pequenas "máquinas" estão ao nosso redor o tempo todo, mesmo sem que você perceba.

As seis máquinas simples são os próprios princípios mecânicos básicos encontrados em praticamente todos os produtos que usamos diariamente. Por isso, não só designers e engenheiros precisam ter noção sobre as "máquinas simples", mas todos os que estudam e buscam conhecimentos têm necessidade de compreender seus princípios e suas razões de existir.

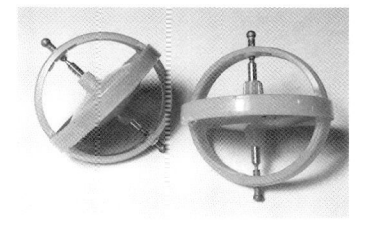

Figura 9.1. Giroscópio – o dispositivo com um rotor (roda e eixo) em rotação aplica o princípio de inércia. Ele é usado na aviação, voos espaciais, navegação e também em determinados veículos para manter o equilíbrio.
Estes giroscópios são brinquedos para encantar as pessoas com o seu giro, em equilíbrio, em cima de um pequeno ponto de suporte.

Ação e efeito – *input* e *output*

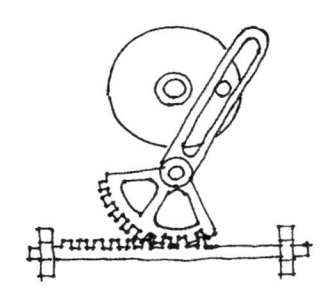

Figura 9.2. Quando a roda começa a ser impulsionada, gerando o movimento de giro, começa a ação inicial (*input*) e a outra peça ligada à roda por um pino movimenta a terceira, gerando movimentos para os dois lados – o efeito conhecido como *output*.

Todo ato humano com aplicação de uma ferramenta produz uma ação e um efeito. Usamos um exemplo corriqueiro e simples: quando usamos uma tesoura para cortar uma folha de papel, ao acioná-la aplicando uma força com os dedos, as duas lâminas iniciam um movimento cortante. A folha é cortada e separada em duas partes. O resultado – o corte – é o resultado, um efeito. A ação inicial da ferramenta é chamada de *input* e o efeito final (corte) é conhecido como *output*. Do início até o resultado produzido, nós temos o processo. É no processo, de *input* a *output*, que o "operador" interage com a "máquina" (a ferramenta). E quase o tempo todo nós estamos interagindo com as "máquinas". Hoje, embora vários produtos sejam basicamente eletrônicos e digitais, com uma redução ou até a eliminação de partes mecânicas, a maioria absoluta dos objetos é mecânica.

As "máquinas simples" na vida cotidiana

Figura 9.3. A engrenagem formada por rodas dentadas é comum na maioria das máquinas, das mais simples às mais complexas. Este é um brinquedo que estimula a criança a compreender o funcionamento de um mecanismo.

Ao abrir a porta para sair de sua casa, você está acionando o movimento de roda e eixo na maçaneta e nas dobradiças. A roda que nós conhecemos é circular. É aquilo que rola em uma superfície. Mas aqui nós a entendemos como aquilo que gira em torno de um eixo. Roda e eixo é um sistema composto, no qual um age sobre o outro. A roda gira em torno de um eixo ou a roda gira junto ao eixo. Se você analisa a máquina roda e eixo, descobrirá que está nela o princípio de alavanca. As roldanas e polias aplicam o princípio de roda e eixo e, portanto, o da alavanca. No seu carro, você está com suas mãos o tempo todo na "roda e eixo" – o volante. Seus pés constantemente acionam "alavancas".

Ao usar o macaco e a chave para poder trocar pneu do seu carro, na verdade, você está aplicando as máquinas simples – roda e eixo, plano inclinado e parafuso.

Quando você puxa o anel de uma lata de cerveja ou refrigerante para abri-la, está usando uma "alavanca". A alavanca multiplica a força aplicada; assim, torna-se fácil para qualquer um abrir uma lata. Verifique os detalhes desse anel para entender o mecanismo dessa alavanca.

Quando você anda de bicicleta, várias "máquinas simples" estão trabalhando juntas sob a ação de suas mãos e pés. Na bicicleta, podemos notar, além de roda e eixo, rodas dentadas e correias, alavancas nos freios, sistemas articulados e uns elementos complementares não menos importantes – molas e catracas.

A máquina simples constituída de dois planos inclinados formando um elemento cortante chamado cunha. A faca, o machado, a chave de fenda e a cunha propriamente dita apresentam esse elemento que tem um gume. A tesoura é uma ferramenta composta de alavancas e duas lâminas com cunhas.

Dessas máquinas simples derivam outras – engrenagens, rodas dentadas, cames, polias, sistemas articulados e demais conjugadas, que geram todos os tipos de máquinas complexas. Inúmeros são os exemplos. Tente você mesmo observar nos objetos de uso diário.

Roda e eixo, para girar e rolar

A máquina "roda e eixo" gira em um ponto de apoio, permitindo que se gire e servindo como um sistema mecânico que gera movimentos para produtos complexos.

Em muitos produtos, roda e eixo podem ser observados, como no volante do automóvel, na maçaneta da porta, na dobradiça, na manivela, na roda gigante do parque de diversões, no carrossel e nas próprias rodas de todos os tipos.

Figuras 9.4 e 9.5. Rodas e eixos, máquina simples aplicada em inúmeros mecanismos e produtos, de brinquedos a dispositivos e ferramentas.

Alavanca, para mover objetos pesados

Ao varrer o chão com uma vassoura, você está usando uma alavanca. Mesmo quando você usa uma caneta para escrever, você está aplicando uma alavanca. Se você quer tirar uma grande pedra de um lugar, consegue isso com certa facilidade usando uma longa barra de ferro, que é uma alavanca. Todos nós abrimos latas de cerveja ou refrigerante puxando uma peça que é, na verdade, uma alavanca que reduz o esforço do dedo. Para levantar a tampa de uma lata de tinta, normalmente você deve recorrer ao uso de uma chave de fenda, que é exatamente uma alavanca, reduzindo consideravelmente a sua força aplicada. Da mesma forma, ao arrancar um prego, um dos lados do martelo, que apresenta uma cunha com uma abertura no meio, é usado para prender a cabeça do prego, que é arrancado pelo efeito de alavanca ao movimentar o cabo do martelo. Inúmeros exemplos estão por aí na nossa vida cotidiana.

O carrinho de mão, usado pelos pedreiros em obras, tem roda e eixo e também se aplica à alavanca. É a alavanca que ajuda o pedreiro a levantar a pesada carga no carrinho. Mas vários modelos existentes apresentam uma falha na questão da localização do fulcro na alavanca, impedindo a maior redução do esforço do carregador.

Plano inclinado ajuda a subir e descer

Quando queremos subir uma montanha de carro, vemos que a estrada é sinuosa o tempo todo até o alto, porque várias curvas permitem manter os planos inclinados, e as rampas, com inclinações que facilitem a subida do automóvel, com o menor esforço possível. Esse princípio do plano inclinado se aplica em muitos produtos que nós usamos todos os dias.

O parafuso e a cunha

Embora o parafuso e a cunha sejam duas das seis máquinas simples, elas apresentam o plano inclinado. No caso do parafuso, o plano inclinado está em espiral, um plano helicoidal, circulando em torno de um eixo, o que facilita a sua aplicação em material, como a madeira. Já a cunha, que está presente no machado, é formada por dois planos inclinados.

O princípio do parafuso é verificado em vários produtos que usamos com certa frequência, como macacos (para elevar cargas de grande peso), sargentos (prendedor usado em oficinas como a marcenaria), prensas, moedor de carne, saca-rolhas, entre outros. O macaco que usamos para levantar o carro na hora de trocar o pneu é eficaz graças ao parafuso – o eixo que apresenta uma rampa helicoidal.

A cunha, para cortar e fixar

Os exemplos da cunha são muitos. Já pensou que seus dentes que cortam alimentos duros são, na verdade, cunhas? A faca, o machado e a tesoura que cortam vários materiais possuem a cunha. O objeto que é chamado de cunha – aquele que você usa para prender a porta – mostra a sua outra função – de prender ou fixar o outro objeto. O prego que é fincado na tábua de madeira por meio de martelada é uma espécie de cunha, embora ela apresente não mais dois planos inclinados, mas um cone, o qual tem o mesmo princípio de abrir, ou seja, cortar e também fixar ou prender.

A roldana, para levantar grandes pesos

Imagine a construção de um grande prédio. Como os pesados materiais são levados para cima? As roldanas são usadas para que os pesados materiais possam ser puxados para cima com o menor esforço braçal humano. Vários tipos e combinações de roldanas podem multiplicar a força de levantamento, de enormes pesos, minimizando a força humana aplicada. No caso de maquinarias pesadas como guinchos e guindastes, o sistema de roldanas é capaz de puxar ou levantar peso de toneladas.

Agora imagine o que a gente vê na roldana. Nela podemos notar a presença de roda e eixo, a rampa (o plano inclinado) e a alavanca. Ela é, na realidade, um sistema conjugado.

Os sistemas conjugados em máquinas

Todo sistema conjugado de máquinas simples é uma máquina mais complexa, e toda máquina mais complexa é constituída de várias máquinas simples. Essas máquinas simples e suas conjugações ou combinações podem assumir variações derivadas, em diferentes formas e dimensões. Assim, podemos verificar grande variedade de peças em máquinas. Os mecanismos de muitos produtos são tão funcionais que facilitam nossas atividades e poupam, de forma consideravelmente grande, com alta eficácia e precisão, nossas forças, porque os princípios físicos das máquinas simples são aplicados de maneira científica e tecnologicamente adequada.

Em um carrinho de bebê podemos verificar um sistema conjugado de máquinas simples. Ao atender às necessidades e exigências dos consumidores, o carrinho de bebê tem que ser versátil, para que possa ser dobrável e ajustável para se adaptar às várias subfunções, tais como guarda-objetos, guarda-sol e guarda-brinquedos. Deste modo, as peças foram pensadas em um sistema conjugado para atender à praticidade e à versatilidade do produto.

A mola e a corda metálica espiral

Há uma peça que, embora não seja considerada como uma das máquinas simples, é muito importante e responsável por um tipo de movimento que sirva para diversos produtos. Esse movimento é gerado pelas suas propriedades materiais e características físicas. Trata-se da mola. Assim como a mola, uma simples peça de material flexível ou elástico também é capaz de gerar movimentos. A corda de aço

Figura 9.6. Brinquedos que balançam por meio de molas e movimentos das crianças. A flexibilidade da mola não provoca o desgaste do material, por não existir um sistema mecânico.

em espiral, usada em relógio analógico, por exemplo, gera uma força que movimenta o mecanismo quando é acionada pela sua própria propriedade de alta flexibilidade, ao ser liberada da pressão. Portanto, o próprio material, trabalhado de maneira específica, pode assumir uma função muito importante quando é combinado com as máquinas simples.

O conhecimento e a compreensão sobre as máquinas simples não têm o objetivo de capacitar o designer a criar máquinas propriamente ditas, mas sim o propósito de torná-lo capaz de raciocinar sobre os princípios delas e aplicá-las em produtos que precisem de sistemas mecânicos que possibilitem movimentos.

Cames geram diferentes movimentos

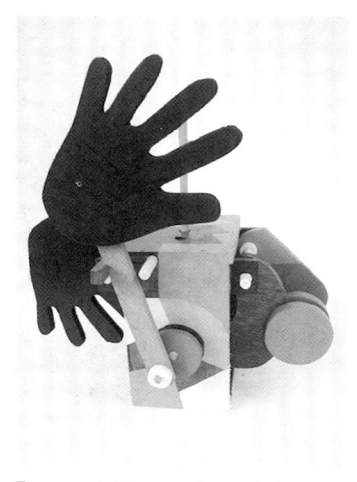

Figura 9.7. Mãos malucas, brinquedo de madeira, movimento gerado pelas cames. Design de Tai.

Os cames são especialmente interessantes por existir uma variedade deles, que contribuem para gerar diferentes movimentos, possibilitando criar inúmeras máquinas com movimentos extremamente variados. As combinações de cames com outros componentes mecânicos criam incríveis movimentos, usados em brinquedos, máquinas de costura, motores de carros, aviões e assim por diante.

Os cames são peças especialmente conformadas e fixadas em um eixo. São, na verdade, "rodas" com formatos não regulares e várias delas têm eixo não centralizado. Quando o came gira, a parte saliente (em relação à forma circular de roda) dele aciona um elemento longo, fazendo-o subir e descer ou ir e vir sucessivamente. A localização do eixo e a forma da roda acionam e determinam um movimento específico. No exemplo de um brinquedo, mostrado na figura ao lado, o movimento de vários elementos e de duas mãos balançando é gerado pelos cames que giram por meio de um eixo e uma manivela.

Procure entender como certos movimentos em máquinas e outros produtos são gerados. Por exemplo, um tipo de came é responsável pelo movimento principal da máquina de costura. Veja a seguir uma variedade de cames usados em diferentes máquinas.

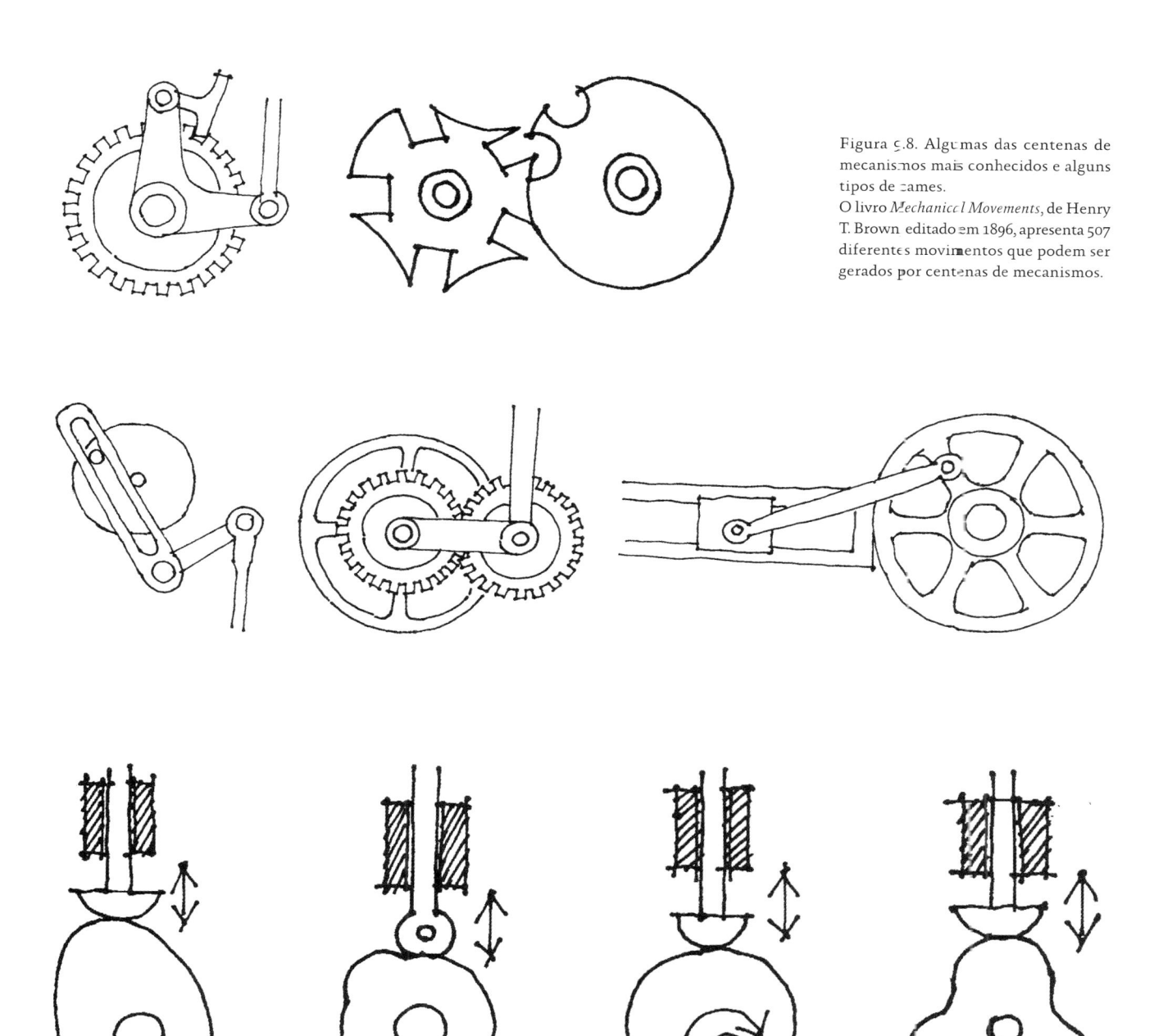

Figura 5.8. Algumas das centenas de mecanismos mais conhecidos e alguns tipos de cames.
O livro *Mechanical Movements*, de Henry T. Brown editado em 1896, apresenta 507 diferentes movimentos que podem ser gerados por centenas de mecanismos.

10
Estética, comunicação e percepção

Na nossa vida cotidiana, tudo está constantemente em interações por processo de comunicação, verbal e não verbal. Vivenciamos diferentes situações e passamos por todas as espécies de experiências e, assim, aprendemos a desenvolver nossas habilidades; obtemos conhecimentos, distinguimos e discriminamos as coisas e temos nossas opções em decisões. Isso tudo é possível por termos percepção em um processo de comunicação. E aprendemos a usar a nossa capacidade de comunicação para fazer acontecer interações, seja entre pessoas, seja entre objetos e pessoas, seja entre pessoas e seus ambientes.

A estética com evidentes qualidades visuais

Quando falamos da discutível questão de gostos, estamos invariavelmente entrando na área da estética, que é uma questão filosófica desde a Antiguidade. Mas, no design, é recomendável ser pragmático e reduzir a estética às evidentes qualidades visuais das coisas que criamos. Por exemplo, no design, procuramos soluções estéticas para o produto com o objetivo de torná-lo mais atraente, bonito, simpático, enfim, mais agradável ao usuário ou consumidor.

A estética com critérios e objetivos

Para atender aos critérios da estética e alcançar objetivos com a solução estética no processo de projeto, é necessário saber, primeiramente, para quem estamos projetando – o gosto, as preferências, o nível da sua percepção estética – a fim de encontrar uma "estética" apropriada ao seu perfil. Portanto, em design, preocupamo-nos com as exigências e necessidades de, na maioria das vezes, um maior número de pessoas que são usuários ou consumidores. Mas é bom saber que o designer tem também o poder de influenciar os usuários a desenvolver mais a sua percepção e sensibilidade estética, para que adquiram também maior flexibilidade e amplitude em termos de gostos e preferências. Por isso, o designer tem então a obrigação de ter aguçada percepção estética e grande criatividade para encontrar soluções estéticas.

O designer comunicador

Design, de certa maneira, é comunicação, ou se apoia no poder da comunicação. Os resultados do design devem ser capazes de se comunicar com seus usuários com eficácia, com objetivo de passar mensagens, gerando significados. O designer é um comunicador. Ele precisa ser capaz de usar signos adequados, em uma maneira eficiente de trabalhá-los para formar mensagens que queira transmitir ao usuário. O conceito de *affordance*, já apresentado no Capítulo 6, explica que é importante, no produto, transmitir visualmente mensagens ou "pistas", para orientar os usuários a usar esse produto de modo correto, dispensando explicações verbais. Essas mensagens são as características formais e visuais claramente indicativas das funções utilitárias, de compreensão intuitiva e imediata. Portanto, uma linguagem adequada é essencial para o processo de comunicação. Que linguagem e que expressão a ser usada? Para entender sobre isso, temos que antes saber como ocorre o processo de comunicação. É preciso saber como funcionam a comunicação e a percepção, pois ambas são interdependentes.

A estética para a comunicação

Com design, somos capazes de estabelecer a comunicação entre o usuário e o objeto (no sentido mais amplo). Todo objeto ou produto tem uma aparência visual que carrega mensagens ou informações por meio de uma série de elementos visuais e sígnicos. Uma das funções do design é a comunicação. Uma peça gráfica tem a comunicação como sua principal função. Um ambiente ou um produto, com o seu poder comunicativo, anuncia a sua identidade, credibilidade, expressividade e mensagens, por meio da sua aparência visual. A eficiência comunicativa depende do bom e criativo uso dos elementos visuais – a forma, a cor, a textura, o tom, a linha, entre outros. A aplicação adequada e criativa solicita ao designer não só a criatividade inata dele, mas o domínio dos métodos, técnicas, habilidades, linguagens, repertório e conhecimentos teóricos.

A percepção de estímulos

As pessoas recebem estímulos e informações graças à sua percepção, que é entendida como a capacidade de receber e entender informações por meio dos vários sentidos que o ser humano possui: a visão, a audição, o tato, o olfato e o paladar. A comunicação em que o designer intervém aborda em maior parte a visão, a audição e o tato. E, sem dúvida, a visão é quase o foco principal. Assim, a comunicação visual é o centro de atenção de abordagem, tanto na teoria como na prática.

O processo de comunicação

Em alguns capítulos anteriores (5, 6 e 7), foi analisada a questão de interações entre diversos sistemas e sobre o mecanismo da interação. A compreensão sobre esse mecanismo nos ajuda a ter noção sobre o processo de comunicação e de percepção, pois é graças à comunicação que as interações existem

O processo de comunicação ocorre entre um emissor que passa mensagem e um receptor que a recebe. O emissor pode ser qualquer pessoa ou objeto – suporte com uma carga de signos – que transmite mensagens para quem as recebe e compreende. O receptor as seleciona, decodifica, interpreta e entende conforme a sua capacidade e o seu conhecimento.

Signos – sua função na comunicação

A mensagem é constituída de signos que, dependendo das circunstâncias e objetivos, podem ser visuais, sonoros, gestuais, escritos e pictóricos, codificados de maneira apropriada para a comunicação efetiva. Para ser entendida efetivamente pelo receptor, a mensagem é codificada em uma linguagem apropriada, adaptando-se às condições do receptor em diversos aspectos. A noção de signos é tão básica e essencial para estudos em áreas ligadas à comunicação, seja verbal, seja não verbal, que o estudo se elevou para o nível da teoria geral dos signos, com o nome de semiótica ou semiologia, começada por Charles Sanders Peirce (1859-1914).

A linguagem visual gráfica e os signos

Com a comunicação como uma importante exigência, a linguagem visual ou gráfica torna-se a mais usada no trabalho do designer. Embora isso seja verdade, o designer não pode ignorar a existência de diversas linguagens: visual, verbal, oral, escrita, gráfica, gestual, sonora e musical. Cada linguagem pode ter seus próprios signos e códigos. Hoje, na nossa sociedade, onde a comunicação é complexa, interativa e se apoia na alta tecnologia, diversas linguagens podem ser usadas ao mesmo tempo. Mais do que nunca, o designer é obrigado a conhecer uma grande quantidade de signos e várias linguagens. E o que é signo?

Os signos como elementos básicos

Figura 10.1. O signo que representa a reciclagem é amplamente usado em produtos e embalagens recicláveis. As três setas se fecham, expressando a ideia de continuidade.

"*Signo* é tudo aquilo que, sob certos aspectos e em alguma medida, substitui alguma outra coisa, representando-a para alguém". Essa definição, dada por Charles Peirce, é bastante clara e ela é básica e essencial em qualquer ciência relacionada à comunicação. Uma forma, uma cor, um som, um gesto, uma letra, uma palavra, uma fotografia é um signo! Exemplos: a palavra *coração* representa o órgão coração fisicamente real e também o sentimento; por isso ela é um signo. Assim, como o desenho, a fotografia ou uma escultura de um coração é um signo. O vermelho, como uma cor, representa ou simboliza o calor, o fogo, a paixão e até o perigo, então o vermelho é um signo. Quando o juiz de futebol apita de um jeito, está passando aos jogadores uma mensagem, um aviso, uma advertência. O apito, nesse caso, é um signo sonoro. Uma letra tem a função de criar fonema para que uma palavra possa ser pronunciada, então ela é um signo. Um desenho expressa algo, representa algo ou simboliza algo, por isso é também um signo. Uma nota musical é um signo, um apito é um signo, um gesto é um signo, uma imagem é um signo e assim por diante. Como a mensagem e a linguagem, o signo pode ser verbal, visual, escrito, gestual, sonoro etc., pois são os signos que geram significados e formam mensagens em determinada linguagem.

O uso dos signos na comunicação visual

É muito importante que o designer seja capaz de usar signos e códigos adequados em seus trabalhos, permitindo que tenham não apenas a função estética, mas sim comunicativa. A função comunicativa é a capacidade de passar mensagens de forma rápida e com significados precisos. Portanto, é fundamental também que o designer tenha ciência de que o receptor da mensagem (o usuário) tem suas limitações e influências exercidas por fatores diversos. O usuário tem seu nível intelectual, sua cultura, suas visões, seus valores, suas crenças, sua sensibilidade e, enfim, o seu repertório de comunicação.

Certos sinais, ícones e até figuras são compreendidos por uns, mas não são percebidos por outros como mensagens. Para o design, a questão é como usar adequadamente signos para comunicar da melhor forma. Que signos e que forma usar para surgir efeitos eficazes na comunicação – essa é a questão!

O processo de comunicação e percepção

No processo de comunicação sempre existem dois polos: o *emissor* e o *receptor*. O emissor é o *transmissor emitente* da mensagem e o receptor é o *destinatário*. O primeiro usa um código (conjunto de signos); por isso, ele é o codificador. O segundo recebe as mensagens e as entende porque é capaz de decodificar os signos. O emissor da mensagem pode ser o indivíduo, o meio de comunicação, o objeto ou o ambiente. Já o receptor é sempre o indivíduo que recebe a mensagem e os estímulos de diversas fontes (luz, cor, forma, som etc.).

Recepção de estímulos e mensagens

Em todas as situações e ambientes, o indivíduo recebe complexos estímulos na sua percepção e sensação. A percepção ocorre de duas formas: quando uma pessoa recebe estímulos involuntariamente, de modo passivo, essa é uma forma de recepção pelos sistemas sensoriais[21]; mas, por seu próprio interesse, a pessoa, por meio dos seus filtros perceptivos psicológico e cultural, vai selecionar os estímulos ou mensagens transmitidas, e essa é uma forma de recepção pelo *juízo perceptivo*. Intuitivamente ou não, passando pelo filtro perceptivo ou não, o receptor dos estímulos e mensagens apresenta reações conforme a sua sensação, percepção e cognição, influenciadas por um conjunto de fatores (cultural, econômico, social e psicológico, entre outros).

Do significante ao significado – a significação

Por meio do juízo perceptivo, o receptor seleciona os estímulos e mensagens pelo interesse e também pela compreensão. Uma mensagem é entendida quando os signos ou a própria mensagem ganham sentido – o significado. No processo de

---

21 Sistemas sensoriais são constituídos pelos órgãos receptores sensoriais, responsáveis pelos sentidos de visão, audição, tato, olfato, paladar, ligados diretamente ao sistema nervoso central.

comunicação, o signo é um *significante* que passa pelo processo de *significação*, enquanto o receptor capta o signo, decodificando-o e interpretando-o para entendê-lo como um *significado*. Esse significado nem sempre é o mesmo que o transmissor pretende passar. Na comunicação, o designer deve tentar passar informações mais precisas possíveis e evitar dificuldades para a compreensão, principalmente quando se trata de informações que não devem ser distorcidas.

A informação para gerar efeitos

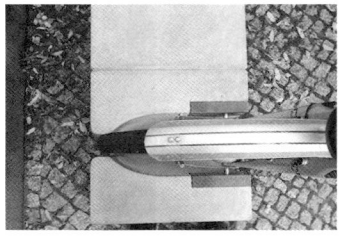

Figuras 10.2 e 10.3. Módulos de bloco de concreto para estacionamento de bicicletas, em Berlim, com um visual que expressa simplicidade, modernidade, confiabilidade e funcionalidade.

A informação, formada pelos elementos visuais e signos gráficos e transmitida pelo emissor, é um conjunto de estímulos e mensagens normalmente e intencionalmente criados pelo designer para gerar efeitos – para atrair, agradar, explicar, justificar, passar credibilidade e até persuadir as pessoas para determinados fins. Por essa razão, o designer tem a necessidade de conhecer os signos, a melhor forma de utilizá-los, os critérios, as características, condições e exigências do público receptor de mensagens. No entanto, a criatividade e a inovação são importantes, mas só são possíveis quando o designer tem pleno domínio das teorias, técnicas e as informações necessárias.

Os cinco sentidos mencionados anteriormente são canais pelos quais as mensagens são transmitidas ao cérebro, que finalmente as processa, decodifica, filtra, seleciona, interpreta e, nesse processo instantâneo, o indivíduo receptor das mensagens reage conforme suas sensações, percepção cognitiva, personalidade, emoções, gostos, valores e percepção estética. As reações do indivíduo manifestam-se em atitudes e comportamentos. Em função desse processo que se realiza a partir dos sentidos aos comportamentos, as mensagens, portanto, devem ser criadas de maneira eficiente para atingir seus objetivos. Assim, a comunicação precisa recorrer aos métodos, técnicas e formas para expressar, tanto em artes visuais como no design e, especificamente, em design de comunicação. Existem maneiras diretas, indiretas, moderadas, exageradas e radicais para expressar uma mesma ideia. O designer comunicador recorre então às técnicas similares às usadas pelos escritores e artistas visuais. A metáfora e a retórica são técnicas usuais aplicadas e configuradas para reforçar ideias a serem transmitidas, intensificando emoções e afetividade do receptor.

O filtro perceptivo e os fatores condicionantes

Ao receber a mensagem, o receptor, condicionado por diversos fatores, passa a "filtrar" o conteúdo (decodificado ou não) para aceitá-lo ou não. Esse processo normalmente é imediato (embora possa demorar segundos ou minutos, quando a percepção passa a usar o juízo); por isso, uma pessoa pode gostar ou não de alguma coisa conforme o seu *filtro perceptivo*. Os fatores que condicionam o filtro das pessoas são: culturais, sociais, econômicos, religiosos, ideológicos e psicológicos. E, como consequência, o receptor reage perante o conteúdo sentindo compatibilidade, consonância, credibilidade, empatia, recompensa, interesse, mas ainda influenciado pela personalidade, flexibilidade mental e situação particular.

Os signos geram estímulos e mensagens

O observador, ao contemplar ou apreciar uma pintura pictórica, percebe mensagens transmitidas por meio de estímulos gerados por um conjunto de elementos visuais (signos visuais), tais como formas, figuras, cores, tons, texturas, linhas e passa a interpretá-las e entendê-las a sua maneira e dentro das suas condições. De modo similar, o espectador aprecia um filme, uma peça de teatro ou ópera, decodificando (percebendo, interpretando e entendendo) as mensagens (formadas de signos visuais, sonoros, verbais e musicais), trabalhadas de maneira estética e artisticamente em um nível de qualidade almejado.

O uso de signos em objetos e mídia

Na realidade, todo objeto ou ambiente criado artificialmente recorre ao uso de signos, por meio dos quais a comunicação visual é estabelecida. Só assim existe a comunicabilidade, a expressividade ou mesmo a agradabilidade, que são qualidades transmitidas pela aparência visual do objeto ao usuário. Para garantir todas essas qualidades, os signos e a linguagem devem ser adequadamente trabalhados de acordo com a base cultural, o nível perceptivo, intelectual e cognitivo do usuário.

Figura 10.4. Ilustração de livro com uma linguagem simples e direta, para um público que gosta de animais de estimação. Ilustração em aquarela, de Tai.

As revistas, jornais, livros, programas de rádio e televisão – todos os meios de comunicação dão atenção ao uso da linguagem e dos respectivos signos (os elementos gráficos visuais, os sons, as palavras, as entonações) próprios para se adaptarem ao gosto de seus leitores, ouvintes e telespectadores.

Os aspectos semântico, sintático e pragmático

As qualidades acima referidas devem ser consideradas não apenas no aspecto estético, mas também no semântico, ligado aos significados transmitidos pelos signos e, consequentemente, pelas mensagens elaboradas. Naturalmente, outros dois aspectos – o *sintático*, que se refere à unidade visual e à harmonia entre os signos usados, e o *pragmático*, que trata da relação comunicativa efetiva entre os signos e os usuários – são contemplados, para garantir a unidade e a coerência visual e a conformidade com os princípios ergonômicos.

A interpretação e o entendimento da mensagem

No processo de comunicação, a mensagem provoca no receptor uma reação no nível psicológico e comportamental após ter decodificado, interpretado e entendido a tal mensagem a sua maneira, influenciada por idiossincráticos.

A imagem como signo

Figura 10.5. Boneco representando boi, um dos 12 animais do horóscopo chinês. É uma imagem que simboliza a força e a determinação. O vermelho é um signo chinês que representa prosperidade, vida, boa sorte e felicidade.

A noção da imagem é importante para o designer por ser a imagem um dos elementos mais essenciais para a comunicação visual. E nós temos uma grande variedade delas, de diferentes linguagens, expressões, técnicas e de graus de iconicidade. Toda imagem é um signo, seja desenho, seja fotografia, que representa a exterioridade visual de algo real. O avião, que é um objeto real, representado por signos, é chamado de "o referente". Já o desenho de um avião, por exemplo, é o signo iconográfico que representa um avião de verdade, como também a fotografia o é. No entanto, a palavra *avião* também é um signo, só não é iconográfico, mas sim, verbal e escrito.

Além das imagens iconográficas (desenhos, pinturas, esculturas e fotografias), existem as utilitárias (as não iconográficas, como gráficos, diagramas, sinais, letras e palavras), imagens fixas (estáticas) e imagens móveis (dinâmicas, no tempo e no espaço). Essas imagens formam os signos usados na comunicação visual.

Criação de logotipo como exercício (Exercício 4)

No design da comunicação, uma série de disciplinas, como a metodologia visual, a representação e expressão gráfica, precisa ter uma ampla abordagem sobre teorias, informações e uso dos elementos visuais e dos signos visuais. O conteúdo abrange a tipografia, a semiótica, a estética, a comunicação, a cultura, a arte e muitos outros conhecimentos multidisciplinares.

Figura 10 6. Logotipo da Ativavita Produtos Naturais – nome, tipo de letras, cores e símbolo expressam vários significados referentes à vida, à natureza e à associação das duas. Design de Tai.

A criação de um simples elemento, como o logotipo ou o símbolo de uma marca ou empresa envolve diversos passos, incluindo definição do problema, elaboração do *briefing*, pesquisa, definição do conceito, desenvolvimento, arte-final, apresentação, avaliação, finalização. Imagine sobre um projeto em maior escala e de grande complexidade. Qual seria o grau de dificuldade? Por exemplo, um sistema de identidade visual cujo design exige do designer, além do seu domínio sobre a metodologia (que inclui vários métodos, recursos e técnicas), uma série de informações e conhecimentos multidisciplinares e amplos, em vários contextos.

Lembramos que o design nessa grande área trata da comunicação, de cuja efetividade depende de um conjunto complexo de considerações que se referem a teorias de comunicação e ao domínio da metodologia e das técnicas práticas de design.

O trabalho a seguir é um exercício acadêmico para você se habituar ao processo da criação de um logotipo e familiarizar-se com o modo de apresentar o seu trabalho. Fazendo este trabalho, você terá a oportunidade de pensar e refletir sobre cada consideração importante, treinando-o para adquirir eficiência não só no projeto, mas também na apresentação da sua proposta ao seu suposto "cliente" ou ao público.

Crie um logotipo (ou símbolo, ou logomarca) para uma empresa (ou instituição, entidade, indivíduo) ou para a sua família. Para isso você deve passar por um processo de design completo conforme a metodologia do projeto. Antes que você tenha o domínio da metodologia, vai adquirir nesse trabalho a noção sobre o processo e aprender a fazer a apresentação da sua proposta.

A pesquisa para o problema definido

O primeiro passo é a definição do problema. O que é problema? Cito exemplos. Antes de tudo, procure saber o que, para que, por que e para quem o logotipo será criado. As respostas que você encontrará já te dão informações básicas que podem ser resumidas em forma de *problema*. Daí, você começa a pesquisar melhor sobre ele, tentando buscar todos os dados e informações necessárias para fundamentar o seu projeto.

O ponto de partida para gerar ideias

Depois da pesquisa, parta para a segunda etapa, de geração de ideias, e transfira-as para o papel. Vários métodos podem te ajudar a criar. Primeiramente, é necessário ter um ponto de partida, que pode ser, por exemplo, o próprio nome (da empresa ou da instituição), uma ideia abstrata (elegância, solidez, rapidez e segurança) ligada ao conceito da empresa, o produto ou o serviço (que possa ser representado em imagem). Pense agora na transformação desse ponto de partida em desenho, com letras, figura ou símbolo, ou a combinação entre eles. É aconselhável que você recorra a referências como imagens, tipos de letras e fotos e com base nelas desenhe o seu logotipo.

Esboços baseados em critérios

É necessário fazer uma boa quantidade de esboços para visualizar ideias ou mesmo descobrir novas ideias ao esboçar, pois desenhar é um método especulativo e exploratório, que é o caminho essencial para, entre as possibilidades desenvolvidas, encontrar a solução. Contudo, é importante levar em consideração os critérios básicos do logotipo. Esses critérios são os princípios básicos de trabalhos voltados para informação e comunicação. A legibilidade (facilidade de ser identificado), a visibilidade (contraste e destaque), a inteligibilidade (ordem e clareza), a efetividade semântica (o significado), a expressividade (transmissão de ideia), a facilidade para percepção e cognição (facilidade para assimilar e memorizar) e a estética (aparência visual que dê estímulo).

Assim que uma proposta está definida, poderá passar a construir o logotipo em arte-final. Na maioria dos casos, o logotipo passa pela construção geométrica, finalizado por meio de instrumentos manuais ou ferramentas como alguns programas de design digital.

Várias versões do logotipo

Várias versões do logotipo devem ser feitas em função de diferentes formas de uso, em diversos suportes e meios de comunicação. Essas versões são basicamente: preto e branco, em tons de cinza, colorido (monocromático e multicolorido), reticulado, marca d'água e, muito comum atualmente, 3D virtual e volumétrica. Como o logotipo pode ser usado em objetos muito pequenos como etiqueta, broche, caneta, chaveiro, entre outros, ele tem que ser concebido com a possível redução até um tamanho adequado ao uso nesses objetos.

Logotipo simples, expressivo e informativo

O logotipo é criado para dar identidade visual. Por isso, é importante que seja de fácil memorização. Porém, só a simplicidade não é suficiente, mas também a não similaridade com outros existentes. Em outras palavras, ele precisa ser diferente, com algo que seja novo, que transmita mensagem e desperte atenção das pessoas. Não se deve adotar um logotipo que faça lembrar outro existente, ou que faça confundir com o outro. Ele deve ser único, inconfundível, expressivo e informativo. Se o seu logotipo tem uma forma geométrica primária, como círculo, triângulo ou quadrado, então procure em catálogos, livros e *sites* (por meio do Google) que mostram variedades de logotipos ou marcas para verificar semelhanças ou possíveis coincidências.

A síntese e a abstração

A simplicidade é o resultado de síntese e abstração. A simplicidade significa menor quantidade de elementos usados, mas sem perder o efeito comunicativo da forma. A simplicidade é relativa e não há um grau definido. Ela depende do bom senso e da criatividade do designer. Contudo, a síntese e a abstração são ótimos princípios para obter a simplicidade, que é, sem dúvida, o critério básico para a fácil percepção e cognição do público. Porém, devemos nos atentar para o grau de simplicidade ou complexidade a fim de evitar a monotonia ou a sensação de insegurança e estresse.

A tipografia na criação do logotipo

É recomendável que o designer tenha bons conhecimentos sobre a tipografia para elaborar bons logotipos que recorram ao uso de letras.

Cada fonte tem a sua própria expressão, o seu grau de legibilidade e ajuda a elevar o nível de expressividade do logotipo. Além de usar as fontes existentes, o designer deve também ser capaz de redesenhar e recriar tipos de letras, ou mesmo criar novas fontes para a utilização em sistema de identidade visual, no qual o logotipo está inserido.

11
O gosto se discute, sim

O belo e o gosto – uma questão de estética

Se determinada coisa é bonita ou feia, ou esteticamente bem-solucionada, é aparentemente uma questão fácil de responder. Ao contemplar uma coisa – um objeto, uma obra de arte, uma roupa, uma postura, por exemplo – a pessoa faz uma afirmação quase sempre de imediato conforme o seu gosto inteiramente pessoal. Uma coisa é muito bonita para uma pessoa, porém é de muito mau gosto para outra. Assim, essa ocorrência muito frequente fez com que nascesse aquele conhecido dito popular "gosto não se discute".

A questão do gosto, quando é discutida no nível da estética, torna-se extremamente complexa, por estar intimamente ligada a uma enorme gama de fatores. É exatamente por essa razão que o povo normalmente dispensa a discussão quanto ao gosto de um ou de outro em relação a uma mesma coisa. No entanto, penso que o gosto se discute, sim! Porém, a discussão deve se desenvolver em uma ampla investigação e em uma profunda análise, porque cabe ao designer "decifrar" esse gosto.

O julgamento estético popular

Normalmente, as pessoas julgam determinada coisa como bonita porque gosta dela. Essa é a realidade do julgamento estético popular, no qual o senso comum e a subjetividade condicionada por valores restritos, e muitas vezes preconceituosos, formam a *sensação* pessoal referente à qualidade estética de uma coisa. Digo *sensação* porque, nesse caso, o julgamento está baseado quase

Figura 11.1. Escultura em bronze, na praça de um shopping de Nanjing, China, com um tema divertido, que corresponde bem ao gosto popular por figuras fantasiosas.

exclusivamente nos efeitos visuais que, quando atingem a visão, se conectam automaticamente com as concepções de ideias superficiais, contaminadas pelas sensações estimuladas pelas aparências, atitudes, posturas ou comportamentos que expressam qualidades que se encaixem dentro das condições culturais, psicológicas e psíquicas das pessoas. Essas qualidades podem variar amplamente, da suavidade à agressividade, da harmonia à dissonância, da ordem ao caos, da limpeza à sujeira, da clareza à obscuridade, e assim por diante.

O senso comum e a diversidade de gostos

O senso comum diz que a ordem é boa e o caos é ruim, a limpeza é boa e a sujeira é ruim, e assim por diante. No entanto, há pessoas que procuram mais a dissonância do que a harmonia, mais a agressividade do que a suavidade, seja nas artes, seja na sua conduta pessoal. Há pessoas que só se sentem bem com a agressão e gostam da rebeldia. Essa diversidade de gostos merece uma boa investigação e análise. É possível atribuir um grau de beleza para uma situação ou objeto que é considerado feio, ruim, condenável ou repugnante pelo senso comum e dentro dos padrões normais da sociedade? Aquilo que é instituído como imoral, injusto, perverso e antiético pode assumir um aspecto de beleza? Tais perguntas são difíceis de responder, mas merecem a nossa reflexão por uma simples razão: haverá uma resposta convincente ou correta?

O belo e o gosto em diversos contextos

O belo e o gosto constituem uma questão filosófica que parece não ter fim. Portanto, considero adequado que a investiguemos, restringindo-a dentro de diversas esferas, ou melhor, dentro de diversos contextos, áreas, setores, sociedades, grupos sociais, ideológicos ou institucionais. Escolhida uma esfera, poderemos citar alguns exemplos de fatos relacionados ao julgamento estético para servirem como ponto de partida para a formulação de questões que esperam respostas.

O belo e o gosto no contexto cultural

Primeiramente começaremos a análise a partir de um dos fenômenos da vida cotidiana, dentro da *esfera social*, pois está relacionado diretamente à moda, à comunicação, à rebeldia adolescente-juvenil, à vaidade, aos hábitos coletivos e à integração grupal ou coletiva. Em seguida, usaremos um exemplo relacionado às artes, especificamente de uma arte cênica nada familiar no mundo ocidental.

Nessa *esfera do contexto cultural*, as ocorrências ligadas aos gostos mostram as influências da convivência, tradição, educação, conhecimento, sensibilidade e curiosidade. E, finalmente, a questão do belo e do gosto será estudada dentro da *esfera do ensino*, na qual uma série de fatos inquietantes poderá ser considerada problemas que esperam soluções adequadas. E, dentro da esfera do ensino e da aprendizagem, é possível estabelecer claramente princípios, parâmetros ou requisitos das qualidades estéticas? E como?

Figura 11.2. Chaleira vendida no Ocidente, porém concebida com elementos estético-culturais da China. A estética da simplicidade e da simbologia torna esse produto agradável com leve toque oriental e exótico.

A problematização sobre a questão dentro das três esferas (social, cultural e educativa) correlacionará os fatores, gerando uma trama de pensamentos para chegar a uma ordenação de raciocínio que deverá conduzir a análise e uma conclusão, contribuindo para a reflexão mais aprofundada em prol da formulação de soluções para os problemas de ensino e aprendizagem nas áreas de artes visuais, design e arquitetura, além do desenvolvimento do senso estético de estudantes dos cursos de design e de arquitetura.

Um fenômeno em propagandas comerciais

Havia, em uma época, um fenômeno visual nas propagandas comerciais de modas masculinas e femininas[22] que causou em mim certo espanto e repúdio – eram *outdoors*, cartazes e páginas publicitárias em revistas que traziam fotografias de jovens com aparências doentias e posturas irreverentes, muito longe dos padrões normais de beleza. Manequins com rosto pálido com olhar perdido no vazio, sem expressão, corpos excessivamente magros e aparentemente doentios, dando a impressão de drogados. Se isso era uma nova estética, aceita pelo público geral, eu duvido muito, mas certamente influenciavam os adolescentes e jovens que estavam na faixa etária de fácil manipulação. Essas imagens eram bonitas ou feias? Provavelmente foram usadas para criar impactos com objetivo de chamar a atenção. Há jovens que realmente as apreciam, pela beleza visual, pela rebeldia comportamental, pela agressividade ou pela identificação com a linguagem?

22 O fenômeno referido era da época situada no final da década de 1990, quando esta parte do texto foi escrita; mas o fenômeno ainda continuou no século XXI, quando a onda de regime de emagrecimento estava em alta e manequins magrelas nos desfiles de moda viraram regra de jogo.

O gosto pela aversão ao normal

Os mais conservadores veem essas imagens pela ótica de julgamento estético, conforme o seu valor moral, distinguindo entre o bem e o mal, o doentio e o saudável. Não há dúvida de que a absoluta maioria, independentemente da classe social, prefere a beleza, que expressa o sadio e o bem. No entanto, alguns publicitários oportunistas conseguem atingir com a sua arte um determinado grupo ou segmento social, cultural e de faixa etária que tem exatamente uma aversão contra a estética "careta" do sadio e da felicidade. Imagens chocantes e que expressam ideias que condizem com o modo agressivo, rebelde e irreverente caem bem no gosto de muitos jovens e adolescentes na fase de rebeldia, muitas vezes contra as instituições, regras e tradições morais. Então perguntamos: será que eles "curtem" essas imagens porque as consideram realmente belas? E belas em que sentido? O uso de palavras chulas é frequente no meio de adolescentes e jovens. Perguntamos de novo: será que eles realmente as consideram lindas e agradáveis? Linguagens visuais e verbais como essas são para eles agradáveis, portanto, "massa" (não necessariamente belas no contexto moral nem no aspecto estético-formal) devido à identificação com elas no contexto social quase "tribal".

A beleza no senso comum

Uma mesma linguagem verbal ou iconográfica pode ser feia ou bonita, desagradável ou agradável, conforme o seu contexto – cultural, social, religioso, econômico ou político –, em determinado tempo e espaço. Essa é uma realidade bastante clara para quem transita ou transitou entre diversos tempos, espaços, sociedades, nações ou culturas. E a outra certeza é que também há a beleza de receptividade comum (coletiva), que corresponde ao gosto de todos e independentemente de todos os fatores – é a beleza do senso comum. As explicações para essa certeza se encontram primeiramente na razão pela qual os grandes filósofos apontaram para a beleza que se revela a partir do bem, do positivo e do verdadeiro. É uma razão fácil de ser constatada nos fenômenos sociais cotidianos ou na vida coletiva humana. Há alguma dúvida de que a grande maioria absoluta das pessoas gosta de paz? Há alguma dúvida de que a grande maioria também gosta de festas? Digo que, somando a paz com a festa, temos o ideal da vida farta e feliz sem nenhuma espécie de ameaça à integridade física e mental das pessoas. Essa é a vida do bem e do positivo. Mas aí pode entrar em cena um importante fator da natureza humana para quebrar a monotonia dessa vida ideal – o espírito de desafio e de aventura, ou a necessidade de sempre buscar algo mais difícil de alcançar ou de vencer. O desafio abrange certas características da natureza humana, como competição, concorrência, vaidade, autorrealização, poder, ambição e outras. A quebra da monotonia parece um dos responsáveis pelas diferenças de gostos e, por consequência, de padrões de beleza ou da diversidade estética.

Dicotomia de qualidades adversas

Podemos analisar inúmeros casos para exemplificar o gosto comum e a beleza de receptividade geral que se refletem não só nas situações, posturas e comportamentos, mas também em tudo que o homem cria para a sua vida material e espiritual. As qualidades da preferência geral são consideradas como as positivas, que, por sua vez, são também fatores geradores do bom e do belo. Já as qualidades adversas são fatores do mau e do feio. Portanto, os adjetivos da retórica usados para expressar as qualidades tanto de fenômenos físicos como de estados espirituais dos ambientes, das pessoas e dos objetos servem como base para justificarmos normalmente o que é bonito e o que é feio. Assim, o esquema seguinte de dicotomia de qualidades opostas será interessante para que se faça um julgamento estético dentro dos limites do senso comum e universal.

Iluminado/escuro; tranquilo/perturbador; harmonioso/dissonante; limpo/sujo; suave/grosso; ordenado/caótico; farto/pobre; completo/incompleto; elegante/vulgar; doce/amargo; musical/ruidoso; alegre/triste; saudável/doente; forte/fraco; sorridente/choroso; calmo/raivoso; perfeito/defeituoso; pacífico/agressivo; bondoso/cruel; angelical/demoníaco; liso/áspero.

O estímulo mental e a exaltação sensorial

Mas será que esses fatores servem realmente como critérios infalíveis para o julgamento? Por que certas pinturas que retratam imagens tristes, agressivas ou associadas às situações desagradáveis podem ser excelentes obras de alto nível estético? É uma questão extremamente interessante e intrigante, pois está ligada a uma complexidade de fatores que exaltam manifestações sentimental, emocional e intelectual, em relação à vida cotidiana, à religião, à ideologia, ao pensamento e a muitos outros aspectos da vida humana. Nesse caso, o que é feio ou desagradável, ao ser representado na obra de arte técnica e visualmente bem-solucionada, seria, na verdade, um bom motivo para evocar o sentimento

Figura 11.3. Um objeto muito convidativo para ver, sentar, deitar e brincar. Ele provoca a curiosidade e associação com algo flexível e macio, mas não é. As pessoas gostam dele por oferecer certo prazer aos sentidos e ao "espírito".

(ódio do mal, misericórdia pelo oprimido, por exemplo), a emoção e o pensamento que tendem para a crítica, a reflexão, portanto, para o lado bom ou positivo. A outra razão é a exaltação pura e simples das sensações que se satisfazem com elementos altamente estimulantes aos sentidos e não ao "espírito", com a conotação relativa à mente, consciência ou personalidade, as quais, por sua vez, são intimamente ligadas à interpretação, crenças, valores, desejos, temperamento, a imaginação. Nesse último caso, o gosto é provocado pela estimulação tão imediata comparável ao gosto de alguns paladares que provocam prazeres imediatos. Certas pessoas gostam do paladar do cigarro, do gosto amargo de guariroba, do gosto picante de pimenta e assim por diante. Quem gosta de frequentar bailes com músicas de ritmos rápidos e fortes gosta daquelas luzes coloridas e sons de efeitos altamente estimulantes e delirantes. Mas e por que essas pessoas gostam disso e outras não? Muitos outros fatores explicam. No entanto, é possível fazer já uma dedução básica sobre o gosto, dividindo-o em dois tipos. O primeiro corresponde ao estímulo do estado mental, e o segundo, ao estímulo sensorial imediato.

Os estímulos: mental e sensorial

O estímulo mental diz respeito ao sentimento, à emoção mais profunda, ao raciocínio e ao pensamento e, consequentemente, à natureza mais íntima do homem – o "espírito" acima referido. E o estímulo sensorial imediato, por meio de elementos de efeito, provoca a sensação imediata do prazer, que não depende muito da reflexão mental associada aos fatos, desprovido de *insight* – processamento mental – mais profundo. Contudo, frequentemente os dois tipos de estímulos se sobrepõem e interagem, intensificando a percepção da beleza daquilo que é apreciado. E uma obra de arte que ostenta alto grau de qualidade estética é quase sempre o resultado concreto da integração desses estímulos. Mesmo assim, a qualidade estética é percebida em menor ou maior teor, dependendo da sensibilidade emotiva e das capacidades perceptiva e cognitiva do apreciador. Portanto, o teor da percepção de pessoas da mesma faixa etária e do mesmo nível cultural pode variar muito conforme influências de diversos fatores, tais como a educação, tradição, crença, ideologia, ambiente, convivência, personalidade e muitos outros.

O aguçamento da percepção estética

O interesse e a motivação que geram o gosto por determinadas coisas na verdade provêm exatamente dessas influências. Eu aprecio profundamente a beleza da Ópera de Pequim e sou apaixonado pelo canto melódico peculiar dessa ópera. Considero-a como uma arte de rara beleza. Mas muitos chineses não conseguem sequer se interessar por ela e não sentem falta dela. No entanto, uma porção de ocidentais é atraída pela Ópera de Pequim – há exemplos de alemães e americanos que experimentaram ensaios de canto e representação dessa ópera tão exótica – movida primeiramente pelo exotismo (é extremamente diferente pelo simbolismo, pela abstração gestual, espacial e temporal, e pela integração da simplicidade com a exuberância visual) e pelo conhecimento da sua estética e das demais características. Mas raramente um ocidental consegue mergulhar em delírio na beleza dessa ópera como um chinês nato e vivido plenamente na cultura chinesa, o que explica a importância da vivência ou da experiência verdadeira como fatores do aguçamento da percepção estética em obras de arte.

O cultivo do gosto

Pode-se dizer que o gosto se adquire primeiramente por algum motivo, em seguida, pela curiosidade e, finalmente, pelo conhecimento adquirido após uma investigação (leitura, apreciação, análise crítica etc.) ou aprendizagem. Nesse processo, um indivíduo passa a cultivar o gosto por algo que para ele apresenta um conjunto de elementos que se encaixem bem na sua psique ou no seu espírito. O motivo é praticamente o ponto de partida para o cultivo de um gosto e, consequentemente, para a percepção estética. Esse motivo germina, muitas vezes, espontânea ou intencionalmente em função de outro motivo, que pode ser uma "faísca" detonadora de variadas atividades psicológicas ou mentais, como a simpatia por algo, uma inspiração, um desejo repentino, uma esperança, a fé e muito mais.

A beleza universal

Desconsiderando agora os fatores ligados ao conteúdo – o significado ou algo que desperta a mente – convém analisar os fatores que são puramente estético-formais. É possível que uma pessoa goste de uma coisa ou uma forma, mesmo ignorando o seu conteúdo ou significado? É possível que uma determinada coisa ou forma seja considerada bela pela população geral? Existem formas ou obras de arte que têm uma beleza universal, isto é, de receptividade coletiva, independentemente dos fatores culturais, sociais, religiosos e ideológicos?

As leis da percepção

As leis da percepção da *Gestalt* dão uma resposta positiva, sustentando-se nos princípios que explicam por que determinadas formas são preferidas. Na percepção visual, as pessoas em geral tendem a captar de imediato as formas mais regulares, simétricas e simples, como também a agrupar as formas em unidade.

A base da percepção é estatística, intuitiva e consistente com o que é experienciado no mundo exterior. As impressões recebidas pela nossa retina são organizadas em padrões que têm uma estrutura e uma lógica, que nos levam a escolher esta ou aquela forma como mais agradável, as preferências que são justificadas pelas leis da proximidade, semelhança, repetição, continuidade, fechamento, simplicidade, tamanho, figura e fundo, além das ilusões de ótica.[23]

"Cada espírito percebe uma beleza diferente"

Figura 11.4. Detalhe de uma pena de cauda de pavão. Percebe a beleza nele? Depende do seu "espírito" e da sua experiência e vivência.

David Hume disse que a beleza "não é uma qualidade das próprias coisas, existe apenas no espírito que as contempla, e cada espírito percebe uma beleza diferente". Ele estava convicto de que a beleza só existia devido ao julgamento e ao sentimento do homem, mas disse ainda que "há determinadas formas ou qualidades que, devido à estrutura original da constituição interna do espírito, estão destinadas a agradar, e outras a desagradar". Mas, ao mesmo tempo, ele afirmava que "há nos objetos certas qualidades que estão por natureza destinadas a produzir esses peculiares sentimentos" e que "essas qualidades podem estar presentes em pequeno grau, ou podem misturar-se e confundir-se umas com as outras", e a percepção delas depende da capacidade de perceber com "uma delicadeza de gosto"[24], cuja aquisição, por sua vez, vem da experiência ou da prática, isto é, a prática da arte e da contemplação, e do estudo dos objetos.

A experiência visual na natureza

Acredito que essa percepção estética das formas simples e das qualidades que evocam os sentimentos possa vir também da experiência visual por meio da convivência do homem com a natureza. Nessa convivência, o homem com a sua capacidade inerente de agrupar, discernir, analisar, sintetizar e abstrair formas percebeu as formas simples e harmoniosas inerentes nos infinitos elementos ou formas que tocam no seu sentimento. Desde a antiguidade mais remota, o

23   STROETER, João Rodolfo. *Arquitetura & Teorias*. São Paulo: Nobel, 1986. p. 51.
24   DUARTE, Rodrigues. *O belo autônomo - textos clássicos de estética*. Belo Horizonte: Editora UFMG, 1997. pp. 55-73.

homem primitivo já demonstrava essa capacidade, que é comprovada pelas suas obras com formas altamente abstraídas. Da síntese e da abstração, nossos ancestrais descobriram a beleza e a encontraram também na repetição e no agrupamento das formas simples e abstraídas – o seu resultado é a ornamentação. Ornamentos também têm sua origem na natureza. Embora os elementos ornamentais encontrados nas aves, nos peixes ou nas borboletas não sejam intencionalmente gerados, eles mostram claras funções miméticas ou de atração sexual pela procriação. Nossos antepassados primitivos ainda não podiam ter, pelas limitações cognitivas e materiais, o fascínio pela imitação iconográfica fiel ao real. No entanto, o homem, desde o início da civilização, admirou, sem dúvida, a magia das formas simples e da ornamentação com a repetição e organização sistemática delas.

Figura 11.5. A beleza está presente nessa "construção habitacional", em forma, estrutura, função, material, detalhes e resistência. A conjugação de todas as qualidades realça uma beleza espetacular da natureza.

As regras estéticas universais

Ao longo da história da humanidade, o homem aprendeu a fazer julgamento cada vez mais sofisticado como também a construir sentimentos mais complexos por meio da associação dos fatos e também das imaginações. A experiência universal entre todos os povos e em todas as épocas encontrou em comum uma série de regras estéticas também universais, frutos de observações gerais que formam o senso comum. Temos vários exemplos: a proporção áurea, a série de números Fibonacci, a simetria, o ritmo, o movimento e outros princípios da forma e da composição. Porém as emoções mais sutis do espírito, como disse Hume:

> são de natureza extremamente delicada e frágil, e precisam do concurso de grande número de circunstâncias favoráveis para fazê-las funcionar de maneira fácil e exata, segundo seus princípios gerais e estabelecidos.[25]

Portanto, existe a beleza, seja nas formas e fenômenos naturais, seja nos objetos, seja nas obras de arte, comum aos povos de diversas nações e épocas, variando o teor do gosto individual.

---

25   Idem, p. 60.

O desenvolvimento do senso estético

Após a análise feita anteriormente, acreditamos que é possível desenvolver o senso estético ou a percepção das qualidades estéticas inerentes em formas. Para o ensino, especialmente nas áreas de artes visuais, design e arquitetura, a pedagogia torna-se responsável também pelo refinamento da capacidade de percepção estética. E a questão fundamental torna-se uma metodologia didática que possa propiciar essa possibilidade.

Critérios e princípios estéticos

Durante muitos anos, diversas situações conflitantes em relação à criatividade, verificadas no Curso de Arquitetura da PUC-GO, exigiram uma boa reflexão sobre os problemas de como desenvolver a criatividade dos alunos e como efetuar avaliação dos trabalhos deles de modo mais satisfatório. O problema da avaliação de trabalhos é, de certa maneira, consequência do problema da falta de uso de claros princípios, critérios ou parâmetros estéticos. Nota-se que a proporção de trabalhos de baixa qualidade e alunos de baixo desempenho no processo de aprendizagem é cada vez maior. Um dos motivos disso é o bloqueio da criatividade gerado durante a orientação e a avaliação. Durante orientações e avaliações de trabalhos escolares, é comum que ambas as partes, professor e aluno, cometam o deslize de julgamento pelo gosto pessoal, quase que completamente subjetivo, tornando incoerente a avaliação.

O que é bom, o que é correto e o que é ruim? A qualidade estética de um trabalho é possível de ser avaliada, conhecida e definida de maneira mais justa? Essas são questões que exigem respostas afirmativas. A reflexão feita acima ajuda a encontrar respostas das mais satisfatórias. E posso fazer uma breve conclusão a seguir, de maneira que tenhamos orientação para o início de uma discussão sobre as questões da estética, do ensino e da aprendizagem.

Há razões para o senso estético

O gosto se discute sim, pois sabemos que há razões que explicam todas as diferenças grandes ou sutis entre gostos pessoais. Embora a discussão possa tomar dimensões imprevisíveis e complexas, é possível chegar ao consenso de que existem fatores que fazem e variam essas diferenças e que objetos ou formas apresentam qualidades estéticas que esperam ser percebidas, em menor ou maior grau, dependendo da sua capacidade perceptiva. Mais importante ainda é sabermos que essa capacidade das pessoas pode se desenvolver por meio da prática ou experiência na sua relação com os objetos. Assim, podemos concluir que o melhor modo de adquirir e desenvolver o mais aguçado senso estético é manter contato mais frequente com todos os tipos de objeto, obras de arte e formas naturais, e procurar conhecê-los melhor por meio de diversas formas.

Figura 11.6. Capa para lápis com um enfeite para alegrar o usuário – a sua função é exclusivamente agradar com algo simplório e ingênuo.

Figura 11.7. Brinquedo mecânico com movimentos gerados por meio de manivela – as formas, cores e imagens são elaboradas para tornar o brinquedo uma unidade integrada.

Figura 11.8. Garrafa térmica e xícaras com formas simples, expressando uma estética moderna e simpática, de fácil aceitação.

12
A estética do *kitsch* e o design

"A arte da felicidade", social e universal

No Capítulo 8, conhecemos os quatro pilares do design e vimos que o primeiro se refere à estética – a questão da qualidade visual –, que é a parte intuitivamente mais marcante do pensar criativo do designer, embora nem por isso a questão seja merecidamente pensada com fundamentação teórica e contextual.

Em referência à estética, os capítulos anteriores têm abordagem sobre questões diretamente relacionadas ao assunto: a comunicação, a percepção, a semiótica e o gosto. No entanto, nós temos que encerrar essa abordagem delimitando-a dentro da área específica do design, com o uso de critérios de julgamento de fácil compreensão e evidentemente óbvios, como a agradabilidade, o conforto visual, a expressividade e a afetividade. Contudo, não podemos ignorar um fenômeno estético de grande amplitude, visto em todos os cantos – o *kitsch*. O maior problema em relação a essa questão é que alguns relacionam o *kitsch* com as qualidades do vulgar, do cafona ou até da feiura e mau gosto; já outros veem as coisas do *kitsch* como engraçadas, divertidas, de bom humor ou bonitas e as amam. Mas, infelizmente, a maioria das pessoas entende o *kitsch* como uma palavra pejorativa para coisas bregas. Na verdade, ele não é isso, embora abranja isso. E ele merece a nossa atenção.

Figuras 12.1 e 12.2. Objetos com características do *kitsch* em todas as partes, trazendo bom humor.

O fenômeno social universal ligado à arte

Figura 12.3. Para decorar o jardim de uma casa de pousada, estão dois vasos com flores artificiais em suportes imitando cadeiras – com a função de agradar o espírito ingênuo propício à fantasia, escapando da realidade cotidiana.

"O *kitsch* é um fenômeno social universal, permanente, de grande envergadura" e "o *kitsch* está ligado à arte, assim como o falso liga-se ao autêntico". "Não se trata de um fenômeno denotativo semanticamente explícito, constitui um fenômeno conotativo intuitivo e sutil. Constitui um dos tipos de relação que o ser mantém com as coisas...", assim, os conceitos dele nunca são suficientes para quem quiser realmente compreendê-lo. A palavra *kitsch* é, com frequência, confundida com algo negativo, depreciativo. E ele ao mesmo tempo é agradável e faz as pessoas ficarem felizes. Não é à toa que Abraham Moles afirma: "*Kitsch* é a arte da felicidade". Portanto, é um assunto muito complexo, difícil de ser totalmente compreendido. Assim, apenas o bom senso estético e a boa intuição não são suficientes para o designer criar resultados esteticamente bem-resolvidos, sem ter, no mínimo, uma noção sobre o *kitsch*. A fundamentação se baseia em teorias, observação de fenômenos estéticos, nos contextos cultural, econômico e social. O estudo não deve pretender incentivar o gosto ou desgosto pelo *kitsch*.

O *kitsch* seria uma pseudoarte, conforme Anatol Rosenfeld. A própria ideia de beleza é, na verdade, substituída pela de prazer, aproximando-se assim do modo hedonista[26], onde o prazer está ligado à sensualidade dos objetos.

Por que estudar o *kitsch*

Nós não podemos deixar de entender o *kitsch* quando falarmos da estética. *Kitsch* é um assunto que merece ser muito bem compreendido para que possamos criar nossos trabalhos de elevado nível estético, evitando ou mesmo explorando elementos ou soluções com características do *kitsch*. Mas o que é *kitsch*? Até que ponto ele influencia no gosto e na preferência pelas coisas? E quais são suas implicações no trabalho do design, da arquitetura e das artes visuais?

---

26   Do hedonismo, palavra de origem grega que significa "prazer" ou "vontade", que é uma teoria filosófica do prazer como o supremo bem da vida humana. O hedonismo filosófico moderno se fundamenta na concepção ampla de prazer, entendida como felicidade para o maior número de pessoas.

A origem da palavra *kitsch*

Acredita-se que o termo *kitsch* teve origem nas palavras alemãs *kitschen* ou *verkitschen*. A primeira, no século XIX, tinha a conotação de "atravancar" – fazer móveis novos com velhos. A segunda tinha o sentido de "trapacear" – receptar ou vender alguma coisa em lugar do que havia combinado. Na base desses sentidos, o *kitsch* tem a conotação da *negação do autêntico*.

A intenção de agradar e o *kitsch*

O sentido de autenticidade não se refere apenas à falta de originalidade formal, mas envolve também a falta de fidelidade na manifestação criativo-expressiva individual. Abraham Moles disse:

Figura 12.4. Produtos com apelo visual *kitsch* muito atraentes para crianças. São embalagens lúdicas de balinhas.

> que há sempre pitada de bom gosto na falta de gosto, pitada de arte na feiura [...] flor artificial [...] cuja função adaptativa ultrapassa a função inovadora, o *kitsch*, vício escondido, vício terno e doce, quem pode viver sem vícios?[27]

Portanto, quando o artista ou o designer tem a intenção de agradar alguém com seus trabalhos, ele está correndo o risco de ser contagiado pelos elementos *kitsch*, pois, conforme disse ele, "há uma gota de *kitsch* em toda arte, uma vez que toda arte inclui um mínimo [...] de aceitação do agradar ao cliente".[28] Quando ocorre a intenção de agradar outra pessoa, inevitavelmente diversos elementos – formas, cores e outros detalhes – são usados, muitas vezes, em sacrifício da vontade própria. Nesse caso, sem um bom senso estético, o artista ou designer recorre habitualmente ao uso de elementos de caráter ornamental, chamativo, agradável, que são capazes de gerar resultados esteticamente vulgares. Em objetos, costumam usar cores chamativas, elementos brilhosos, ornamentos com motivos florais e figuras decorativas, o que levaria objetos facilmente à esfera do *kitsch*, no nível de vulgaridade, apelidado de "cafona" ou "brega", ou, até, de mau gosto.

---

27 MOLES, Abraham. *O kitsch: a arte da felicidade*. 5. ed. São Paulo: Perspectiva, 2001, p. 28.
28 Ibid., p. 10.

O mau gosto e o *kitsch* bem resolvido

É possível perceber que há diversos níveis de qualidade estética dentro da esfera do *kitsch*, variando do péssimo gosto até o *kitsch* bem-resolvido, de uma qualidade visual que, dentro de um contexto, chega a alcançar um grau de elegância, embora o resultado seja obtido pelo uso de exagero, com excesso de elementos. Portanto, o *kitsch* não pode ser entendido simplesmente como sinônimo de "cafona", de "vulgaridade" ou "mau gosto". Ele também pode ser explorado intencionalmente para gerar bons produtos, de ótima qualidade visual, atendendo, inclusive, à necessidade utilitária. O designer precisa ter a consciência do bom uso do *kitsch* e evitar as características típicas do *kitsch* que possam rebaixar a qualidade.

As características marcantes do *kitsch*

As características fortemente marcantes são: a inautenticidade, a falsidade da informação visual, a reprodução (cópia) fac-símile de obras, a sobrecarga de elementos, o exagero quantitativo, o exagero dimensional (gigantismo), o excesso de informações visuais, o desvio total da função original, camuflagem "maquiada", formas e cores de efeitos impactantes, a total incompatibilidade com o contexto.

Na antiga estação rodoviária de São Paulo, na década de 1970, o salão de espera era decorado com abundância de rosas e samambaias de plástico, apresentando uma falsidade escancarada, que deu ao ambiente uma aparência do *kitsch*, de mau gosto, extremamente vulgar – no sentido de grosseiro. Mas existem flores artificiais de ótima qualidade, de acabamento refinado que, mesmo apresentando características do *kitsch*, demonstram certo grau de elegância e romantismo.

O dourado, o prateado, o brilhante com fins decorativos que remetem ao luxo podem facilmente caracterizar o *kitsch* em um objeto ou ambiente. O excesso desses elementos é capaz de criar o *kitsch* cafona ou até de mau gosto. O luxo falso – a simulação do luxo com materiais que imitam o ouro – é uma fantasia escancaradamente criada para satisfazer uma necessidade que o seu destinatário é impossibilitado de ter na sua vida real. O exagero no uso dos materiais mesmo de luxo reais fora do contexto também constitui um risco de cair na armadilha da estética do *kitsch* repugnante.

Jardim Kitsch – o cenário fantasioso

Em uma caminhada que fiz em um condomínio residencial, quando passava pela frente de um "palacete" – uma enorme casa que ostentava a fachada suntuosa – a cena do gramado no jardim muito amplo me chamou atenção e me causou uma forte impressão do, no mínimo, gosto duvidoso dos seus moradores, que provavelmente sentiam uma felicidade dentro daquele cenário fantasioso, com estátuas de personagens de história infantil – os sete anões e a Branca de Neve – rodeadas de grandes e coloridos cogumelos. Umas formigas gigantes estavam "subindo" em uma das paredes. Num lado do espaçoso jardim, estava uma gaiola gigante e dourada, com dezenas de pássaros voando lá dentro. Fora dela, dezenas de outras aves silvestres voando livremente. Uma dúvida: já que o próprio condomínio está repleto de pássaros, qual a função da gaiola? A gigantesca gaiola dourada está completamente fora de propósito e de contexto. O bom senso parece estar ausente, nesse caso. Porém o ambiente fantasioso e altamente estimulante às percepções humanas consegue gerar uma verdadeira alegria aos moradores e intrigar outras pessoas.

A fantasia e o imaginário sempre geram grandes estímulos e dão alegria às pessoas. Flores artificiais "mentem" e são usadas pelas pessoas para enganar uma à outra, mesmo com boas intenções. O papel de parede

Figura 12.5. Gaiola gigante para prender pássaros enquanto ao seu redor estão pássaros livres. Isso gera uma situação incoerente. Enquanto os moradores geralmente tentam eliminar formigas que lhes incomodam, formigas gigantes artificiais "ornamentam" o muro – uma estética *kitsch*.

Figura 12.6. A máxima expressão do *kitsch* em Disney World oferece fantasias para encantar milhões de pessoas de todas as faixas etárias.
Figura 12.7. Uma estátua no jardim de uma casa americana – quase tão necessária como algo indispensável a um ambiente residencial.
Figura 12.8. Mochilas para crianças, com apelo visual *kitsch*. As figuras muito familiares são muito coloridas e em relevo.
Figura 12.9. Salão de um restaurante usa elementos visuais extravagantes para simular o luxo. A artificialidade e os ornamentos exagerados com folhas de ouro criam um ambiente atrativo para um público que gosta de luxo.

que imita a madeira, de maneira quase perfeita, é de mentira, mas agrada. Aquilo que é tipicamente de caráter *kitsch*, porém de qualidade inquestionável quanto ao acabamento e de atração visual, é bom? A resposta mais comum é: "é *kitsch*, mas é bom e eu o adoro". As pessoas que apreciam o *kitsch* o percebem-no como uma fonte estimuladora do prazer.

O excesso de elementos, o exagero de falsidade, o atrevido desvio da função, a escancarada camuflagem, o excesso de empilhamento ou o amontoamento de objetos heterogêneos, a total incompatibilidade estética em um determinado contexto – tudo isso caracteriza facilmente o *kitsch* e, quando o objeto é tecnicamente malsolucionado, pode chegar ao nível de mau gosto. O *kitsch* ocorre com muita frequência na decoração de ambientes e muita gente gosta do resultado. Então, sabendo do inevitável, temos que ser capazes de distinguir dentro da esfera do *kitsch* o que deve ou não deve ser feito.

Leitura e análise de objeto de uso pessoal (Exercício 5)

O presente exercício consiste na leitura e análise de um produto de uso pessoal, baseando-se na observação e na reflexão sobre o produto escolhido. A análise deve resultar em um trabalho que reúna o texto (a parte escrita) e a imagem (diagramas e ilustrações como desenhos e fotos) apresentando a descrição do produto, comentários, observações, opiniões e conclusões sobre os seguintes itens:

– As funções (para que serve o produto? Como ele é usado?).
– As características (como ele é?).
– As qualidades (fale das positivas e negativas e do porquê).
– Os valores (quais são? Explique e justifique).
– O usuário, em relação ao produto (quanto à faixa etária, aos fatores social, econômico, cultural e psicológico do usuário que condicionam o relacionamento de interação com o produto).

Figura 12.10. Capacete, de uso pessoal, tem características e qualidades adaptadas ao seu usuário, que busca a combinação entre a funcionalidade e a estética.

Este trabalho tem o objetivo de desenvolver a sua capacidade de questionamento e argumentação em design, sempre lembrando os fatores, aspectos, critérios, parâmetros e demais questões inter-relacionadas e necessárias, que servirão como base para nosso estudo e projeto. A prática desse exercício ainda pode ajudar o aluno a entender as inter-relações entre esses condicionantes na concepção de um produto.

Fazer leitura e análise de um objeto é um exercício que nos ajuda a compreender o design daquele objeto em diversos aspectos, desde a sua concepção até a sua configuração final. Se nos apoiarmos na orientação dos quatro pilares do design anteriormente comentados (a estética, a estrutura, a ergonomia e a tecnologia) e desenvolvermos o nosso raciocínio em cima dos indicativos apresentados por cada um deles, nós poderemos então ter uma noção praticamente completa das razões de ser daquele objeto e do seu design.

Cada um de nós possui dezenas de objetos de uso pessoal. Esses objetos são, na sua absoluta maioria, produtos fabricados em série e frutos de design industrial. O design tem como objetivo gerar produtos que possam atender às necessidades dos consumidores, ou melhor, dos usuários, em diversos aspectos. O usuário precisa dos produtos para o servirem nas diversas atividades, tarefas e trabalhos. Não só no trabalho nós precisamos dos objetos, mas no lazer, no esporte e no descanso. Cada um de nós tem uma porção de objetos escolhidos e comprados conforme o gosto e as condições de cada pessoa. Isso explica que qualquer produto apresenta diversas *funções, características, qualidades* e alguns *valores* gerais e específicos.

O produto é concebido e configurado para ter uma função ou várias funções. Às vezes, um produto também dispõe de funções secundárias. Ao falarmos da função, logo ela é associada com o uso, pois a função significa desempenho – o papel que assume para determinado fim. A função básica de um telefone celular, por exemplo, é de servir como instrumento de comunicação entre o seu usuário e outra pessoa. Nesse caso, estamos falando da *função utilitária* (ou função prática), porém um celular que tenha uma aparência visual agradável e atraente certamente apresenta algo comunicativo, expressivo ou artístico que provoca psicologicamente a reação afetiva das pessoas. Isso explica que o produto também tenha a *função estética* – o papel de criar a situação estética na qual o observador e estimulado a reagir emocionalmente, baseando-se na sua percepção. Essas são as duas principais funções que o produto exerce normalmente. No entanto, determinado produto, em determinadas condições especiais, eventuais ou intencionais, é capaz de gerar outra função – a *função simbólica*, desempenhando o papel de representar algo, além do uso e do visual, um significado especial que, às vezes, prevalece sobre as funções utilitária e estética, tornando-se um objeto símbolo de algo que atinge as pessoas perceptual e psicologicamente. Esse algo pode ser o *status* social, o poder econômico, o poder político, a superioridade tecnológica, o marco histórico, a revolução tecnológica, a inovação, a raridade, a relação pessoal específica, a inclusão social, a acessibilidade, o avanço social, a sustentabilidade etc.

O produto apresenta diversas características físicas e visuais, pois ele tem forma, estrutura, cor, tom, textura ou grafismo; é normalmente composto de vários componentes ou partes; às vezes, é a ele atribuído um estilo visual criado intencionalmente pelo designer. Ele tem volume e peso. Ele apresenta detalhes, às vezes sofisticados, em termos de acabamento e de precisão. Ele pode ser muito simples ou muito complexo nos aspectos formais, estruturais ou funcionais. Um objeto pode ser considerado rústico ou elegante, sério ou irreverente, apresentando uma fisionomia expressiva ou mesmo, ao contrário, de fraca expressividade.

É comum ouvirmos comentários sobre as qualidades de determinado produto. As qualidades diferem-se das características aparentes, embora sejam intimamente relacionadas a elas, e referem-se às propriedades e condições que fazem o produto ser escolhido, preferido, ou mesmo ignorado ou rejeitado. As qualidades podem ser de ordem prático-funcional, físico, material, visual ou estética. De modo geral, podemos relacionar as qualidades com os requisitos de uso e de comunicação. Os requisitos de uso em design de produto são, por exemplo, a funcionalidade (a praticidade, a usabilidade), o peso adequado ou ideal, a solução ergonômica (na forma e nas dimensões), a estabilidade, a durabilidade, a versatilidade e a facilidade de manutenção. Os requisitos de comunicação referem-se às das qualidades da aparência visual e do poder persuasivo, como: a efetividade comunicativa, a expressividade, o conceito estético-visual e a solução artística (às vezes os recursos artísticos são usados).

Todo produto que apresenta características e qualidades apresenta naturalmente vários valores que podem ser gerais e específicos. Fala-se muito do valor monetário, do valor artístico e do valor histórico dos produtos. Usualmente, o valor monetário do produto utilitário é definido pelas qualidades que tem; mas, às vezes, alcança um valor exagerado quando adquire uma função altamente simbólica. O produto tem o seu *valor de troca* por ser produzido com fins comerciais, diretamente relacionados à compra e à venda. Assim, o produto vale um preço no mercado. No entanto, o produto é desenvolvido para atender às necessidades reais do usuário, adquirindo a função de uso por meio de design e, com as características e qualidades que apresenta, ele tem, então, o *valor de uso*. Além desses valores gerais (o valor de uso e o valor de troca), os outros valores específicos são adquiridos por determinados objetos que envolvem diversas questões, aspectos e situações especiais, ligados à história, aos personagens, aos acontecimentos, às manifestações, às situações e aos fenômenos. Os valores específicos podem ser muito variados, como o histórico, o artístico, o afetivo (emocional), o simbólico, o religioso, o militar, o político, o social, o cultural, o espiritual, o de raridade, o de preciosidade material, o de coleção, entre outros.

13
O fator emocional no produto

Com a intensa concorrência comercial entre produtos, é difícil distinguir-mos quais deles conseguem estimular reações afetivas nos consumidores, baseando-se somente em fatores ligados à tecnologia ou à qualidade. No mercado atual, ocorre o fenômeno em que os mesmos tipos de produtos com diferentes marcas são muito similares, em função, qualidade ou preço. Por isso, hoje em dia, a publicidade enfatiza muito o benefício emocional do produto, para exercer o poder de persuasão e influenciar na decisão dos consumidores na hora da compra. Mesmo refutando o apelo comercial e publicitário com efeitos persuasivos, não temos dúvida de que o fator emocional seja fundamental, pois é assim que atribuímos, ao produto, algo de humano. Assim, o fator emocional do produto pode também ser considerado, em certo grau, um dos ingredientes da humanização do produto, além dos fatores ergonômicos. Certos produtos, concebidos por meio de analogia, com expressões ou formas humanas ou animais, conseguem despertar reações intuitivas dos consumidores, emoção, prazer e empatia.

O benefício emocional do produto

Obviamente, a primeira impressão sobre o produto é um fator determinante na escolha do consumidor. Assim, muitas vezes, o benefício emocional passa a prevalecer sobre os outros fatores e merece uma atenção especial do designer. O domínio de métodos e técnicas criativos e eficientes para configurar o produto, usando recursos e elementos estimuladores da emoção, desde o início do processo de design, torna-se fundamental.

Figura 13.1. Relógios com expressão tecnológica são apresentados em diferentes modelos e cores para corresponder a diferentes preferências ou gostos pessoais.

Com o desenvolvimento da sociedade e a elevação da qualidade de vida da população, os produtos ganham novas funções e, em consequência, aumentam também as necessidades em nível psicológico. O design de produtos praticamente já desviou a sua maior atenção para o lado emocional, estudando mais as características motivadoras do afeto e da emoção do que aquelas funcionais, investigando as reações psicológicas e emocionais.

Reações psicológicas

Pelas nossas experiências, sabemos que os produtos nos provocam reações psicológicas, tanto no momento da aquisição como no momento do uso. A sensação da satisfação e do prazer em relação ao produto vem primeiramente de sua aparência, mesmo que sua marca não seja ainda percebida. O design e o modo de uso de um produto provocam em diferentes usuários diversos níveis de reação psicológica, em termos de sensação, emoção e sentimento. Um objeto aparentemente simples é capaz de causar complexas reações. Em diferentes momentos – de contemplação, de escolha, de compra, de posse e de uso – diferentes graus emocionais podem se manifestar conforme condições psicológicas do seu usuário.

A emoção como reação psicológica

A emoção, como reação psicológica pessoal sobre as coisas, pessoas e situações, manifesta-se em diferentes tipos e graus conforme a sua sensação que, por sua vez, é produzida pela sua percepção, porém fortemente afetada pela personalidade, pelo estado de espírito da pessoa e pelos complexos fatores que atuam sobre ela e a situação na qual ela está. Dessa maneira, há uma íntima relação entre a emoção, a sensação e a personalidade perante uma realidade percebida. Então, na mesma situação, a emoção pode variar conforme a pessoa. Mas é totalmente possível e viável que o designer tenha pleno conhecimento dos princípios e regras gerais de estímulos perceptivos, sensitivos e afetivos no processo de design e no processo de uso.

Embora, muitas vezes, a reação emocional de uma pessoa sobre determinado produto pareça natural, espontânea e imediata, na realidade ela passa por um processo quase instantâneo de avaliação, com critérios baseados em objetivos, padrões estéticos e padrões comportamentais (hábitos, posturas e outros). Quando há uma conformidade entre esses critérios e as características apresentadas pelo produto, o afeto é então motivado.

Padrões estéticos do estímulo afetivo

Mesmo que as experiências perceptivas e sensitivas variem muito de pessoa a pessoa, devido a diversos fatores (culturais, sociais, econômicos, religiosos, entre outros), existem padrões estéticos e de expressões características, gerais na dimensão humana, que ganham aceitação, simpatia, preferência e até altos graus de estímulo afetivo. Padrões que condizem com o senso estético geral da população são efetivamente mais agradáveis para a maioria, porém o senso estético pode variar e mudar conforme influências exercidas pelos fatores culturais e sociais, os quais a mídia e a moda implicam nas preferências pelos padrões estéticos. De modo geral, a fisionomia do produto ou o visual do ambiente mais expressivo, dinâmico – que apresentem "vida" – agradam mais ao usuário.

A base cultural, o nível de conhecimento, o padrão estético e os hábitos podem definir o grau de influência exercida pelo produto sobre uma pessoa. Da mesma forma, o aumento da idade e a transformação da situação e do ambiente agem também sobre a relação afetiva entre o usuário e o produto. Os múltiplos fatores inter-relacionados podem ainda causar variadas sensações e emoções do indivíduo em relação a um mesmo objeto, em diferentes ocasiões. Contudo, o designer, ao dar uma função ao seu produto, atribui-lhe uma forma (incluindo suas cores, texturas e outros elementos visuais), dando-lhe "personalidade" e "vida", gerando, assim, expressões e informações que correspondem às necessidades psicológicas de cada tipo de consumidores.

A experiência perceptiva e sensitiva

No processo de uso, a experiência perceptiva e sensitiva em relação à forma, à aparência externa, às cores e às texturas é uma experiência estética. Nela, dois tipos de informações são transmitidos ao seu usuário. Um, de informações racionais que se referem à função, aos materiais e às técnicas; o outro, de informações sensitivas que remetem à configuração e à expressão comunicativa do produto. Os dois tipos se integram e se complementam.

A expressividade do produto

A "personalidade" ou a "vida" gerada pela forma apresenta sempre um grau de expressividade que pode ser obtida e explicada, baseando-se na maneira de uso dos elementos plásticos e visuais da composição e de estruturação formal do produto. Na avaliação da qualidade expressiva de um produto, é comum que se usem palavras como *leveza, peso, fragilidade, sutileza, robustez, elegância, suavidade, agressividade, racionalidade, afetividade, realismo, romantismo, nobreza, simplicidade, complexidade, imponência, misticidade, contemporaneidade, caráter lúdico, irreverência* e *seriedade*. Por que temos essas sensações? De que maneira uma forma transmite informações sensíveis? São questões discutidas e explicadas pelas teorias e pelas experimentações. As teorias da forma, da cor, da composição, da comunicação e da percepção nos ajudam a entender essas questões.

A expressão cria estímulos afetivos

Determinadas formas elementares funcionam como signos com significados elementares inerentes. Certas formas têm funções simbólicas. Outras agem como tons da voz ou ritmos musicais. Muitas são puras formas de figuração que expressam claras ideias. Algumas formas lembram expressões faciais humanas e, assim, ganham expressividade.

No processo de configuração do produto que visa criação de estímulos afetivos, conhecer o perfil do usuário, as suas necessidades psicológicas, a sua personalidade e demais fatores inter-relacionados é o primeiro passo. Saber aplicar, com criatividade e flexibilidade, os princípios básicos da expressão e comunicação em design é o segundo passo. Nesse processo, integrando com os fatores prático-funcionais e dando atenção ao fator emocional, a participação do usuário torna-se importante.

Os princípios básicos da expressão e comunicação não são regras rígidas e precisas, porque têm caráter indicativo ou sugestivo e suas orientações são flexíveis devido à relatividade entre complexos valores e fatores. Porém, de modo geral, podem ser considerados como da seguinte forma.

Formas passam ideias e dão sensações

Formas que apresentam características de "plenitude" (*pregnancy* – pregnância), perfeição técnica e dimensionamento racional são capazes de estimular, no consumidor, a sensação de segurança. O produto que tem pouca variação formal, cores frias e tratamento monotextural transmite a ideia de simplicidade e pureza. Já aquele que tem rica variação formal, cores predominantemente quentes e elementos ornamentais, é capaz de provocar a sensação de luxo. O produto que apresenta linhas retas, formas robustas, superfícies limpas e cores frias expressa masculinidade e, em contrapartida, linhas curvas, superfícies finas, cores suaves e tratamento multicolor caracterizam feminilidade. O produto que expressa leveza, suavidade e delicadeza tem forma simples e orgânica, texturas finas e cores suaves, ao contrário do produto que passa a sensação de solidez e peso, por ter uma forma volumétrica e geométrica, com texturas evidenciadas. Formas e cores variadas e estimulantes normalmente caracterizam objetos infantis ou de caráter lúdico. Os produtos que aparentam irreverência frequentemente têm formas irregulares, muitas vezes, de configurações biomórficas e com ornamentação aleatória.

As linguagens visuais e mensagens

As linguagens visuais usadas em produtos, com seus signos semânticos e simbólicos carregados de elementos de estímulo sensorial, transmitem mensagens, significados e ideias para o indivíduo receptor. Este decodifica as mensagens de imediato, pela experiência e pelo conhecimento, e as interpreta à sua maneira. Nesse processo, o receptor, estimulado psicologicamente pela mensagem, reage com sentimento ou emoção. O design, quando busca estabelecer vínculo afetivo de maneira eficiente, tenta usar uma linguagem expressiva e comunicativa no produto, manejando a sua forma e aplicando nele elementos que possam estimular a reação emocional positiva do usuário.

Muitos produtos de uso individual e doméstico ganham formas (biomórficas ou não) e cores que lembram feições graciosas e "bonitinhas" de pequenos animais ou mesmo de bebês. O biólogo austríaco e ganhador do prêmio Nobel, Konrad Lorenz, chamava o conjunto de características de feições de animais graciosos de "esquema de bebê" e este é o fator "fofura" de certos produtos[29]. A graciosidade da aparência desses produtos não só é capaz de criar a paixão dos consumidores mirins, mas também atraem atenção especial dos adolescentes e jovens e, muitas vezes, de adultos mais idosos. Isso se deve à necessidade das pessoas na busca de algo afetivo, em uma interação mais humanizada e emocional com objetos artificiais. A cultura *cute* (gracioso, bonitinho) surgiu

Figura 13.2. Caixa de som concebida para atender a usuários propensos a ter afeto por formas "fofas". Figuras que imitam pequenos animais e coloridas atraem crianças e adolescentes.

Figura 13.3. Modelo QQ, da Chery, mostra uma "feição" de "fofinho" e que atrai um público que normalmente é afetuoso com animais.

Figura 13.4. Ferro de passar roupa com aparência graciosa e alegre. Nele, o metal quase não aparece, o que tem um poder atrativo.

---

29   *Por que nós os amamos.* Artigo sobre gatos. Revista *Veja*, 16 dez. 2009, p. 93.

devido a essa necessidade. É um fenômeno mundial de adoração de objetos que têm as características formais *cute*. Aqueles produtos que provocam no consumidor a exclamação "que gracinha!" são típicos da apelação mais radical ao fator emocional no design. No design de automóvel, a empresa chinesa Chery lançou, em 2009, um modelo de carro, chamado de QQ, que se inspirou no panda, levando ao seu usuário um pouco da graça do animal no seu veículo, acrescentando um pouco de bom humor que normalmente carece em máquinas.

14
Teoria da cor – introdução

Aplicação da cor de modo consciente

O estudo da cor e da sua aplicação no design tem uma importância especial por ser a cor um dos elementos visuais básicos que são capazes de gerar efeitos, muitas vezes intensos, que acarretam as reações psíquicas e emocionais do usuário ao ver um produto ou contemplar um ambiente.

Antes de saber como tirar proveito dos diversos efeitos da cor, é necessário, primeiramente, entender sua teoria básica. Mesmo que seja em nível intuitivo ou emocional, sua aplicação no design pode e deve ser entendida, explicada e justificada. Quando uma cor é usada, seja no objeto, seja no ambiente, sempre existe uma razão, um motivo, uma explicação. A teoria da cor nos traz informações e conhecimentos que nos permitem aplicá-la de modo consciente em design. Primeiramente, procuramos entender como nós vemos e sentimos e, depois, conhecer seus efeitos, influências, implicações e consequências em sua aplicação.

Figura 14.1. Estudo em cores do símbolo da Semana do Meio Ambiente. As três cores para representar o céu, a vegetação e as águas. Des gn de Tai.

A cor – sensação provocada pela luz

A cor pode ser entendida como uma sensação provocada pela luz; e a luz é, por sua vez, uma pequena parte da gama total de radiações eletromagnéticas que estimula a nossa visão, provocando um efeito – a sensação da cor. Por isso, a cor é o efeito gerado por um fenômeno físico da luz e pela percepção visual associada com variados comprimentos de onda em uma porção visível do espectro eletromagnético em um complexo processo neurofisiológico. No entanto, antes de tudo, precisamos saber que há uma distinção entre cores-luz e cores-pigmento, assunto que será discutido mais adiante.

A sensação e a percepção da cor

"A cor é uma sensação provocada pela luz". Mas o que é sensação e o que é percepção? Sensação refere-se a processos que envolvem o estímulo dos receptores sensoriais e a transmissão de informações sensoriais para o sistema nervoso central. E percepção é a organização ativa de sensações na representação das coisas do mundo e se reflete na aprendizagem e no conhecimento. Não apenas percebemos que uma cor é diferente da outra, mas percebemos que uma cor é mais quente que a outra, uma é mais luminosa que a outra, uma cor é mais pesada que a outra e uma estimula a reação psíquica e emocional de modo mais intenso que a outra.

A sensação da cor na luz

Comprimentos de onda da luz em vibração nos permitem sentir diferentes cores, e produzem também cores fora de nosso alcance, como a ultravioleta e infravermelho. Os comprimentos de onda que provocam nossa sensação ficam entre aproximadamente 350 e 750 nm (milionésimos de um centímetro). Por exemplo, nós podemos ver um espectro com as seguintes cores: violeta, azul, azul-esverdeado, verde, verde-amarelo, amarelo, laranja e vermelho.

As cores puras e elementares da luz

Através de um prisma (o espectro) de cristal ou vidro, a luz pode ser refratada em várias cores que nós vemos no arco-íris. Aquelas cores distintas são as mais puras, porém, saturadas. A cor de luz de um simples comprimento de onda ou de uma pequena banda de comprimentos é conhecida como uma cor espectral e pura ou matiz elementar. Tais cores totalmente saturadas são puras e raramente encontradas fora de laboratórios. Uma grande variedade de cores vista todos os dias são cores de menor saturação, pois são misturas de vários comprimentos de onda.

Matiz, luminosidade e croma

Cor, é de modo geral, a raiz de todas as aparências visuais e pode ser analisada em termos de suas propriedades básicas: matiz, luminosidade e croma (saturação ou grau de intensidade da cor).

Matiz e croma (ou saturação) são as duas diferenças qualitativas de cores. A característica ou a qualidade pela qual se distingue uma cor (ou uma nuança da cor) da outra é chamada de *matiz*. Os matizes considerados básicos são o vermelho, o laranja, o amarelo, o verde, o azul e o violeta. No círculo de cores, contando com as cores complementares e outras misturas, chegam-se até

Figura 14.2. Painel pintado com tinta acrílica em diferentes matizes, luminosidade e croma. Trabalho de Tai.

100 matizes. Munsell conseguiu, na base dos 40 matizes, chegar a aproximadamente 1150 padrão de cores. Cada cor e cada nuança da cor é um matiz. Por exemplo, existe uma variedade de vermelhos, os quais variam de nuança, de intensidade, de luminosidade, sendo, portanto, diferentes matizes.

A luminosidade refere-se ao grau de clareza da cor. Quanto maior é o comprimento de onda em vibração, maior fica a luminosidade. Nas cores acromáticas, o branco tem a maior luminosidade. O amarelo, a cor mais luminosa, situa-se no centro do espectro e o azul-violeta, de menor luminosidade, está na extremidade por ter o comprimento de onda muito curto.

A saturação – a pureza da cor

Croma ou saturação refere-se ao grau de pureza da cor. Quanto maior a saturação de uma cor, mais pura e viva ela é. Quando uma cor resulta de uma mistura, ela torna-se menos saturada, menos pura em termos de croma. No caso da cor-pigmento, quando uma cor é misturada com outra, produz uma cor mais escura, perdendo a saturação e, portanto, a pureza da cor elementar.

Quando dizemos que uma cor é escura, clara, pesada, leve, forte e fraca, estamos falando de seu tom, que é determinado pelo grau de saturação e luminosidade de um matiz, por meio de mistura. Essa mistura manifesta-se em dois diferentes modos: um chamado *síntese* (mistura ou mescla) *aditiva* e o outro, *síntese subtrativa*.

A síntese das cores

Aprendemos sempre, já na escola do primeiro grau, que as três cores primárias de tintas são o vermelho, o azul e o amarelo; misturando-se duas delas, podemos obter uma cor secundária e, assim por diante, podemos chegar a muitas cores simplesmente alterando a quantidade de tinta de cada cor na mistura.

Mas, para o design, esse modelo prático não é suficiente para a nossa pesquisa e compreensão de seus processos, que são, na verdade, muito mais complexos. Devemos conhecer na teoria os dois modelos de mistura totalmente diferentes – a síntese aditiva das cores (cores-luz) e a subtrativa das cores (cores-pigmento).

Síntese aditiva das cores-luz

Síntese aditiva é o modo da criação de cor pela mistura de duas ou três distintas cores-luz, em diversas proporções. As três cores-luz primárias são o vermelho, o verde e o azul, ou, mais especificamente, o vermelho-alaranjado, o verde e o azul-violeta. Luz branca é composta de todos os comprimentos de onda visíveis, que podem ser divididos nessas três cores primárias. Esse tipo de mistura ocorre com cores de fontes luminosas, e não em cores-pigmento geradas por tintas.

Duas cores complementares em igual intensidade produzem uma cor primária porque cada uma absorve a outra primária. Por exemplo, magenta e amarelo absorvem respectivamente verde e azul, deixando aparecer vermelho.

RGB – da síntese aditiva

A síntese aditiva só procede com efeitos de luz, como já vimos anteriormente, e não de pigmentos, tintas ou filtros. E os estímulos se originam de fontes monocromáticas separadas (vermelho-alaranjada, verde e azul-violeta). O exemplo mais comum da síntese aditiva está na tela da televisão ou no monitor RGB (interface digital). R (de *Red*, vermelho), G (de *Green*, verde) e B (de *Blue*, azul) representam o sistema que usa essas três cores primárias para obter todas as cores que vemos na televisão e no computador. Na tela de televisão ou no monitor mais antigo, um mosaico de pontos minúsculos de fósforo vermelhos, verdes e azuis produz inúmeras cores na mistura desses pontos. Em distâncias normais o olho não distingue os pontos separados, mas vê efeitos da mistura – cores compostas. Esse sistema de mistura é chamado de síntese aditiva porque as três cores primárias se somam, em diferentes proporções, para gerar as luzes coloridas, inclusive a luz branca, que é o total das luzes de diferentes comprimentos de onda.

As sínteses aditivas principais ocorrem de diferentes maneiras. Proporções iguais de estímulos de duas cores primárias criam cores secundárias. Assim, o amarelo é o resultado da mistura do verde com o vermelho-alaranjado, já o azul-ciano é obtido pela mistura do verde com o azul-violeta; proporções de estímulos iguais de três cores primárias criam o branco; já proporções desiguais de duas ou três cores primárias geram outras cores. Assim, todas as cores podem ser produzidas dessa maneira, incluindo as misturas de vermelho-azul (púrpura e magenta), que não são encontradas no espectro. Em fotografia, a síntese aditiva se procede na separação de negativos para a reprodução fotomecânica de imagens coloridas. Na câmara escura, a impressão colorida aditiva usa exposições em vermelho, verde e azul para obter cópias a partir de negativos e transparências coloridas.

O método mais comum de descrever cores do sistema RGB é aquele no qual cores geradas pelas três cores-luz primárias e combinações delas são descritas por meio de representações numéricas que ficam entre 0 e 225. O 0 significa a ausência da cor e 255 a máxima porção da cor. O vermelho puro, por exemplo, é representado como 255/0/0, enquanto o verde puro é 0/255/0. Já o amarelo, que é uma cor secundária gerada pela soma de vermelho e verde, é representado com 255/255/0.

A mistura de cores de origem material

Diferente da síntese aditiva das cores (cores-luz), a síntese subtrativa ocorre quando substâncias como tintas, corantes ou pigmentos absorvem ou refletem proporções de luz de diferentes faixas de comprimento de onda, criando diferentes cores. O sistema desse tipo de mistura chama-se CMYK (cian, magenta, amarelo e preto, sendo o último representado por K de *key*).

Ciano, magenta e amarelo são cores primárias da síntese subtrativa, por isso elas são usadas em desenho e pintura, em forma de pigmentos ou tintas, como também em filtros, emulsões e tintas usadas em reprodução fotomecânica.

Superfícies absorvem e refletem cores

Cada substância ou pigmento absorve e reflete determinadas cores de luz e, consequentemente, sua cor é determinada pelos tipos de comprimento de onda que são refletidos. Por exemplo, uma superfície é vista como vermelha porque ela reflete apenas o vermelho e absorve todas as outras cores. Uma substância que absorve uma faixa de comprimento de onda (uma cor primária, por exemplo) tem a cor combinada de outras duas; esta é a cor complementar da primeira, subtraída da luz branca.

A maioria das cores vista em nossas experiências da vida cotidiana é causada pela absorção parcial de luz branca pelas coisas que vemos, porque pigmentos que dão cor para objetos absorvem certos comprimentos de onda da luz branca e refletem ou transmitem outros, produzindo a sensação de cores da luz não absorvida. Em outras palavras, cada cor que percebemos de um elemento material ou de um objeto é exatamente aquela cor que reflete da superfície. Se uma flor é vermelha, é porque as suas superfícies absorvem todas outras cores, menos o vermelho. Quando um objeto é preto, é porque sua superfície absorve praticamente todas as cores.

Diferentes cores com diferentes tons

Figura 14.3. Exercício experimental de mistura de cores, na disciplina Cor e Comunicação, do Curso de Design da PUC-GO.

Duas cores de pigmento primárias, quando misturadas, geram uma cor secundária. Quanto mais cores são misturadas, menos intensas ficam a luminosidade e a saturação (a croma, a pureza da cor). A mistura de muitas cores diferentes pode criar cores escuras. A combinação de todas as três cores complementares produz, em uma escala de tons, uma cor muito escura (intensidade máxima de tom) perto do preto, porque todas as cores são subtraídas. Essa ocorrência é chamada de síntese subtrativa.

As cores-pigmento primárias podem ser misturadas em diferentes proporções para obter inúmeros matizes. Quando todas as cores são misturadas na mesma proporção, pode-se produzir uma cor quase preta. O exemplo dessa mistura de cores primárias subtrativas é a fotografia colorida e a impressão gráfica de imagens coloridas, nas quais as tintas vermelha, amarela, azul e preta são usadas sucessivamente para criar cores naturais. Nesse último caso, a tinta preta é usada para reforçar mais o contraste.

A "temperatura" da cor

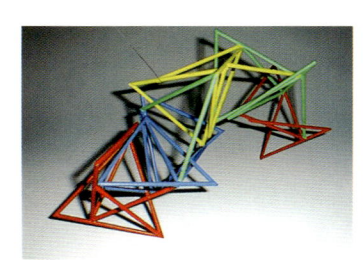

Cores de contraste, quentes e frias, em diversos produtos.
Figura 14.4. Trabalho experimental de criação de formas tridimensionais e de composição modular. De Tai.
Figura 14.5. Artesanato peruano, com fortes contrastes cromáticos.

As cores, de modo geral, são classificadas em quentes, frias e neutras; mas certas cores ficam transitórias ou intermediárias. É comum que consideremos o amarelo, o laranja e o vermelho como cores quentes, e o verde e o azul como cores frias. As quentes são associadas não só ao raio de luz do sol e do fogo; assim, o amarelo, o laranja e o vermelho são sentidos como cores quentes. O vermelho é também associado ao sangue, remetendo a vida, ânimo, amor, paixão, sacrifício, inclusive perigo. O vermelho saturado, por ter uma tonalidade mais fechada do que o laranja e o amarelo, é relativamente mais "estabilizado"; já o amarelo é uma cor altamente expansiva, exatamente como o raio de luz intensa, irradiante, luminosa e extremamente estimulante. O laranja, uma cor quente e altamente vistosa, mas sem a conotação de paixão e perigo, é excelente para expressar vivacidade e intensa alegria ou euforia. Já o verde e o azul são associados à água, ao céu azul e às folhas de plantas, que fazem sentir o frescor ou o frio. As cores quentes na natureza são efêmeras, e as frias, mais duráveis ou permanentes.

No entanto, há uma teoria que aponta como cores frias o azul, o azul-esverdeado e o azul-violeta, ao passo que vários verdes, o violeta e o roxo expressam temperaturas intermediárias. As cores quentes de menor saturação tendem a ser menos quentes, por isso o vermelho mais puro é mais quente que o vermelho mais claro, resultado de mistura com branco ou preto.

Figura 14.6. Luminárias turcas, com figuras geométricas ornamentais coloridas.

As cores neutras e acromáticas

As cores neutras, ou melhor, as acromáticas são o branco, o preto e uma variedade de gradações do cinza, das quais o branco é o mais luminoso e o preto é isento de luminosidade. Mesmo assim, a variação de intensidade em uma escala entre o branco e o preto, na realidade, é entendida em termos de tonalidade. Pela pesquisa, o sulfato de bário é a substância mais branca que existe. Mesmo assim, na escala de tons, a sua brancura é de 95%; o giz chega a 80%; e uma das substâncias mais pretas é a fuligem, produzida pela fumaça. As cores acromáticas são frias.

Figura 14.7. Formas em relevo com uma cor "neutra", fazendo realçar as figuras pela luz e sombra.

Muitas vezes, o marrom e as cores adjacentes dela são considerados também cores neutras por terem misturas de cinza de certa intensidade. As cores de menor saturação ou intensidade normalmente se apresentam, com certo grau de mistura, com branco, cinza ou preto. Cor de rosa é um matiz derivado do vermelho, com mistura de branco. Já o marrom é praticamente a mistura do vermelho com o preto. A mistura de branco ou preto em uma cor gera um tom daquela cor, reduzindo a temperatura dela. O uso desses tipos de mistura expande muito a variedade de matizes e expressões sutis. Enquanto o vermelho puro é forte e transmite a expressão de energia, agitação ou até perigo, a cor de rosa, derivada dele, é menos excitante, enquanto o *rouge* é sutil e romântico, de temperatura suave.

A combinação de cores

A aplicação da cor deve levar em consideração o modo de dosar as temperaturas por meio de composição, combinando e harmonizando as cores conforme o objetivo da aplicação. A combinação de cores é determinada exclusivamente pela função. Não há cores que não combinam entre si, dependendo do objetivo. Duas cores só não combinam quando provocam efeitos não desejados (por exemplo, a extravagância ou ambiguidade sem necessidade). No entanto, a harmonia pode ser criada na combinação de duas cores opostas, em termos de matiz, croma e luminosidade. Por exemplo, em cores acromáticas, o preto combina perfeitamente com o branco; as cores complementares se combinam. Em princípios gerais, temos alguns esquemas de cores harmoniosas pela gradação, cromática, luminosa ou tonal, conhecidas popularmente como *dégradé*.

Princípios da composição com cores

A cor é um dos elementos visuais e, quando ela é aplicada de maneira compositiva, "orquestrada", constitui uma complexa linguagem de comunicação. Sendo uma linguagem, ela exige que se tenha uma sintaxe, para que determinados princípios de composição sejam aplicados ao se usar cores em produtos e ambientes.

Efeitos visuais da cor na composição

Figura 14.8. Banco *Ressaquinha*, de Maurício Azeredo. O móvel apresenta cores naturais de madeiras, cuja naturalidade cria o efeito de aconchego visual.

A cor gera efeitos diversos na nossa vida, no trabalho, no lazer e em quase todas as atividades diárias. Esses efeitos podem ser ativos, passivos, positivos e negativos e variam sobre as pessoas devido às diferenças de percepção, cognição, memória, associação, gosto, emoção e sentimento. Por isso, a aplicação da cor com objetivo definido é um trabalho de composição. Essa composição deve ser feita conforme esses fatores, que podem se manifestar concomitantemente em quatro formas: a adaptação à cor, a sensação atrativa (a atratividade), o grau da visibilidade (o contraste) e a ilusão. A composição usando cores também gera as sensações de distância, extensão (área), temperatura, peso, consistência (dureza) e uma variedade de expressões (alegre, triste, leve, por exemplo).

Toda composição com cores, como com formas, pode gerar também efeitos que provocam a sensação de movimento, ritmo, peso, contraste, equilíbrio, harmonia e espaço, provocando, assim, efeitos na nossa percepção visual e psicológica. Esses efeitos dependem de como utilizar as cores na composição, recorrendo-se aos princípios de controle de quantidade, qualidade, área, proximidade, repetição, sobreposição e gradação, além das propriedades próprias da cor: o matiz, a luminosidade e a croma.

Os materiais naturais, como madeiras e pedras, têm suas próprias cores que em muitas obras não devem ser modificadas, porque são justamente por si só muito expressivas e, como elementos visuais, permitem-nos criar composições visuais muito agradáveis. Por exemplo, um dos mais expressivos no design do mobiliário brasileiro, Maurício Azeredo, explora, com uma elegância extraordinária, as combinações de cores naturais de diversas madeiras em suas obras, sem dizer de suas outras qualidades.

A adaptação à cor na percepção visual

A adaptação à cor na percepção visual é relacionada ao fenômeno de protesto visual ou pós-imagem (fenômeno que veremos logo adiante, neste capítulo). A experiência que todos nós já tivemos, por exemplo, ao entrarmos no cinema escuro, de não enxergarmos quase nada por um instante, embora depois a nossa visão comece a se adaptar e passemos a ver melhor. De forma parecida acontece em relação à cor. Uma determinada cor, em um ambiente, devido às influências de outras cores e luzes, é percebida no início como outra cor ou tom, mas, com a adaptação, a cor e o tom originais voltam a ser percebidos.

A atratividade visual da cor

A atratividade visual (o poder chamativo) da cor é relacionada com a do fundo, ou melhor, uma cor é relacionada com a outra ao lado. Mas, independentemente disso, o vermelho tem a maior força atrativa, em seguida o laranja e depois o amarelo. De modo geral, as cores com maior grau de luminosidade e croma apresentam maior atratividade visual. É importante saber que uma cor sempre está relacionada à outra e à luz na nossa percepção e sensação.

A visibilidade da cor

Embora cada cor independentemente apresente um grau de visibilidade conforme as propriedades que tem, é devido à relação entre duas cores que uma figura se destaca mais ou não, do fundo ou da cor ao lado. O grau de visibilidade de uma figura colorida é maior quando há um contraste maior pela luminosidade, matiz e saturação, gerando, por exemplo, a distinção mais marcante entre figura e fundo. A busca de contraste em artes visuais significa a obtenção de visibilidade que gera mais estímulo visual quando uma obra de arte é contemplada. Da mesma forma, no ambiente o grau de visibilidade é sentido também quando uma cor está relacionada à outra próxima. A visibilidade da cor é um dos critérios na comunicação visual e especialmente na sinalização. A utilização do amarelo no preto e do vermelho no branco, por exemplo, é muito comum na sinalização de trânsito.

Efeitos da cor na aplicação

Nas artes em geral, o uso da cor é fundamental para criar efeitos. Efeitos visuais geram efeitos psicológicos que podem provocar diversos tipos de sensação, emoção e sentimento nas pessoas. Portanto, a sua aplicação no design e na arquitetura é de grande importância. Daí a razão pela qual devemos saber usar a combinação de cores para atender a diferentes objetivos e obter diferentes resultados. A harmonia e o contraste de cores devem ser efetuados de acordo com o objetivo da proposta.

A harmonização das cores

Em muitas ocasiões, cores análogas ou próximas são usadas para conseguir harmonia. Mas diferentes cores, mesmo as complementares, podem ser usadas uma ao lado da outra e, recorrendo-se ao uso de um mesmo valor tonal, a harmonia também pode ser criada. A harmonização de cores não é uma questão muito simples e nos exige experimentações em trabalhos práticos para a sua percepção.

A combinação de cores de contraste

O contraste de cores é uma forma de combinação muito mais evidente, porque se trata de uso de nítidas diferenças entre as cores. O contraste pode ser criado pela diferença de matiz, pela luminosidade, pela "temperatura" (fria ou quente), pela oposição (complementares), pela saturação, pelo valor tonal e pela área ocupada.

Com a utilização de cores complementares, vários fenômenos visuais são notados: protesto visual, imagem posterior e efeito simultâneo. O conhecimento desses fenômenos é importante para o uso correto e intencional das cores complementares.

O protesto visual na experiência com cores

O protesto visual manifesta-se da mesma maneira como o protesto auditivo ou em outras percepções sensoriais. Muitos exemplos podem nos explicar esses fenômenos. Depois de ouvirmos por um longo tempo ruídos irritantes, uma interrupção repentina é capaz de nos fazer sentir um silêncio excepcional. Em situação contrária, em uma madrugada de absoluto silêncio somos capazes de ouvir o menor ruído produzido por qualquer coisa, pois a nossa audição se torna tão sensível devido ao protesto auditivo.

O protesto visual produz em nossa percepção uma imagem posterior. Todos nós já passamos por esse tipo de experiência acidentalmente. Por exemplo, depois de um lance de olhar rápido e direto em uma luz intensa, você passa a perceber uma forma escura da lâmpada que você viu anteriormente.

Ao fixar o seu olhar em uma imagem de várias cores complementares separadas, o protesto visual criará na sua percepção uma lenta redução da intensidade dessas cores. E cada cor passa a ser percebida como tendendo a ganhar um leve tom da sua cor oposta, a complementar. Ainda durante esse processo, na zona divisória entre elas, aparece uma leve luminosidade vibratória. Assim que terminar o processo, quando a imagem é retirada, você verá uma imagem posterior com todas as cores trocadas.

Esquemas de cores para aplicação

Na base das propriedades da cor, vários esquemas de cores existem e podem ser aplicados com facilidade, contanto que eles sejam aplicados com o uso dos princípios acima referidos. Temos os esquemas como: quente/frio, chamativo, tranquilizante, excitante, natural, jovial, extravagante e feminino, entre outros. As cores de cada esquema são determinadas conforme a psicodinâmica delas, verificando suas propriedades em relação às sensações provocadas e aos seus valores expressivos, representativos e simbólicos já conhecidos. Desse modo, é bom, primeiramente, conhecermos os esquemas mais básicos, como cores claras, cores escuras, cores leves, cores pesadas, cores neutras, cores suaves, cores vivas, cores adjacentes ou similares, cores avançadoras, cores retrocedentes, cores complementares, cores acromáticas, progressão de cores e progressão de matizes. Mas não podemos esquecer que, da cor clara à cor escura, ou da cor suave à cor viva, temos várias intermediárias. Lembramos que essas intermediárias e graduais são determinadas pelo controle de luminosidade, saturação, tom e também pela mistura ou sobreposição das cores.

A seguir, veremos como, na prática, as cores podem ser combinadas para gerar a sensação de movimento, ritmo, peso, equilíbrio, harmonia, contraste, cheio e vazio (espaço). Antes, temos que saber que, embora a cor seja um importante elemento visual, ela só deve ser usada quando é solicitada, tendo a consciência de que, teoricamente falando, do branco ao preto está a escala de tons e não cores, pois são as "cores acromáticas". Assim, em muitos casos, o branco é o elemento principal e ocupa uma área maior do que a ocupada pela cor propriamente dita.

A cor na sensação de dimensão do espaço

A cor pode influir na percepção de um espaço pelo usuário, em termos de sensação de tamanho. Do ponto de vista sensorial, as cores recuam ou avançam conforme suas propriedades. Ela é capaz de até provocar a sensação de que um mesmo objeto seja menor ou maior, conforme a cor utilizada nele. Uma superfície branca parece sempre maior, pois a luz que reflete lhe confere amplidão. As cores escuras, ao contrário, diminuem o espaço. Já as cores quentes dão a sensação de que elas se expandem mais; por isso, devem ser usadas em menor proporção quando o espaço é pequeno.

Vários casos de aplicação de cores podem servir como exemplos. Cito um deles aqui. Foi feita uma pequena reforma no Espaço Cultural Milagre dos Peixes (em Goiânia), onde eu ministro um curso de pintura, e foram pintadas várias paredes. Anteriormente, uma das paredes era vermelho-vinho e recebeu um azul-claro. Alguns pilares foram pintados de amarelo-claro. E todos os que frequentavam o espaço foram surpreendidos pelo resultado, percebendo claramente que o espaço ficou "maior". O azul-claro parece fazer recuar a parede – apenas uma sensação. Daí, confirmamos o poder do efeito da cor quanto à percepção do espaço pelo usuário. Lembramos que as cores quentes avançam e as frias recuam, pela sensação. O amarelo é transbordante, com uma forte expansividade, mas o vermelho se equilibra melhor por ser menos luminoso e estimulante que o amarelo; o azul cria a sensação de vazio, de distância, de profundidade; a cor de rosa e outras cores com mistura de branco têm boa luminosidade e baixa saturação, mas também são capazes de aumentar o espaço, embora a sensação de grau de proximidade ou de distância dependa de outro fator – a iluminação. Assim, ao aplicarmos cores em ambientes, pensamos na proporção adequada de cada cor aplicada e na iluminação, natural e artificial.

A sensação de avanço ou recuo provocada pelas cores, em relação ao espaço, não é só devido à "temperatura" (quentes e frias) da cor, mas também ao "peso" (luminosidade e saturação). Por isso, a cor cria outros efeitos e estimula outras sensações. O efeito visual se diversifica em uma série de efeitos. A saber, existem efeitos fisiológicos, psicológicos, físicos, representativos, expressivos, simbólicos e sinalizadores.

A cor para a emotividade humana

A cor é uma realidade sensorial que atua com forte influência sobre a emotividade humana, em objetos, ambientes, meios de comunicação e obras de arte. As cores têm uma dinâmica envolvente, compulsiva, capazes de produzir efeitos e reações emocionais, sentimentais e afetivas, além de transmitir significados associados. Em muitos produtos e, principalmente, em ambientes, a cor assume uma função essencial estimuladora das reações múltiplas – psíquicas, emocionais e comportamentais.

A "temperatura" da cor e outras sensações

As cores são associadas às coisas que as pessoas vivenciam na sua vida. Elas são primeiramente associadas às coisas da natureza. Do branco ao azul, na sua escala de gradação, os matizes azuis lembram pureza, água e frescor, sendo, portanto, associados às ideias, por exemplo, de passividade, suavidade, tranquilidade, paz e segurança. As cores quentes, do amarelo ao vermelho, são mais estimulantes do que as frias e passam a sensação de luz, calor e fogo; portanto, expressam ideias de atividade, vivacidade, desenvolvimento, até amor, paixão, ira e perigo. No entanto, não existe uma separação rígida entre cores frias e quentes, porque, conforme a composição ou situação específica, uma cor pode ser sentida com maior ou menor "temperatura".

A sensação da "temperatura" não deve ser considerada como o primeiro critério na aplicação da cor, pois outros fatores podem ser muito importantes ou um deles pode prevalecer sobre o fator temperatura. Por exemplo, o azul nem sempre é a melhor opção para a embalagem de sucos refrescantes. Vale a pena pensar sobre o porquê do vermelho usado pela Coca-Cola e outras marcas de suco de frutas. O vermelho na lata de Coca-Cola não tem a função de passar a sensação do frescor, mas a força da identidade visual da marca e também a intensidade impactante do estímulo à percepção.

A sensação de cor subjetiva

Existe um tipo de pergunta assim: quais cores são mais bonitas e quais são as mais feias? Como a sensação da cor, no aspecto emocional, é subjetiva, influenciada por uma série complexa de fatores, a minha resposta é: toda cor é bonita e nenhuma é feia quando ela é adequadamente empregada, em proporção, harmonia e propósito. A simpatia ou antipatia por uma determinada cor nunca é gratuita, justamente porque cada pessoa tem preferência por uma ou várias cores devido a uma série de fatores inter-relacionados: a cultura, a sensibilidade, a situação (temporal, espacial, ambiental, social) e o estado emocional. Isso explica o porquê de uma pessoa gostar de determinadas cores em uma fase e de outras em outra, em outro tempo da vida. A cor bonita é aquela cor que dê prazer à pessoa (sob as diversas condições situacionais), independentemente de qualquer outra coisa e, em nossa organização sensorial, nada produz maior prazer do que a percepção cromática. O designer Bernd Löbach afirma que a cor é especialmente apta para agradar a psique das pessoas, citando o exemplo do usuário do produto.

A cor em produtos e ambientes

Figura 14.9. Vitrine de perfumaria expõe produtos compostos com formas e cores que geram um ambiente para estimular o interesse feminino.

De mercadorias de todos os tipos até os meios de publicidade e propaganda, com o intuito de estimular as vendas; da pintura artística até as construções, as cores contribuem para estabelecer a beleza das coisas e estimular a percepção e a sensação das pessoas. O poder da cor constitui uma dimensão básica da nossa realidade exterior e está estruturalmente associada, tanto psicológica quanto simbolicamente, ao nosso mundo subjetivo. Esse poder vem das propriedades da cor percebidas pelos observadores e dos efeitos gerados sobre eles. A cor tem temperatura, peso, intensidade, luminosidade e, quando aplicada em ambientes, é capaz de exercer múltiplos efeitos sobre as pessoas, em sensações e reações psicológicas e comportamentais.

A expressividade, significados e simbologia

Figura 14.10. Uma ponte que atravessa o Rio Yang-Tsé, na China, expressa culturalmente desenvolvimento, riqueza e felicidade. Aqui, o vermelho também cria a sensação da vivacidade, em contraste com o verde da natureza.

É possível atribuir a cada cor uma expressão específica que mexe com a sensação emotiva e afetiva, pela associação e pelas suas propriedades, porém devemos lembrar que aqui são citados apenas os matizes de maior saturação. As variações das propriedades mudam suas expressões. O vermelho é calor, vida, paixão, juventude, força; o amarelo expressa luz, esperança, vivacidade; o verde representa natureza, crescimento, esperança, saúde, segurança; o azul, a estabilidade, espaço, pureza, distância, mistério; o roxo, nobreza, superioridade, luxo, inquietude, euforia, mistério, religiosidade; o branco, frio, leveza, frescor, pureza; o preto, morte, tristeza, poder, autoridade, seriedade; o cinza, descanso, monotonia, tristeza, solidão, decadência. Já as cores com mistura de branco e, por consequência, com a saturação (pureza) reduzida, causam a sensação de suavidade, graciosidade, doçura, ingenuidade, tranquilidade e bondade. Não podemos, no entanto, considerar essas características como absolutas, porque a nossa sensação, percepção e gosto variam conforme diversos fatores (cultural, social, político, religioso e psicológico) e influências das inter-relações entre diferentes cores e elementos. Além disso, cores também funcionam como símbolos em várias culturas. Até um povo pode ter suas cores preferidas e outras que não goste e evita a usar em determinadas situações, devido ao simbolismo de determinadas cores. Enquanto no casamento no Ocidente o branco é extensamente usado, na China a cor usada é o vermelho. O branco, junto ao preto, é a cor de luto na China. O fator cultural, portanto, é fundamental quando usamos em produtos destinados a exportações.

A iluminação na percepção da cor

A iluminação é um importante fator que influencia na percepção de cores no ambiente, especialmente a iluminação artificial, que é capaz de valorizar as cores ou alterá-las de modo prejudicial. A luz fluorescente, por exemplo, faz as cores vivas se transformarem mais pálidas ou acinzentadas. Assim, obras de artes coloridas merecem uma iluminação que preservem as suas cores reais.

É também frequente que as cores do ambiente sejam produzidas pelas luzes, que trazem as vantagens de alterar, alternar, misturar, movimentar e mudar a direção e intensidade das cores. A humanização ou animação de ambientes noturnos tem as luzes como bons recursos para dar cor, levando em consideração os seus múltiplos efeitos.

O poder da cor na ergonomia

Nós podemos utilizar as cores para aquecer ambientes frios, refrescar locais de calor eminente, criar atmosferas de alegria e ambientes limpos e, principalmente, evitar a fadiga visual e diminuir o estresse e, consequentemente, o cansaço físico.

Figura 14.11. O amarelo como cor de alerta é usado junto com o preto, que funciona como fundo, para gerar o máximo contraste, destacando o amarelo.

No trabalho, em todos os setores, quer sob as composições de cores em ambientes e construções, quer caracterizando os produtos, mobiliários e equipamentos, as cores assumem uma grande importância, inclusive na função sinalizadora, orientando o fluxo das pessoas em locomoção, ordenando o processo de trabalho, evitando os riscos e acidentes, animando as pessoas em diversas atividades e, como consequência, ajudando a garantir a produtividade no trabalho.

Os efeitos sinalizadores da cor

Figura 14.12. A cor da madeira é mantida nessa composição de estrutura linear a fim de evidenciar o contraste. Design de Tai.

Figura 14.13. O uso das cores na composição com plantas e flores coloridas na praça tem o objetivo de humanizar o ambiente urbano, gerando mais estímulos visuais à população.

Figura 14.14. Cores em composição com figuras geométricas. As linhas brancas separam as cores, fazendo com que elas se destaquem, melhorando o efeito visual. Desenho a lápis de cor, de Tai.

O efeito sinalizador da cor se manifesta enfaticamente no sistema de sinalização. Semelhantes às três cores de sinaleiros de trânsito, usamos, normalmente, na sinalização em ambientes, o vermelho para sinalizar o perigo, o amarelo para chamar a atenção e o verde para indicar lugares e equipamentos livres de riscos. As outras cores podem ser usadas para estabelecer diferenças de funções ou orientar as direções de locomoção das pessoas. O uso de cores, combinado com letras, pictogramas e sinais, é imprescindível no sistema de sinalização para ambientes internos e externos em complexos de edificações empresariais, institucionais e grandes espaços públicos. As cores não são usadas apenas para informações como avisos, alertas, advertências, proibições e orientação, a fim de ajudar os usuários da sinalização na locomoção e no uso de facilidades; elas também estabelecem uma identidade visual, junto com outros elementos gráficos.

Em ambientes públicos é usual o uso de faixas coloridas para distinguir diferentes áreas e graus de segurança e perigo. As faixas amarelas, por exemplo, são usadas para demarcar a área de risco e alertar os usuários para o eminente risco de acidentes. Listas amarelas e pretas alternadas indicam áreas de grande risco. O amarelo, uma cor de grande luminosidade, intensifica a sua visibilidade sobre o preto, desempenhando uma importante função sinalizadora.

Devido à sensação de temperatura da cor, psicologicamente podemos sofrer influências da cor sentindo fisiologicamente seus efeitos. Em um ambiente com uma temperatura real de calor e onde as paredes são de cores quentes, podemos sentir um calor mais intensificado. O incômodo da sensação gera um desconforto físico maior do que o normal. Outro exemplo é o efeito físico da cor agindo para criar o efeito fisiológico: as cores que fisicamente absorvem mais o calor, ao receber raios solares, retêm o calor por mais tempo e o irradiam no ambiente. Contudo, o poder maior da cor ainda reside, em grande dimensão extremamente dinâmica, nos efeitos psicológicos. Assim, o estudo da psicodinâmica constitui uma tarefa indispensável no design, na arquitetura e na comunicação para todos os setores.

15
Formas tridimensionais no design

Os conceitos da forma tridimensional

Toda forma que ocupa um lugar no *espaço* é tridimensional. O *espaço* de que estamos falando deve ser entendido como o grande *vazio* no qual os seres se situam e se locomovem. Em outras palavras, o espaço é o vazio que nos envolve, e estamos dentro dele.

Mesmo uma folha finíssima de papel é uma forma tridimensional, porque ela exerce uma *expressão espacial*, indicando um lugar no espaço, e é potencialmente dinâmica. Mas uma figura desenhada sobre a sua superfície é bidimensional, teoricamente não apresenta nenhuma atividade espacial, pois a sua atividade se manifesta tão somente na superfície que é plana.

A propriedade essencial da forma tridimensional é, sem dúvida, a sua expressão de *profundidade* – a profundidade verdadeira, e não a profundidade ilusória do desenho que deu origem ao "3D" (tridimensional), termo muito usado na multimídia. Portanto, a sensação de profundidade é a primeira condição para uma forma se apresentar como tridimensional.

No nosso mundo predominam formas tridimensionais. Nossos ambientes são constituídos de formas tridimensionais. Elas nos envolvem, e nós as olhamos, tocamos, usamos, transformamos e destruímos em todos os momentos da nossa vida, pois o mundo físico é constituído de dois grandes "universos de formas" – *formas naturais* e *formas artificiais*. Essas formas, usando os conceitos do designer alemão Bernd Löbach, são *objetos*, mesmo as naturais.

Figura 15.1. "Peixes", em papel recortado – os planos deslocados geram a sensação de profundidade terceira dimensão. Trabalho de Tai.

Formas naturais tridimensionais

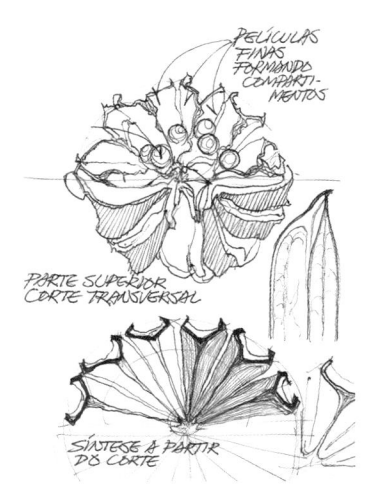

Figura 15.2. Desenhos em estudo de um fruto, com análise de sua estrutura. Na natureza, a riqueza de formas nos oferece referências e inspirações.

As formas naturais são caracterizadas pelas suas expressões de liberdade, espontaneidade, movimento, transformação, ordem, proporção e harmonia. A beleza de formas naturais inspira a criação de formas pelos artistas, arquitetos e designers, embora objetos artificiais sejam configurados de modo altamente geométrico, ordenado e técnico.

Conforme a visão de Bernd Löbach, objetos podem ser classificados em quatro categorias principais: objetos naturais, natureza modificada como objetos, objetos artísticos e objetos de uso. Porém, seria mais conveniente adaptar essa classificação usando outras palavras para que seus significados tenham mais precisão semântica: objetos naturais, objetos naturais modificados, objetos artísticos e estéticos e objetos fabricados.

Objetos naturais modificados são aqueles tomados da natureza, mas transformados e adaptados para o uso. E os artísticos e estéticos são objetos criados com exclusiva intenção de apreciação visual, sensível e ornamental.

Formas artificiais tridimensionais

Figura 15.3. Escultura em papelão – forma volumétrica torcida que simula forma orgânica vegetal. Trabalho experimental de Tai.

No nosso estudo, concentramo-nos nas formas tridimensionais artificiais que são de objetos fabricados ou possíveis de serem produzidos em série. No entanto, não devemos deixar de buscar recursos sugestivo-informativos nas formas da natureza, que é uma fonte inesgotável para todas as áreas de estudo.

O estudo da forma tridimensional – a *morfologia tridimensional* do design – deve capacitar os alunos a fazer *leitura* e *análise* de objetos nos seus aspectos visual, expressivo e comunicativo, caracterizados pelas suas formas, como também incentivá-los e capacitá-los a criar novas formas por meio de diversos métodos, recursos e técnicas específicas. E é importante lembrar que há uma íntima relação entre a *forma* e a *função* quando se trata de objetos utilitários.

Percepção, leitura e análise das formas

Saber ver e compreender uma forma tridimensional é um processo que exige basicamente três condições: a *percepção sensorial*, a *percepção estética* e o *conhecimento conceitual*. Elas se resumem em *percepção sensível* e *pensamento racional*. São essas condições os requisitos mais elementares de um designer. Portanto, na morfologia tridimensional, começamos do reconhecimento das formas primárias por meio da *percepção*, da *leitura* e da *análise*, a fim de desenvolver a sensibilidade perceptiva.

No exercício de reconhecimento das formas tridimensionais, usamos dois sentidos – o tato e a visão – além dos conceitos geométricos, psicológicos e simbólicos, para conhecer as suas propriedades e características físicas e visuais. Toda forma tridimensional tem propriedades visuais como: configuração, cor, textura; e propriedades geométrico-conceituais como: ponto, linha, superfície, ou vértice, aresta, plano.

Todo objeto físico é, em um ponto de vista conceitual, o resultado da combinação das *formas positivas* e *negativas*. O objeto em si é uma forma concreta, física e material, portanto, positiva. E ela ocupa um lugar do espaço e o delimita criando um espaço físico com forma – a *forma espacial* ou a forma tridimensional negativa.

Os conceitos de *lugar* e de *zona* são fundamentais para compreender o espaço psicológico. Quando uma forma ocupa um *lugar*, ela também cria uma *zona* de influência, análoga ao território no instinto do animal que exerce determinadas reações psicológicas e físicas. O espaço psicológico é aquele vazio ao redor do objeto ou entre os objetos, e a sua forma pode ser moldada pelos elementos físicos que a delimitam, cercam ou fecham. Esses elementos físicos são formados, por sua vez, pelos *elementos plásticos básicos* – pontos, elementos lineares, elementos planiformes e blocos. Esses elementos, na versão geométrico-conceitual, são: ponto, linha, plano e volume.

Os elementos plásticos básicos

É preciso que tenhamos conhecimento dos *elementos plásticos básicos* e das formas primárias para o estudo da organização tridimensional e para a construção de modelos. Eles são como as letras do alfabeto, que formam palavras, frases e expressões da linguagem escrita. Com eles construímos diferentes formas e, a partir das formas primárias, criamos as variações.

No estudo da morfologia tridimensional, o conhecimento dos elementos básicos na construção e na organização da forma tridimensional é imprescindível para a leitura e a análise morfológica de objetos. E existem diversos grupos deles: os elementos abstratos e conceituais – ponto, linha, plano e volume; os elementos geométrico-construtivos – vértice, aresta, face/superfície; os elementos plásticos – ponto físico e dimensional, elemento linear, elemento planiforme e bloco (ou massa); os elementos visuais – forma (configuração), tamanho, cor e textura; os elementos relacionais – posição, direção, espaço e centro.

Como elemento conceitual, o ponto é apenas um referencial do lugar – o lugar geométrico no espaço – e não tem dimensões. Em um cubo ele é o encontro das três linhas (arestas). A linha tem um comprimento, porém sem a espessura e, em um cubo, ela é o encontro de dois planos (faces) e também um referencial do lugar, da posição e da direção.

Na prática de construção de modelos, o ponto é um elemento físico que pode ter qualquer configuração. A linha passa a ser chamada de *elemento linear*, que tem espessura e comprimento – fio, cabo, vareta etc. No lugar do plano ou superfície, o elemento planiforme tem as características de folha ou placa, com determinada espessura. Já o bloco ou a massa é um volume que pode ser moldado conforme a vontade de quem o trabalha com técnica.

Tensões internas das formas

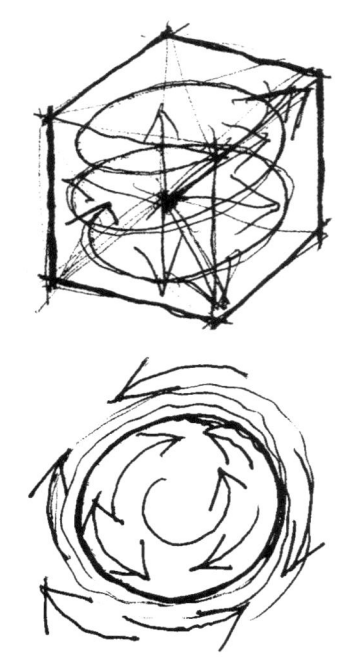

Além dos grupos de elementos acima referidos, há outro elemento psicologicamente perceptível chamado de *tensão interna* da forma. As *tensões internas* de um sólido não são físicas nem visuais, mas possíveis de serem imaginadas por meio da percepção psicológica ou intelectual, intimamente relacionadas aos *elementos relacionais* – posição, direção, espaço e centro físico do sólido. Em uma esfera, sente-se que as suas tensões internas estão emanando a partir do seu centro físico para todas as direções, como se estivessem reagindo contra as tensões externas agindo sobre a esfera. Na realidade, ao se contemplar uma forma, cria-se uma impressão pessoal dessas tensões. No caso da esfera, ela pode exercer uma expressão espacial de que possa se expandir ou se contrair. Como também pode se sentir as suas tensões girando sem cessar em torno do centro da esfera, sem poder escapar para fora dela. A sensação ou a percepção psicológica dessas tensões nos auxilia muito na criação da configuração e na sua organização com intuito de gerar determinados efeitos psicológicos.

Figura 15.4. Representação de tensões internas do cubo e da esfera.

As formas tridimensionais básicas

Todas as configurações complexas podem ser compostas por meio de agrupamento espacial de elementos formais primários. Todas as formas complexas podem ser estruturadas, sintetizadas ou abstraídas geometricamente em formas simples e primárias. E todas as formas básicas podem ser subdivididas, subtraídas, secionadas, torcidas e, enfim, transformadas. Com essa convicção, não é difícil compreender, portanto, a importância dos sólidos geométricos primários como as formas básicas, nas quais podemos criar infinitas derivações e variações de formas complexas por meio de métodos e técnicas de transformação.

Os sólidos primários

Embora os *sólidos de Platão* (tetraedro, cubo, octaedro, dodecaedro e icosaedro)[30] sejam considerados fundamentais, preferimos eleger como sólidos primários aqueles baseados nas formas geométricas planas primárias (o círculo, o triângulo e o quadrado) – a esfera, o cilindro, o cone, o tetraedro, a pirâmide e o cubo, devido a sua simplicidade.

A configuração de um sólido em modelos pode ser feita de forma maciça, de forma fechada com o seu interior vazio, de forma estrutural com a virtualidade de volume e de outras formas mistas. Para essas possibilidades de modelagem, podemos usar elementos lineares, elementos planiformes e materiais maciços como a argila e outros.

Linhas estruturais e referenciais

Antes de tratar da transformação dos sólidos primários, é extremamente importante termos, em primeiro lugar, uma noção das *linhas estruturais e referenciais* de um sólido para a sua subdivisão, a fim de efetuar a transformação com critérios, preservando a proporcionalidade, a harmonia, a coerência métrica e construtiva de formas transformadas. Essas linhas estabelecem-se como referências de lugar,

---

30 Os *sólidos de Platão* (ou sólidos platônicos) são cinco poliedros regulares já descritos no 13º livro de *Os elementos*, de Euclides. Platão (427-347 a.C.) estabeleceu algumas relações entre esses poliedros com a construção do Universo, associando os poliedros cubo, icosaedro, tetraedro e octaedro, respectivamente, aos elementos terra, água, fogo e ar; e o dodecaedro, ao Universo.

posição e direção de qualquer elemento visível para a nossa percepção, analógicas às coordenadas em mapas.

Tomando como exemplo o cubo, as linhas referenciais básicas são as linhas diagonais que passam de um vértice para outro, as linhas verticais e horizontais paralelas às arestas e que passam pelo centro de cada face e do centro do próprio cubo e as circunferências que têm o centro no cruzamento das diagonais e que tangem todos os lados de cada face, e assim por diante. Em uma estrutura cúbica percebe-se que os seus elementos lineares expressam exatamente algumas dessas linhas estruturais e referenciais.

Figuras 15.5, 15.6 e 15.7. Composições com formas geradas na base do cubo – exercícios para desenvolver a capacidade perceptiva do espaço, da forma tridimensional e das relações espaciais entre diversos elementos.

16
Design do brinquedo

Experiências com brinquedos

Na minha infância, na China, eu mesmo fazia meus brinquedos artesanais como muitos outros meninos, e éramos criativos, construindo vários tipos de brinquedos com diversos materiais de fácil acesso, incluindo palhas, bambus, papéis, pedaços de madeira, fitas de plástico, barbantes e arames. Com palhas, bambu, madeira e sucatas, eu fazia minigaiolas de grilos, espadas, pistolas, estilingues, arcos e flechas, barcos, aviões, piões, lançadores de água e foguetes, entre outros.

A escola incentivava a fazer trabalhos manuais e pequenos experimentos físicos, naturalmente, pequenos brinquedos. Além de desenhar, pintar e de me aventurar nas brincadeiras junto com outros meninos, eu adorava construir brinquedos para as minhas brincadeiras. Eu admirava aquela magia de transformar um material tão simples em um brinquedo extraordinariamente fascinante. Fascinante não é apenas o brinquedo em si, mas o processo de criá-lo e construí-lo. A criança desenvolve, com a sua criatividade, a sua habilidade, a sua inteligência e também a sua boa personalidade, fazendo trabalhos manuais e, principalmente, construindo brinquedos.

Embora atualmente eu tenha feito alguns projetos e construído uma série de brinquedos como *hobby*, eu encaro esse meu *hobby* com muita seriedade, porque vivencio e vejo essa atividade de criar e construir brinquedos como trabalho enriquecedor até para a minha alma, pois fazer brinquedos, especialmente o trabalho da oficina, é uma atividade envolvente que tranquiliza uma pessoa. Como designer, eu procuro, na medida do possível e da minha disponibilidade de tempo, desenvolver alguns brinquedos voltados ao mercado, com um diferencial, que é a soma da criatividade com a sustentabilidade, na qual o fabrico dos brinquedos que dispensam a indústria.

O que é brinquedo?

Quando um objeto é o próprio elemento necessário para o jogo ou a diversão e a ele é acrescido um determinado significado, ele passa a ser brinquedo. A bola é um brinquedo. Um carro de verdade também pode ser, porém questionável. Mas, no âmbito do brinquedo de que estamos falando – brinquedo feito à mão –, é necessário que exista uma delimitação no conceito, atribuindo ao brinquedo um significado moralmente positivo e construtivo.

Qualquer objeto é produto de uma determinada realidade social. Sua criação e produção são determinadas e influenciadas também pela visão dessa realidade e pela inteligência e criatividade do seu criador.

Na nossa sociedade atual, predominam brinquedos industrializados e informatizados e muitos deles tecnologicamente sofisticados. Portanto, as crianças urbanas de hoje ganham muita coisa e também perdem muita coisa. Elas têm fartura de brinquedos para os quais muitas vezes não dão valor. Elas perderam uma oportunidade de aprender e brincar de um modo saudável, de desenvolver certas habilidades, criatividades e capacidades inventivas em uma fase importante da sua vida.

Por que fazer brinquedos à mão?

Antigamente, as crianças faziam seus brinquedos ou, ao menos, acompanhavam alguém fazendo e sentiam-se muito satisfeitas, não pelo resultado em si, mas principalmente pelo seu fabrico.

Todo o processo, desde a extração da matéria-prima ou da preparação do material até o acabamento, era um processo de desafio, aprendizagem, experimentação, criação (até invenção), diversão, brincadeira. Hoje as crianças não fazem seus brinquedos, tampouco os adultos. Uma grande pena!

Hoje em dia, é difícil encontrar brinquedos feitos à mão devido à fortíssima difusão de brinquedos industrializados, fabricados aos milhões, altamente favorecida pelo tipo de vida urbana e pelos modelos da indústria e do comércio. Em consequência, até os brinquedos folclóricos e tradicionais sumiram, embora ainda exista uma pequena produção artesanal de brinquedos pedagógicos. Somente alguns artesãos, artistas, designers, inventores e "fanáticos" ainda tentam resgatar a tradição de fazer brinquedos com as próprias mãos. E, justamente nessa realidade da sociedade urbana, o retorno e o incentivo desse ofício tornam-se, mais do que nunca, eminentemente oportunos. A criança precisa disso. A educação infantil precisa disso. Muitos adolescentes, jovens e adultos também precisam disso. Para as crianças, o processo de construção de brinquedos, além de ser uma atividade cognitiva lúdica muito importante, é também um trabalho estimulador que contribui para a construção da personalidade positiva.

Para os adultos, essa atividade é ainda mais importante, justamente porque precisamos resgatar essa tradição, perpetuá-la, desenvolvê-la e transformá-la como uma forma especial de criação técnico-artística para as pessoas de todas as idades.

Criar brinquedos e fazê-los à mão significa unir perfeitamente o raciocínio lógico com o raciocínio imaginativo. O brinquedo feito à mão é diferente de todos outros objetos, porque possui diversas funções e todas elas significativas. Ele é útil para diversão, jogo, passatempo, desafio, educação, imaginação, conscientização; ele é encantador, atraente, bonito, misterioso, mágico, fantástico e artístico; ele tem movimentos, sons, formas, cores; ele é brinquedo, objeto decorativo, recordação. E há outro valor: o ecológico, o da sustentabilidade.

Fazer brinquedos com as próprias mãos pode trazer, tanto para a criança como para qualquer pessoa, independentemente da idade, grandes benefícios no sentido de formação e de crescimento em habilidade, criatividade, inventividade e intelectualidade. Ajuda a criar melhor sociabilidade do indivíduo, tornando-o mais animado e estimulado para também outras tarefas do dia a dia. Então, criar brinquedos e fazê-los à mão é realmente importante e muito divertido!

Brinquedos com movimentos

Além dos brinquedos considerados educativos, há brinquedos exclusivamente destinados à diversão, à recreação e ao jogo, e estes, quando moralmente positivos, também são educativos.

De todos os brinquedos, os mais estimulantes são aqueles que podem ser acionados para ganhar movimentos. Por mais simples que seja o brinquedo, o seu movimento pode ser gerado por mecanismo muito simples. Diversos movimentos mecânicos podem fazer brinquedos parecerem ganhar vida. Podemos fazer um brinquedo andar, correr, rolar, girar, pular, subir, descer, rodopiar, voar e assim por diante, acionando com a mão ou com o ar, a água, a gravidade, o ímã, a eletricidade e até a força gerada por determinada propriedade do material utilizado.

A diversificação de brinquedos é infinita, ainda que possam ser classificados em categorias e tipos já conhecidos. Há brinquedos para você empurrar, puxar, atirar, bater, apertar, torcer, girar, montar ou pisar em cima.

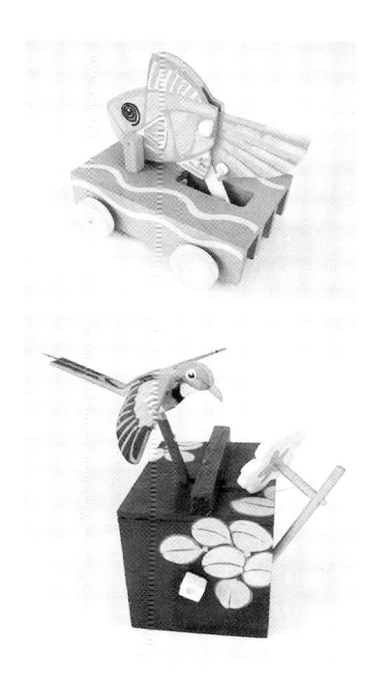

Figuras 16.1 e 16.2. Brinquedos feitos em madeira, com mecanismo simples e movidos à manivela. Design e manufatura de Tai.

Há também um grupo de brinquedos que são acionados por meio de manivela. Todos os tipos de movimentos podem ser criados usando-se a combinação de algumas "máquinas" simples, às vezes, com acréscimo de peças auxiliares, como uma mola, por exemplo.

Além do mecanismo simples, muito interessante e curioso para quem o faz, outros elementos que fazem parte do brinquedo são formas, figuras e cores, também altamente estimulantes para a nossa criatividade, imaginação e fantasia. Fazer manual ou artesanalmente brinquedos em si é um processo lúdico, muito divertido e educativo.

Brinquedos para jogos

Do grupo de brinquedos destinados ao jogo, aqueles que estimulam a competição com uso da habilidade manual e da coordenação motora são muito motivadores para a sociabilidade entre os jogadores em eventos e também para o passatempo individual.

Por exemplo, o brinquedo que permite disparar uma bolinha para acertar um alvo pode ser muito interessante tanto para uma só pessoa como para um grupo de amigos. De certa forma, a diversão em jogos provém do prazer do desafio.

Baseando-se nos mesmos princípios de uma diversidade de brinquedos de jogo, novos modelos podem ser ainda criados e recriados. Os jogos que possibilitam a participação de várias crianças são particularmente importantes na socialização e, por envolverem regras de operação, de natureza cognitiva, oferecem às crianças oportunidades para desenvolver a capacidade do raciocínio estratégico. Baseando-nos nas leis físicas fundamentais e na criatividade artística, podemos produzir infinitos brinquedos únicos, feitos à mão. As possibilidades esperam ser exploradas, da mesma forma, em brinquedos mecânicos.

Educar-se e divertir-se fazendo

Como já foi dito anteriormente, fazer brinquedo manualmente pode desenvolver na pessoa a habilidade manual, a criatividade, a inventividade, a sociabilidade. Aprender a criar e produzir brinquedo em si é uma diversão e uma terapia e, sem dúvida, um importante processo educativo. Portanto, considero que um curso de brinquedo feito à mão é bom e importante para todas as pessoas, independentemente da faixa etária. Porém, é extremamente fundamental para crianças e adolescentes urbanos, especialmente hoje em dia, quando eles carecem de atividades criativas manuais.

O processo todo – da criação à produção – exige que a pessoa pense, crie, desenhe, experimente, execute, aliando o raciocínio lógico com a criatividade artística e a intuição com o conhecimento. A grande vantagem desse processo educativo está justamente no conceito de "aprender com prazer".

Atividade lúdica e a personalidade positiva

Ao fazer brinquedos, tanto crianças como adultos estão envolvidos no tipo de atividade que concilia a concentração com a diversão, vivenciando uma situação lúdica, prazerosa e psicologicamente saudável, que contribui para formar a personalidade positiva, principalmente quando a pessoa sente que está adquirindo algo que é especial, descobrindo algo que é novo e concretizando uma ideia em forma de objeto que alegre as pessoas.

Nesse processo educativo prazeroso, a pessoa aprende habilidades técnicas e assimila conhecimentos específicos. No aspecto técnico, o aluno adquire técnicas de pintura e modelagem, usando diversos materiais, como papel, papelão, cola, tecido, plástico, metal e, principalmente, madeira. No entanto, o trabalho com madeira, que exige uso de ferramentas especiais, deve ser controlado com rigor.

No aspecto cognitivo, o aluno assimila, de modo experimental, conhecimentos dos princípios físicos do mecanismo, conhecendo as funções e os efeitos das "máquinas simples" usadas em brinquedos e máquinas de modo geral.

Estímulos positivos do brinquedo

No aspecto criativo, o aluno desenvolve a criação de figuras, aplicação de cores, uso de formas humorísticas, associação e síntese de ideias em brinquedos que estimulem percepções, sensações e sentimentos positivos. Enquanto o aluno desenvolve seus brinquedos, ele está envolvido com o processo criativo, aprendendo a usar simultaneamente os conhecimentos, as técnicas, os recursos, a sua intuição, a sensibilidade e a percepção. Assim, a sua criatividade se libera, o seu raciocínio se desenvolve, as suas habilidades se aprimoram.

O pensar-fazer artístico e científico-tecnológico

A criatividade de que nós falamos não se trata apenas do aspecto artístico, mas também do aspecto científico-tecnológico. A formação cultural básica do indivíduo deve ser ampla, para que possa estimular o pensar e o fazer que intercambiem e integrem a intuição com o raciocínio lógico. O fazer-pensar no processo criativo no curso de brinquedo exige que o aluno crie a parte intuitiva e subjetiva, integrando-as com a parte lógica e mecânica, permitindo que seus brinquedos fiquem visualmente atraentes e fisicamente funcionem. Assim, o aluno deve ter também, no mínimo, uma noção básica sobre o mecanismo simples; por isso, necessita de conhecimentos sobre as "máquinas simples", que todas as pessoas devem ter para compreender como as coisas mecânicas funcionam. Essas máquinas simples são os princípios que possibilitam o funcionamento dos objetos da nossa vida cotidiana.

Acompanhando o avanço tecnológico, existem, hoje, escolas que incentivam a criação de pequenos robôs, oferecendo oportunidades a crianças e adolescentes a assimilar conhecimentos científicos e tecnológicos por meio de um processo do pensar-fazer prazeroso e, ao mesmo tempo, altamente desafiante.

Figura 16.3. Conjunto de brinquedos feitos em madeira – mecanismo com uso de cames. O processo de desenvolver brinquedos artesanais com mecanismo é o processo do pensar-fazer criativo.

Reflexões sobre o design baseadas no processo de uso do produto

O designer como mediador

O design, na prática, desempenha a sua "função mediadora entre produção e uso" e intervém na cultura material, gerando produtos que o usuário experimenta de forma direta na sua vida cotidiana, pois há uma interação direta e intensa entre eles. Conforme Gui Bonsiepe (1983), o design é "um nexo entre produção e consumo". De um lado, a indústria fabrica os produtos para fornecer em maior quantidade possível ao setor comercial; de outro, a população, pelas necessidades, compra os produtos por meio das empresas comerciais, que sempre querem vender mais e mais. Nos dois segmentos, industrial e comercial, e fora deles, estão os profissionais que procuram conceber ideias para atender à demanda de todos. O profissional designer passa a ser o mediador entre a indústria responsável pela produção do produto e a população que busca uma boa qualidade de vida, a qual, em boa parte, seria atendida pela utilização do produto.

Processo de uso

Observar, analisar e questionar os fenômenos de consumo e os problemas de uso dos produtos industriais é de absoluta necessidade para que o designer conheça o *ciclo de vida do produto*[31] e, assim, entenda melhor o papel dele próprio na

---

31 *Ciclo de vida do produto* refere-se à sequência das cinco fases principais para a análise do processo em ecodesign. Essas fases são: obtenção de matéria-prima e produção de energia; manufatura do produto e embalagem; transporte e distribuição; uso do produto e reúso de componentes; e reciclagem e recuperação.

sociedade, especialmente no tocante à sua contribuição para preservar ou melhorar o meio ambiente. E o *processo de uso* do produto (a partir do momento da sua aquisição até o seu destino final) é a parte desse ciclo escolhida para o nosso estudo, pela importância das ricas informações que podem ser obtidas no processo de interação entre o usuário e o produto utilitário. Este, considerado como "ideia objetualizada", tem a função de "eliminar tensões[32] provocadas por necessidades" (LÖBACH, 1976, p. 33), e é esse o processo em que o usuário desfruta das funções do objeto e em que se verifica a redução ou a eliminação dessas tensões[33].

O estudo do processo de uso

O *processo de uso* do produto não só envolve todas as questões da ergonomia como também todos os outros aspectos relacionados às reações psicológicas, mentais, intelectuais, físicas e fisiológicas do usuário na interação com o objeto. Como uma pessoa escolhe um objeto? Por que ela tem a sua preferência? Até que ponto o aspecto visual ou a qualidade prático-funcional é importante para determinar a sua preferência? Como nasce no usuário uma "conexão emocional" com o objeto que passa a ser o preferido e tende a ser preservado? De que modo ela usa e preserva o seu objeto e como se relaciona e interage com ele? Muitas questões podem vir a estimular o questionamento e a reflexão sobre a vida e o destino do objeto e, consequentemente, suas implicações na vida das pessoas e no meio ambiente.

O processo de uso e as diversas questões

No ensino de design, tanto na teoria como na prática do projeto, o estudo sistematizado sobre o *processo de uso*, cobrindo vários aspectos do design, pode constituir uma unidade do conteúdo programático baseada nos resultados de reflexões e nas informações coletadas a partir da investigação, em situações reais de interação do sistema usuário-objeto-atividade-ambiente, dos variados problemas

---

32 "Tensão", um termo usado na psicologia que diz "o comportamento motivado pode ser encarado como uma ação que o indivíduo se obriga a tomar para aliviar a tensão, agradável ou não, gerada pela presença da necessidade ou desejo. Por exemplo, o ato de adquirir um produto pode ser motivado por uma tensão interna do consumidor, gerada por uma necessidade. E essa tensão é aliviada quando o produto desejado é adquirido.

33 Quando certas necessidades não são atendidas, a carência de interações ou a situação de desajuste na interação ambiental tendem a provocar reações do indivíduo com atenção especial ou esforço mental continuado em relação às possíveis soluções. As tensões somente serão extintas quando tais necessidades encontrarem assistência pelo produto. E esse produto é fruto da materialização de uma ideia concebida pelo designer.

que podem ser agrupados em quatro temas: 1) preferências do usuário na aquisição do produto; 2) aspecto ergonômico e o design integrativo e estratégico; 3) processo de uso do produto e 4) desuso, descarte e reaproveitamento do produto.

Este capítulo faz uma abordagem ampla e geral sobre esses temas, com o intuito de estimular estudos, investigações e reflexões sobre eles, com seus enfoques e itens de assuntos específicos e relevantes, e, assim, atender às disciplinas ligadas à comunicação, à teoria do design e, principalmente, à ergonomia.

Preferências do usuário

Os seres humanos estabelecem relações muito íntimas e intensas com objetos criados por eles mesmos. Os objetos, portadores de signos e valores da vida cotidiana, tornam-se mediadores cada vez mais poderosos na intervenção entre o homem e a sociedade e capazes de transformar a própria natureza de suas relações. As relações psicológicas entre o homem e os objetos são complexas. Alguns dos modos dessas relações que contribuem para a proliferação de objetos são o *hedonista* (baseado no prazer de toque e manuseio), o *aquisitivo* (baseado na necessidade possessiva), o *funcionalista* (objeto para uso, como instrumento), o *egocentrismo* (baseado na expressão do ego por meio de objetos carregados de valores simbólicos) e o *kitsch*. Pode-se dizer que, fora o modo funcionalista, todos os outros apresentam casos com certo grau de anseios patológicos.

A multiplicação de necessidades

Não se tem noção de quantos objetos diferentes já foram produzidos pelo homem. Mas, hoje, sabe-se que, provavelmente, existem mais de dezenas de milhares de objetos prontamente discrimináveis na nossa vida cotidiana. O psicólogo Irving Biederman, na década de 1990, estimou que existiam em torno de 30.000 objetos para adultos. A diversidade de objetos era tão grande que, conforme George Basalla, autor do livro *Evolução de tecnologia* (*Evolution of Technology*), nos últimos duzentos anos, somente nos Estados Unidos mais de cinco milhões de patentes foram registradas (PETROSKI, 1994), embora uma parte delas não tenha resultado em produtos. Hoje, um supermercado oferece cerca de 15.000 itens de produtos.

Por que a humanidade não para de produzir novos objetos? Há teorias que defendem a ideia de que o desenvolvimento da indústria humana gera novas necessidades e estas se diversificam e multiplicam, criando novos produtos, os quais, por sua vez, geram novas necessidades e, assim, sucessivamente fecham um ciclo vicioso. Há teorias que explicam esse fenômeno atribuindo-o também ao trabalho dos designers que têm o desejo ou a necessidade de expressar o seu talento e a sua criatividade, de certo modo incentivado pelo mercado. Esses designers, entendidos no sentido amplo, incluem inventores, engenheiros e arquitetos. Todavia o seu objetivo final, na maioria dos casos, é conceber novas ideias como soluções para determinados problemas, os quais são normalmente gerados pelas necessidades, as quais provocam tensões em termos de anseios, desejos e reações psicológicas diversas.

A busca de perfeição como uma necessidade

As tensões provocadas por necessidades humanas impulsionam a criação dos objetos. O desejo e a satisfação do homem de usar o objeto e ter o seu próprio objeto promovem a quantidade e a diversidade. As necessidades, por sua vez, também não cessam de se diversificar na sociedade humana cada vez mais complexa. Além disso, o usuário está sempre em busca de perfeição, que dificilmente encontra. Em vez disso, encontra falhas, inadequações e imperfeições nos objetos. Assim as formas mudam. A forma dos objetos está sujeita a alteração para eliminar falhas reais ou imperfeições percebidas neles pelo usuário. Para Petroski[34], "desde que nada é perfeito e, realmente, já que até as nossas ideias de perfeição não são estáticas, então todas as coisas são sujeitas a mudar através do tempo". A insatisfação pelo que não tem e pelo que já tem – este é um marcante aspecto psicológico, econômico e social do ser humano – de certa maneira estimula a criação de novos produtos.

Para entendermos melhor a questão das necessidades humanas, devemos conhecer a "hierarquia de necessidades de Maslow", proposta em 1954 pelo psicólogo americano Abraham Maslow, em que as necessidades são divididas em cinco níveis, apresentados em um esquema em forma de pirâmide, na qual o nível básico corresponde à parte básica da pirâmide e o nível mais alto está no topo. As necessidades de um nível superior só podem ser atendidas quando as do nível inferior são saciadas. As necessidades em cinco níveis são:

---

34   Henry Petroski, engenheiro norte-americano especializado em Análise de Falhas, é professor e autor de uma grande quantidade de artigos e livros, como: *To Engineer Is Human: The Role of Failure in Successful Design* (1985); *The Pencil: A History of Design and Circumstance* (1990); *The Evolution of Useful Things* (1992), *Design Paradigms: Case Histories of Error and Judgment in Engineering* (1994); *Invention by Design: How Engineers Get from Thought to Thing* (1996, em português *Inovação da ideia ao produto*); *The Book on the Bookshelf* (1999); *Small Things Considered: Why There Is No Perfect Design* (2003); *Success Through Failure: The Paradox of Design* (2006), *The Toothpick: Technology and Culture* (2007); *The Essential Engineer: Why Science Alone Will Not Solve Our Global Problems* (2010); *To Forgive Design: Understanding Failure* (2012), entre outros.

1) No 1º nível – as necessidades fisiológicas, como respirar, tomar água, alimentar-se, dormir e várias outras para estabelecer homeostase e sobreviver.
2) No 2º nível – as necessidades de segurança estão vinculadas à sensação de estabilidade e segurança na base da saúde, do trabalho, da renda, da moralidade e da família.
3) No 3º nível – as necessidades sociais e de amor se justificam pelo desejo do indivíduo de querer relacionar-se com outros, pertencer a grupos e sentir que é respeitado ou amado; assim, a amizade, o afeto e amor tornam-se importantes nesse nível.
4) No 4º nível – as necessidades de autoestima se originam da vontade de sentir seguro de si pela própria capacidade, então a autoconfiança, a espera de reconhecimento, a confiança e a credibilidade devem ser conquistados por meio da própria capacidade da pessoa.
5) No 5º nível – as necessidades de autorrealização vêm do desejo de crescimento e conquista pessoal em trabalhos que se faz e na forma de produção que se baseia na própria capacidade e potencial. Assim, a autorrealização pode depender de fatores como criatividade, desenvoltura, autoconfiança e outras necessidades de autoestima.

As necessidades que se situam nos primeiros quatro níveis podem ser atendidas ou saciadas sob fortes influências dos fatores externos (humanos, materiais e ambientais) e não apenas pela vontade da pessoa. Já no quinto nível, as necessidades de autorrealização estão vinculadas, fundamentalmente, à vontade, à iniciativa, à determinação, à autonomia, ao autocontrole e ao esforço pessoal. No entanto, todas essas necessidades só podem ser plenamente atendidas quando as dos outros quatro níveis são satisfeitas por intermédio de objetos, pois estes são os meios facilitadores para as atividades humanas.

Escolha e aquisição de objetos

Para satisfazer às suas necessidades ou saciar seus desejos, o usuário está sempre adquirindo e juntando objetos, que sejam utilitários ou não (nesse estudo, centramo-nos no produto utilitário). Essa busca, normalmente por meio de compra, é baseada primeiramente na escolha. É preciso que entendamos o uso do produto como um processo que se inicia no momento em que o objeto utilitário é escolhido e adquirido pelo usuário ou quando ele passa a pertencer ao seu ambiente ou à sua vida. O objeto de propriedade coletiva também passa por seleção, porém esta é definida por critérios com maior teor de objetividade. A escolha do produto no ato de compra, independentemente do motivo, é o ponto de partida do *processo de uso* no nosso estudo.

A relação afetiva do ser humano com objetos

A escolha ou a preferência podem influenciar em toda a interação entre o usuário e o objeto, até o desligamento final dos dois. Enquanto permanece o processo, há sempre a busca de uma interação efetiva – um relacionamento nos aspectos prático-funcional e afetivo, no mínimo, em um nível de satisfação aceitável.

A relação afetiva do ser humano com o objeto é de base psicológica muito complexa e apresenta reações e comportamentos em alto grau de sofisticação, envolvendo sentimentos de vínculo, intimidade, paixão e até rejeição – sentimentos análogos em relações humanas, porém normalmente de menor intensidade. Não nos cabe aqui fazermos uma análise aprofundada da complexa manifestação afetiva, mas é importante sabermos sobre as suas causas básicas, a fim de entendermos melhor a relação causa-efeito, criada primeiramente pelo poder comunicativo e pelo valor prático e simbólico do objeto, que são, por sua vez, oriundos da capacidade criativa do designer.

A preferência na escolha de produtos

Exemplos são fartos em relação às preferências do usuário pelo objeto no momento em que ele está disposto a adquiri-lo. Dispensamos aqui os motivos da aquisição (as necessidades) do produto e nos centramos apenas nos motivos da preferência, embora não raramente o motivo da preferência seja o próprio da aquisição. O que motiva a escolha é um conjunto de fatores que influenciam na preferência: o aspecto estético-visual (a fisionomia, o estilo, a qualidade comunicativa, o valor simbólico etc.), as qualidades materiais, a funcionalidade, a praticidade, o valor monetário e, muitas vezes, a marca (que oferece credibilidade ou corresponde à vaidade). Esses fatores, por sua vez, agem decisivamente no consumidor, caracterizado pela faixa etária, pelo sexo, pelos fatores social, cultural, econômico e psicológico. No momento em que uma pessoa escolhe um produto, ela busca uma máxima correspondência entre os fatores inerentes ao produto e os inerentes a ela mesma.

Um exemplo comum: na aquisição de um par de tênis, um rapaz tenta escolher um modelo de uma marca que possa satisfazê-lo plenamente de acordo com a afinidade que sente pelo tênis (gosto, sentimento, emoção, personalidade, preço e cultura), não só para determinada atividade (no esporte, no passeio ou na escola, com conforto e praticidade), mas também para apresentar, por meio do produto, uma imagem dele próprio para os outros (a estética, o estilo e a comunicação). Normalmente, ele sai da loja com um par de tênis que o satisfaça, mesmo que não seja plenamente, com as qualidades estéticas e funcionais previstas. Quando tal afinidade atingir certo grau, poderá se estabelecer uma relação afetiva na qual o jovem será capaz de oferecer ao seu objeto uma especial atenção, o que significa a boa conservação e até o prolongamento da vida útil do objeto.

A preferência, conforme o perfil do consumidor, tende a ser definida pela opção, em determinado grau, por um ou por outro fator básico: o visual ou a praticidade. Embora as qualidades estético-visuais (percebidas de imediato) sejam determinantes, as qualidades prático-funcionais (testadas e comprovadas) constituem motivos decisivos na escolha do produto, principalmente quando se trata de objetos utilitários. No entanto, quando os valores são agregados de forma a atender às necessidades do seu usuário, o produto torna-se satisfatório.

O design integrativo e estratégico

O processo de uso não se limita ao objeto em si. No sentido mais amplo, inclui a organização, a disposição, a guarda, o armazenamento, o deslocamento e todos os tipos de manejo dos objetos. O processo de uso se estende ao do conjunto de objetos e do ambiente constituído por eles. Em ambientes como escritórios, lojas, pontos de venda, supermercados, oficinas, laboratórios e fábricas, o processo pode ser direcionado por meio do planejamento integrativo e estratégico para que as atividades sejam mais efetivas ou produtivas.

O supermercado – um exemplo de design estratégico

O supermercado é um bom exemplo para análise sobre as diversas abordagens do design, por ser um fruto do design integrativo e estratégico, com ênfase na solução combinada da ergonomia com a imagem visual (a identidade visual, a estética, a comunicação e a sinalização). No tocante ao *processo de uso*, a compreensão sobre o mecanismo da interação entre o consumidor e a mercadoria no ambiente do supermercado ajuda a clarear a questão de escolha ou preferência, como também a da persuasão à compra. O processo de uso, tendo como ponto de partida a escolha do produto, começa com o contato inicial por meio do tato e do manuseio para verificação pelo usuário. No momento em que o produto é adquirido, começa o ciclo do processo, que poderá se completar até o descarte. Esse processo começa normalmente na loja, no supermercado ou em outros tipos de estabelecimentos comerciais. Nesses ambientes, toda a movimentação, dos funcionários e dos clientes, caracteriza um grande processo de uso – uma megainteração coletiva e complexa.

No supermercado, os comportamentos dos consumidores podem ser diversos, mas, de modo geral, a escolha e a compra de uma variedade de produtos são influenciadas e determinadas, não raramente, pela estratégia da distribuição e da disposição de mercadorias, combinada com a de publicidade e marketing planejada pelo supermercado. Essa estratégia é tão completa e integradora que pode abranger múltiplos fatores culturais, ambientais, ergonômicos e psicológicos, para induzir os consumidores à compra. Essa estratégia de ergonomia é, aliada ao marketing e à publicidade, baseada fortemente na comunicação visual.

Dispensando a questão de preços e a preferência por determinados produtos, todas as facilidades e o conforto experimentados pelos consumidores são decisivos. O espaço, a iluminação, a temperatura, a comunicação visual e a facilidade de visualização e alcance dos produtos pelos consumidores são fundamentais. Pode-se dizer que a ergonomia ocupa uma grande parte da preocupação do design, além dos outros componentes da imagem da empresa.

O sistema de sinalização na ergonomia

O sistema de sinalização no supermercado não é apenas uma questão de identidade visual, mas também de ergonomia. Ele exerce uma importante função informativa na orientação aos clientes e facilita a localização dos produtos, facilitando o fluxo dos compradores. A distribuição, o agrupamento e a disposição de mercadorias contribuem também para indicar a localização de produtos e são fatores facilitadores de visualização, manuseio e alcance pelos consumidores, oferecendo a eles rapidez, conforto, prazer e segurança. Portanto, não só o produto em si exerce a sua força de atração no consumidor, mas também todas as facilidades que favoreçem sua visualização, acesso e manuseio podem influir na vontade de compra do consumidor.

O planejamento completo e detalhado da setorização racional do supermercado, mais o dimensionamento, a localização e a disposição das gôndolas, *displays*, vitrinas, equipamentos, caixas e demais instalações, possibilita a fluida circulação dos funcionários e consumidores e facilita a visualização, o alcance e o manejo dos produtos. O ambiente comercial torna-se dinâmico e efetivo, com um processo interativo altamente funcional.

O design integrativo e estratégico não se limita aos grandes estabelecimentos. Mesmo para o pequeno ambiente doméstico ou o pequeno ambiente de trabalho, o design é capaz de proporcionar a permanência prazerosa e o exercício eficaz do trabalho, por meio do planejamento estratégico do espaço, da distribuição organizada e funcional de objetos, da ambientação adequada e da integração de diversos fatores e requisitos favoráveis.

A cozinha – exemplo de ambiente organizado

A cozinha – um dos bons exemplos – é um ambiente de trabalho que conjuga várias atividades com sequências de atos, as quais, para serem eficazes, necessitam de organização em todos os aspectos, prevista e possibilitada pelo projeto. O processo de uso de uma boa quantidade e diversidade de objetos exige que estes estejam dispostos conforme a sequência e frequência dos atos, das atividades e dos percursos. O acesso, o alcance, o deslocamento, a guarda, o armazenamento, o empilhamento, a limpeza e o manejo dos objetos devem ser facilitados pela organização e pelo agrupamento em diferentes planos e níveis configurados em bancadas, prateleiras, armários e outros equipamentos e móveis. Assim, os utensílios, equipamentos, móveis, espaços e demais fatores ambientais estão integrados de maneira que proporcionam uma boa interação do sistema total usuário-objeto-trabalho-ambiente. Uma boa organização funcional dos três elementos básicos – geladeira, bancada e fogão – em um esquema triangular, como uma "linha de produção" sequencial com distâncias reduzidas, facilita o trabalho na cozinha.

Organização funcional do ambiente

Nessa *organização funcional*, diversos critérios – o tamanho, o peso, o material, o tipo e a função dos objetos – são levados em consideração, segundo a sequência, a frequência e a duração das tarefas. É natural que objetos (na sua maioria, utensílios e aparelhos) mais usados devam estar em lugares de fácil alcance, mas alguns, conforme determinadas necessidades, precisem ser guardados com mais segurança ou agrupados para evitar a sua dispersão. Assim, os compartimentos fechados, como gavetas e armários, são destinados a essa função. A geladeira é um equipamento-mobília, um verdadeiro miniambiente que apresenta clara preocupação com a organização, a compactação e a conservação, a fim de guardar maior quantidade e variedade de alimentos em menor espaço possível e em condições "ambientais" adequadas, conforme o requisito básico – a facilidade de uso.

A *organização funcional* já é hoje um assunto estudado de modo sistemático, que tem o propósito de oferecer métodos às pessoas para racionalizar o processo de uso correto, ágil e seguro dos objetos, a fim de agilizar atividades ou trabalhos. Quando se trata de ambiente de trabalho, especialmente de tarefas que exigem muita precisão e segurança, a organização mais rígida torna-se imprescindível. Oficinas e laboratórios destinados às atividades de alta tecnologia, com ambientes altamente herméticos, são exemplos extremos de solução com alto grau de organização funcional de seus objetos. Diante do estudo sobre a organização funcional, torna-se fundamental o conhecimento da teoria do objeto, quanto a vários tópicos: semiótica do objeto, classificação em categorias, tipologia, características e qualidades, valores inerentes e funções intrínsecas e extrínsecas dos objetos.

Na organização dos planos e volumes, caracterizados principalmente pelo mobiliário e elementos arquitetônicos como paredes, desníveis, escadas e outros, o planejamento do ambiente prevê fatores facilitadores das condições de conforto: boa ventilação, boa acústica, boa visualização, boa comunicação, boa circulação – as exigidas pela ergonomia do ambiente.

A organização funcional é um assunto que deve ser especificamente enquadrado no conteúdo da ergonomia, com maior ênfase. Casos e situações reais em diferentes trabalhos e ambientes são muitos, os quais merecem estudos e pesquisas, cujos resultados poderão fornecer importantes informações ao design.

Processo de uso do produto

Figura 17.1. A qualidade maior de um produto utilitário é a praticidade, o que oferece ao usuário facilidade de uso, com conforto e segurança.

Entre o usuário e o produto adquirido se estabelece uma relação cujo grau de estreitamento pode variar conforme o grau de afinidade afetiva e de dependência real de uso que o usuário tem pelo produto. Não é raro que um objeto utilitário seja elevado ao *status* de objeto de estimação, valorado pelas suas qualidades implícitas e explícitas. Aquelas ligadas à história, à memória, à recordação, à simbologia, à emoção e ao sentimento são implícitas. Já as explícitas são apresentadas pela exterioridade do objeto, que atinge diretamente os sentidos básicos de tato e visão do usuário.

As qualidades prático-funcionais são, muitas vezes, exteriorizadas por meio da aparência do produto, com formas, materiais e outros componentes que são capazes de elevar a credibilidade e estimular o fascínio do usuário. Da preferência, pela praticidade e pela funcionalidade até a valoração do objeto ao nível de veneração, há um *processo de uso*, que merece o estudo sistemático para a compreensão de diversos fenômenos e das questões multidisciplinares do design. Como o usuário e o seu objeto interagem? Como o usuário usa e usufrui o seu objeto? Como um produto eminentemente utilitário pode se tornar um objeto de apreciação e de alto valor simbólico? Como um objeto entra na fase de desuso e qual o seu destino? Essas perguntas nos estimulam à reflexão sobre o design, sobre a produção, sobre a sociedade, sobre a cultura, sobre impactos ambientais e uma série de questões que remetem ao design.

Ao escolher um objeto, as pessoas dão preferência, em boa parte, àquele que tenha sua praticidade claramente oferecida. Essa praticidade é normalmente apresentada visualmente ao consumidor por meio de uma aparência do objeto que transmita confiabilidade, antes mesmo do seu uso.

Facilidade, satisfação, conforto e segurança

Em situações normais, o usuário se relaciona com seus objetos utilitários de modo pragmático. Ele depende dos objetos para atender às suas necessidades nas diversas atividades do dia a dia. Ele os usa e usufrui suas funções de modo que o deixem satisfeito. A interação permanece no nível prático e funcional. As pessoas buscam facilidade, satisfação, conforto e segurança nos objetos em torno delas e nos ambientes onde elas vivem e trabalham. De modo geral, esses objetos inanimados são tratados como "descartáveis", porque são utilitários que, com vida útil predefinida pela indústria, sofrem de descarte. Ainda assim, muitos objetos, por terem eminentes qualidades estéticas ou artísticas, emanam signos que despertam emoção e sentimento, que são motivos pelos quais seus donos os tratam com certo carinho, conservando-os e protegendo-os de algum modo. Embora haja casos contrários, o comportamento humano em relação aos seus objetos, em boa parte, baseia-se também no afeto.

A eficácia oferecida pelos objetos utilitários

Nas atividades cotidianas ou no trabalho, o usuário interage com os objetos utilitários – utensílios, aparelhos, equipamentos e máquinas – de modo a, por meio deles, cumprir suas tarefas com eficácia. Mesmo no lazer, no descanso e no repouso, os objetos devem oferecer eficácia no seu desempenho. O requisito primordial de um bom objeto é a sua função utilitária eficaz. Tal função pode ser otimizada por meio do design, somando-se todos os requisitos básicos de uso (conforto; segurança; facilidades de uso, de manuseio, de controle, de manutenção e de limpeza) atendidos por completo. As boas relações interativas baseiam-se nos três grandes critérios ou objetivos de interação: o conforto, a segurança e a produtividade (ou a efetividade).

O conforto no contato físico e visual

O conforto é oferecido pelo objeto por meio da soma de todas as suas características, seja na forma (a configuração tridimensional e a apresentação visual) ou na função. No processo de uso, o usuário mantém, direta ou indiretamente,

Figura 17.2. Poltrona de grande formabilidade e ajustabilidade ao corpo oferece um prazeroso conforto de maciez
no descanso ao seu usuário.

dois tipos de contato com o objeto – o contato físico e o visual. No contato visual, a estética e o valor comunicativo, estabelecidos pelos elementos visuais, podem proporcionar diferentes graus de conforto[35], dependendo do fator psicológico exercido no usuário. Embora, em parte, a aparência visual ofereça o conforto visual, as características formais que diretamente influenciam na percepção tátil responsabilizam-se, enfaticamente, pela sensação de conforto. Nesse caso, a textura física percebida pelo tato, por mais sutil que seja, pode influir nessa sensação. Cada material usado no produto oferece texturas próprias ao tato do usuário, fazendo-o sentir a temperatura, a aderência, a condutividade de energia e a consistência. No entanto, a conformação do objeto é decisiva no atendimento ao requisito conforto. O formato e as dimensões, do geral e dos detalhes do objeto, que se adaptem às partes do corpo do usuário em contato com o objeto durante o uso, são fundamentais para o requisito conforto.

No design do mobiliário, nas décadas de 1960 e 1970, os materiais de grande formabilidade e ajustabilidade – expandidos celulares flexíveis, principalmente o poliuretano – ofereciam um tipo de conforto doméstico, com "poltronas" de maciez quase total, entendido como algo fofo para descansar. A noção do conforto, no senso comum, não serve ao designer. O conforto eficaz só pode ser conseguido quando o visual, o material e a forma se adaptam ao usuário em determinada atividade, em determinado ambiente, garantindo a eficácia da atividade. O design deve buscar, basicamente, uma correspondência harmoniosa entre a conformação do objeto e as características físicas e psicológicas do usuário, quando o conforto é considerado como um dos fatores principais, apesar de que, em diversas criações com ênfase na aparência visual, nem sempre o é.

O conforto é relativo à atividade

Na ergonomia, estudamos a questão de conforto não apenas em situações nas quais existe o contato físico e visual, mas em atividades caracterizadas pelos movimentos constantes, repetitivos e que exigem esforços físicos, mentais, atenção, precisão, riscos de acidentes. Até que ponto o conforto é adequado em uma

35 Ao considerar o conforto como um dos grandes critérios da ergonomia, o qual remete aos estados perceptivos e psicológicos de comodidade, conchego e alívio, não se devem subestimar os critérios intimamente ligados à estética e à comunicação, como o prazer e o estímulo (táteis, visuais e informativos). Estas sensações podem também, de certa maneira, animar a interação positiva no sistema usuário-objeto-atividade-ambiente.

determinada atividade? Esta é uma questão importante, porque, para cada tipo de atividade, há um tipo e um grau de conforto. O conforto é relativo à atividade. Portanto, o conforto pode ser estudado em vários aspectos: o físico, o fisiológico, o psicológico e o visual.

A segurança do usuário

Todo produto deve oferecer segurança ao seu usuário. A garantia da integridade física e mental do usuário prevalece sobre quaisquer outros requisitos no processo de projeto. A segurança pode ser garantida por diversos meios: materiais adequados, estrutura estável e detalhes para prevenção de acidentes. Exemplos de situações de perigos, acidentes e riscos em relação ao uso dos produtos são muitos. São comuns os acidentes provocados por ruptura devido à fragilidade de materiais ou de estrutura, por detalhes cortantes, como pontas e quinas, e por falhas mecânicas, elétricas, pisos escorregadios, entre outros.

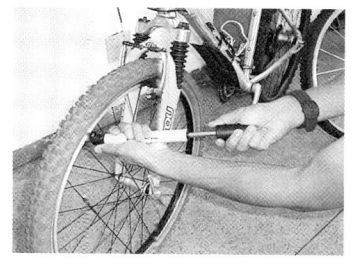

Figura 17.3. Aparelhos ou ferramentas precisam ser concebidos de maneira que possam oferecer a praticidade, o conforto e a segurança ao usuário. A segurança, no sentido de não provocar acidentes, deve ser primeiramente considerada.

Há objetos que provocam, a médio ou longo prazo, problemas de saúde devido ao inadequado dimensionamento de suas partes essenciais. O design falho na ergonomia é capaz de prejudicar muita gente com adaptação forçada do seu corpo às dimensões e posições erroneamente definidas, causando sérios problemas à saúde. Devemos, por outro lado, orientar o usuário para que cuide de suas posturas ao usar seus objetos, principalmente nas atividades que exigem longa duração de tempo e grande frequência. O usuário precisa estar consciente de que, para cada atividade, há o seu adequado objeto de uso e o modo correto de usá-lo. Especialmente quando se trata do mobiliário, o conforto, às vezes, torna-se um convite a posturas inadequadas.

A simplicidade do manejo e controle, ou melhor, a praticidade, é outro requisito que, além de contribuir para a garantia do conforto e da segurança, assegura a produtividade ou a efetividade do trabalho. A praticidade, por sua vez, é garantida pela boa solução ergonômica do produto. O design de produtos, principalmente de aparelhos, equipamentos e máquinas, tendo aquele requisito como base, deve levar em consideração, para cada atividade destinada, as diferentes ações, a sequência e frequência das ações e das posturas, a intensidade da força, o esforço físico e mental e a precisão das ações.

Desuso, descarte e reaproveitamento

Em produtos industriais de consumo, a obsolescência é planejada pelo fabricante. A vida útil desses produtos está cada vez mais curta devido à necessidade de manter a alta rotatividade de reposição de novas mercadorias e novos modelos, estratégia típica das empresas da economia de mercado. Além disso, muitos produtos, como aparelhos eletrodomésticos, entram na fase de descarte por ter um pequeno componente avariado, de difícil reposição, e não exatamente por causa da troca de modelo. Em parte, o design tem responsabilidade por esse tipo de problema.

Na indústria automobilística, o resenho periódico de alguns detalhes secundários para sugerir um modelo melhorado é outra estratégia comercial para criar a sensação da obsolescência psicológica. Ocorre com frequência, na estilização de um modelo de carro, uma mudança na forma dos faróis, da grade frontal ou de alguns detalhes formais, mesmo que ela não se relacione com o desempenho do carro. Essa prática mais exagerada em outros produtos, com objetivo exclusivamente comercial, trilha na linha de *styling* design, que frequentemente encurta a vida útil do produto, gerando a obsolescência real, contribuindo para acelerar o ritmo de consumo e, por conseguinte, agravando os problemas sociais e ambientais.

A valorização do objeto obsoleto

Quando um objeto apresenta determinado valor estético ou simbólico, mesmo na fase de obsolescência, ele pode ter um destino feliz – ser preservado, com seu *status* elevado ao nível de peça de recordação, exposição ou coleção. Esse produto de qualidades reconhecidas e valorizadas pelo seu usuário, normalmente desperta certo "sentimento" de afinidade e carinho, que, por sua vez, exige certa atenção no uso e na conservação dele. É assim que esse tipo de produto, que recebe carinho especial, pode ter a sua vida muito mais longa do que o outro. A função estética e a prática variam de peso de acordo com a intenção do designer ou da empresa fabricante. Porém, a simbólica é quase sempre não intencional, por ser gerada pela emoção e pelos motivos especiais, tanto de cunho pessoal como de cunho coletivo e cultural, muito ligados aos fenômenos psicológicos, de afeto e de posse, em relação àquilo que se tornou uma raridade, um sobrevivente, ou melhor, uma relíquia.

Objetos de coleção e a função simbólica

Fazer coleção é outro fenômeno típico de valoração de objetos de marcante função simbólica, extremamente ligada à memória, se não à ostentação de uma imagem peculiar do próprio colecionador. O objeto de coleção já é "privado de função ou abstraído de seu uso, toma um estatuto estritamente subjetivo" (BAUDRILLARD, 1968). Na verdade, estão em destaque os signos carregados no objeto como elementos eloquentes contadores de história. Um objeto em desuso, sem a sua função original, quando ocupa um lugar de destaque, é porque é valorado como testemunho ou uma espécie de registro de fatos passados. O objeto antigo de coleção já está privado de denominação ligada à sua função original. É "objeto-paixão", com significados gerados pela nostalgia, pela obsessão pela autenticidade e pelo sentimento de posse.

O objeto de coleção goza de cuidados especiais, e, mesmo quando sofre eventuais estragos, a sua integridade é garantida pela restauração. Nesse caso, o objeto tem a data de sua obsolescência prorrogada e indeterminadamente desconhecida. Com a sua nova função, não mais a utilitária, ele deve ser, ainda assim, discutido no estudo do processo de uso.

O descarte do objeto e o meio ambiente

Em relação ao objeto utilitário comum, o usuário procura manter e prolongar a sua vida útil com limpeza e manutenção. Mas a grande maioria de objetos, devido ao envelhecimento ou à degradação, chega rapidamente a um destino: o descarte. Alguns objetos podem ser recuperados ou reaproveitados de alguma maneira. O desuso do objeto comum, por perda da sua função utilitária, espera uma solução apropriada pelo usuário, que, normalmente, recorre ao abandono. O simples abandono ou desligamento completo significa a geração do lixo e dos poluentes ambientais. Esse grave problema do mundo industrial e da sociedade de consumo precisa encontrar urgentemente soluções eficientes. O design pode e deve contribuir para reduzir o índice de poluição e do nível de estrago do nosso meio ambiente.

Figura 17.4. A preocupação com a reciclagem de materiais descartados em lixeiras é hoje geral nas cidades. A separação de diferentes tipos de lixo passa a fazer parte da consciência da população.

O ecodesign: design verde (*green design*)

O ecodesign, com suas premissas básicas e sua preocupação com a reciclagem, a reutilização, o reaproveitamento, o reprocessamento e a regeneração de materiais e produtos, esforça-se para contribuir para a preservação do meio ambiente. As premissas do ecodesign enfatizam o processo de concepção e produção de novos objetos, usando métodos e princípios que possam garantir a sustentabilidade: mínimo consumo de energia, menor consumo de material, uso de materiais recicláveis e renováveis, aumento da vida útil de produtos e aumento da reciclabilidade.

O design consciente e responsável

Embora o design de produto supervalorize a fisionomia do produto, o bom resultado depende do designer, que é capaz de conceber objetos que atendam aos requisitos de uso, consciente da sua responsabilidade pela sociedade e pelo meio ambiente, prestigiando a produção de produtos fáceis de montar, desmontar, preservar e, principalmente, usar. O designer deve também ter a capacidade de antever possíveis falhas, a fim de evitá-las, já durante o processo de projeto, recorrendo à ergonomia que se preocupa com o modo pelo qual um objeto, desde o mais simples objeto doméstico até o sistema tecnologicamente mais avançado, comporta-se nas mãos do seu usuário. Portanto, as reflexões baseadas na análise do processo de uso do produto devem ser encorajadas em função do design consciente, responsável, liberto da superficialidade e de apelações inconsistentes. Por meio das reflexões sobre o processo de uso do produto, podemos concluir que, na busca de um mundo melhor, os objetos devem ser concebidos para atender às necessidades reais de uso; o design é básico para todas as atividades humanas; o design integrativo e integrado é interdisciplinar, compreensivo, antecipatório, responsável e eficaz.

18
Metodologia
do projeto

Projeto, planejamento, processo, metodologia

Toda atividade de determinado grau de complexidade exige ser realizada por meio de um processo sistemático. Entendemos a atividade como uma sequência de ações, passos, operações e etapas, as quais possibilitam que uma tarefa ou um trabalho se concretize. Quando a atividade apresenta uma complexidade muito grande, ela exige ainda um plano de execução – um planejamento – para garantir que o seu resultado seja positivo. O sucesso da atividade depende de um planejamento bem-elaborado, articulado, com objetivo claramente estabelecido, prevenindo falhas e prevendo um bom resultado. Para que isso seja possível, é necessário que os dados e informações básicos relacionados à atividade sejam lembrados e utilizados; a sequência das ações seja definida; os elementos e fatores sejam considerados e os métodos, técnicas e recursos disponíveis sejam optados e aplicados.

Figura 18.1. Professoras fazem comentários durante a apresentação do projeto pelos alunos, no Curso de Design da PUC-GO, 2013.

Para compreendermos a metodologia do projeto propriamente dita, é bom antes entendermos como funciona o planejamento de uma atividade (da nossa vida cotidiana) que tem similaridade com o planejamento em design, ou melhor, projeto em design, o qual pede processo, métodos, técnicas e recursos. O projeto depende de um processo, em etapas e passos de ações, com aplicação de métodos, técnicas e informações. É um trabalho de planejamento.

O planejamento da atividade

Muitos exemplos de eventos podem explicar a importância do planejamento e do processo que os fazem acontecer conforme o que as pessoas desejam. Os fracassos e sucessos dependem da exatidão do planejamento e, claro, da execução das ações sequenciais durante o processo. Um grande banquete, por exemplo, diferente de um jantar diário, precisa de um planejamento para que dê certo, porque o seu sucesso depende de muitos fatores, envolvendo tipos e quantidade de materiais, a arte culinária e as condições do ambiente. A festa de casamento, a excursão, a aventura, a expedição, a formatura e muitos outros eventos normalmente são planejados com certo grau de atenção para se evitarem falhas.

Os dados e informações básicos

O planejamento é a criação de um plano que, quando apresenta um alto grau de complexidade, exige elaboração de um projeto, a fim de alcançar um determinado objetivo. Um planejamento de grande âmbito, nacional por exemplo, pode ter até três níveis – estratégico, tático e operacional; já o planejamento de uma atividade ou um evento foca normalmente no nível operacional. Assim, para que um plano de uma atividade ou um evento seja efetivo, o planejamento exige que, primeiramente, todos os dados e informações referentes a eles sejam coletados, organizados e esquematizados de modo sucinto, claro e objetivo. Seja para qual atividade – uma grande festa, uma viagem longa, uma expedição na Floresta Amazônica, por exemplo – o planejamento precisa das informações básicas referentes. E essas informações podem ser obtidas quando responderem às seguintes perguntas.

– Quantas pessoas vão participar?
– Quem serão os participantes? (condições, critérios etc.)
– Quando será?
– Onde será?
– Como será?
– Qual o custo estimado?
– Qual será o roteiro?
– Quais são as características, particularidades, peculiaridades etc.?
– Qual a duração?
– Em que datas?
– O que terá que ser preparado? (compras, coletar materiais, providenciar documentos etc.)

- O que será feito? (patrocínio, divulgação, ingressos, cartazes etc.)
- Que equipamentos serão usados? (máquinas, aparelhos, utensílios, máquina fotográfica, filmadora, *laptop* etc.)
- Quais materiais serão necessários? (cadernos, livros, mapas, caneta etc.)
- Que procedimento (etapas)?
- Quais são as prioridades?
- Que métodos poderão ser usados? (para ganhar apoios, economizar, reduzir dificuldades, aumentar a segurança etc.)
- Que técnicas poderão ser usadas? (rifar uma obra de arte, cantar e dançar, dormir em trens, andar em grupo etc.)

Os dados e as informações estão inter-relacionados, pois uma influi na outra e há sempre uma relação de influência, implicação, de ação e reação, de causa e efeito, de combinação e de concordância. E cada informação importante é capaz de gerar consequências, definindo o rumo das ações e do resultado da realização de uma atividade ou um evento.

Já deu para perceber que o planejamento de um evento não é tão simples assim. Se o planejamento de uma atividade complexa da vida cotidiana ou um evento exige tantos dados e informações, o projeto em design, que se encontra em condições muito mais complexas, só é possível quando se faz baseando-se em uma grande quantidade de dados e informações e recorrendo a diversos métodos, técnicas e recursos específicos conforme diferentes objetivos, momentos e situações.

A importância da metodologia

O trabalho do designer difere das atividades eminentemente intuitivas do artista. Difere do trabalho do cientista, que busca a certeza comprovada das hipóteses e difere, em vários aspectos, da tarefa do engenheiro, que procura a solução tecnológica para os problemas. O designer depende da inspiração, da intuição e fundamentalmente da criatividade. Ele deve apoiar-se na atividade de projetar, pois design também se entende por projeto ou projetação, que significa exatamente "atividade de projetar". O projeto é necessário devido à complexa problemática do design, que interliga a arte, a ciência e a tecnologia. A arte diz respeito à expressão artística, da estética e à comunicação visual. A ciência exige o pensar nos âmbitos das ciências humanas e exatas. A tecnologia abrange o uso de instrumentos, máquinas, materiais e produção. Das complexas inter-relações entre esses três contextos – a arte, a ciência e a tecnologia – nasce a necessidade do planejamento, do projeto, portanto, do processo e, enfim, dos métodos, técnicas e recursos específicos para possibilitar o trabalho do designer. Portanto, a metodologia de projeto torna-se um importante e imprescindível guia para nos orientar nessa etapa.

Design para criar soluções

O termo *solução de problema* (*problem solving*) aparece nos conceitos de design frequentemente como a principal finalidade do design. Isto é, o design ocupa-se da criação de soluções aos problemas. Para que o significado seja corretamente entendido, é necessário, primeiramente, saber o que a palavra *problema* quer dizer, especificamente, no campo de design. De modo geral, um problema é entendido popularmente como algo que apresenta erro ou equívoco e que espera uma solução ou resposta. No entanto, no design, um *problema* pode ser também algo que solicite uma diferença para se tornar melhor. Isto é, se você exerce direta e criticamente uma atividade projetual a fim de criar algo para melhorar a qualidade de vida das pessoas, você está ativamente envolvido na solução de problema. Em resumo, um problema pode ser, num sentido, algo que nos incomoda e, em outro sentido, uma oportunidade de manifestação e produção.

O problema como uma ideia pressuposta

A população, enquanto busca uma boa qualidade de vida, exige que as suas necessidades sejam atendidas e, enquanto ela nunca se satisfaz plenamente, novas necessidades surgem. Falhas, defeitos, ineficiência, incoerência, inexistência e até insatisfação no aspecto psicológico que se manifestam na vida da população como todos os tipos de necessidades (materiais e psicológicas), que, por sua vez, constituem os problemas conflitantes na vida das pessoas. Não só usuários precisam de novos modelos de produtos para atender às suas necessidades. O designer também tem a necessidade de criar novos conceitos e ideias pelo próprio instinto criador. Assim, um problema pode nascer tanto de uma situação de desajuste ou, simplesmente, de uma situação de estímulo, que gera no designer uma vontade, um desejo ou uma aspiração, que induz a nossa curiosidade e, consequentemente, a nossa intervenção e cujo resultado, no nível de projetação, manifesta-se em forma de produtos: objetos, mobiliários, ambientes, edificações etc. Assim, por exemplo, propor um novo produto, mesmo com fins comerciais, é uma ideia pressuposta, uma proposta teórica – um conceito – que é um problema estabelecido, com objetivos bem-definidos, esperando que você dê uma solução – a configuração do produto que será colocado no mercado.

A organização dos dados

Como iniciar, desenvolver e finalizar um projeto correta e satisfatoriamente é uma tarefa que exige basicamente um processo de raciocínio e exteriorização de ideias, muitas vezes árduo e complexo. E devido à grande complexidade de fatores condicionantes correlacionados do problema, somos obrigados a organizar os dados e informações, necessários para serem utilizados de melhor forma, a fim de aperfeiçoar um projeto. Da análise de uma situação, passando por definição do problema, até chegar ao resultado, todo o processo exige uma metodologia que reúna diversos métodos, recursos e técnicas específicos, ora isolados, ora combinados, dependendo de cada momento e situação, para tornar o processo eficiente. Perante os problemas de design cada vez mais complexos, diversos métodos são solicitados para subsidiar o projeto. Da coleta e organização dos dados e informações à aplicação dos métodos, o processo se efetua sistematicamente orientado por uma metodologia de projeto.

A metodologia flexível e recorrente

O que é metodologia do projeto? *Metodologia* pode ser entendida como um conjunto de métodos, princípios, técnicas, recursos e processos aplicados para determinados fins. No nosso caso, a metodologia é para o projeto (design). Desse modo, a metodologia do projeto (ou a metodologia do design) propõe um processo constituído por etapas (fases), operações, passos, sugerindo métodos, técnicas e recursos para possibilitar o desenvolvimento do projeto. Portanto, ela é uma guia ou instrução que te orienta a fazer o projeto. Lembre-se de que ela não é uma receita, mas um conjunto de sugestões e passos de ações recorrentes.

A metodologia em diferentes modelos

A metodologia de projeto tornou-se um objeto de estudo, de reflexão e de apoio de grande importância para o designer. Dos primeiros estudos sobre a metodologia, na década de 1960, por Christopher Alexander[36] até hoje, há diversas

36 Christopher Alexander (1964), um dos pais da metodologia de design, formulou quatro argumentos a favor da necessidade de adotar o método no processo projetual: as dificuldades que surgem no projeto, a quantidade de informações necessárias, o aumento da quantidade de problemas e a constante mudança de tipos de problemas.

explicações, interpretações e reformulações, definidas em vários modelos, incluindo aquele que tenta adaptá-la às necessidades previstas ao futuro.

Christopher Alexander adotava o racionalismo no design, centrando na problemática da forma e do contexto, enquanto Gui Bonsiepe, na Escola Superior de Design de Ulm, distanciou-se do design artístico, caracteristicamente de formação "bauhausiana", e experimentava um interesse especial pela relação entre ciência e design, enfatizando o aproveitamento de conhecimentos e procedimentos científicos no trabalho projetual.

Se a própria metodologia "racionalista" propõe que as etapas e os passos no processo de design sejam recorrentes e flexíveis, entendemos que não existe uma metodologia única, pois ela mesma propõe diversos métodos, disponíveis para diferentes situações. Embora essa linha seja altamente recomendada por ter todas as informações claramente expostas e analisadas, conforme a natureza e objetivo do problema, cada designer deve aplicar conscientemente aquela que bem convenha a ele em diversos aspectos individuais: pensamentos, visões pessoais, gostos pessoais, personalidade, talento e domínio de técnicas.

A solução do problema. Que problema?

Ao fazermos um projeto, pretendemos solucionar um problema que, geralmente, pode se apresentar como um dos diversos tipos de situação conflitante, como: falha, incoerência, incompatibilidade, insuficiência, ineficácia, insatisfação, insaciabilidade e inexistência. Um problema também pode ser um desafio em inovação tecnológica ou até a tentativa de conquista de novos mercados. Estes, somados aos outros condicionantes, devem ser analisados adequadamente, objetivando a formulação de um programa que possa expressar todas as exigências, necessidades e aspirações primordiais do designer e, principalmente, do usuário.

Cada situação, cada tipo de intervenção

Cada situação evidentemente exige uma determinada modalidade de intervenção projetual. Para corrigir falha ou ineficácia, exige-se do projeto a correção; para incompatibilidade apresentada, a busca de adaptação e ajuste é necessária; a inexistência de determinadas funções em produtos ou mesmo de produtos para determinadas funções exige a criação ou invenção de um novo produto e, quando há insatisfação, principalmente, em relação às necessidades psicológicas, estéticas e emocionais, a inovação fica como uma exigência primordial da intervenção projetual.

A problematização em contextos

O problema nasce de uma necessidade. Podemos dizer que, de certo modo, a necessidade é o próprio problema. Esse problema espera encontrar uma solução a fim de suprir a necessidade. No processo de design, o problema é ainda entendido como um assunto, uma ideia, um pensamento, ainda aberto, que espera passar por questionamento, reflexão, pesquisa e investigação, para, finalmente, apresentar um conceito. As ações de questionamento e reflexão constituem exatamente a tarefa de *problematização* na primeira etapa do projeto. E, para isso, a contextualização torna-se necessária. Para qualquer questionamento sobre uma situação ou um problema, devemos colocá-lo em diversos contextos atuais, como o cultural, o social e o econômico, para entender como as questões estão colocadas na realidade atual, na conjuntura atual.

O design criativo e inovador

De fato, a busca de inovação é, muitas vezes, o critério básico do design, que prioriza a concepção de produtos diferenciados, especiais ou inusitados. O fato de que o designer criativo demonstra sempre vontade de criar novos produtos com funções já oferecidas pelos existentes, acrescentando-lhes apenas novas soluções estéticas ou visuais, comprova que nele há estímulos emocionais e inspirações motivadoras. Nesse caso, o problema que espera solução não reside na situação de desajustes e na inexistência de necessidades reais, mas sim, na aspiração pessoal e na insaciabilidade humana em relação às coisas novas. Assim, o problema é também a ideia que é levantada e proposta para ser desenvolvida e que espera uma solução. Essa ideia no processo de design é chamada de *conceito*. Portanto, o conceito proposto, antes de se tornar um resultado concreto, é um problema e, quando se configura como resultado, transforma-se em uma solução. Muitos alunos de design têm dificuldade de entender o significado do termo *conceito*. Quando são solicitados para apresentarem o conceito do projeto, demonstram dificuldades por não saberem exatamente do que se trata. Em poucas palavras, podemos definir o *conceito* da seguinte forma: uma boa ideia, prevista para dar certo quando se tornar uma solução como resultado concreto. No design, uma boa ideia é aquela que está propensa a chegar a um resultado criativo, inovador, bem-sucedido.

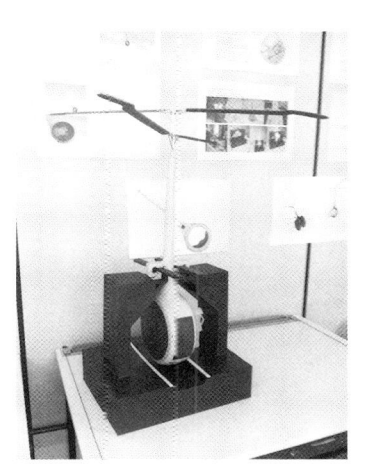

Figura 18 2. A busca da inovação no trabalho acadêmico – projeto de um veículo do futuro. Design de Lúcio José Patrocínio Filho, do Curso de Design da PUC-GO, 2013

O conceito: a ideia específica pretendida

O designer tem, muitas vezes, a vontade de criar algo novo, um novo produto, um produto inusitado ou mesmo diferente de outros existentes, porque está na sua mente uma ideia muito boa, embora ainda no nível teórico. Essa ideia é uma suposição, pretendida, mas pode vir a ser um conceito – concepção básica para solucionar o problema. Neste caso, a vontade de concretizar a sua ideia, em si, já é uma necessidade. A ideia é levantada quando já há uma necessidade; portanto, um problema só nasce de uma necessidade. No entanto, como designers criativos, nós precisamos ter a consciência de que existem as necessidades imediatas e também existirão as do futuro mais próximo e do futuro longínquo. Usemos um exemplo para explicar isso. Leonardo da Vinci, baseado no sonho do ser humano daquela época de poder voar como pássaro, teve a ideia de criar uma máquina voadora. Esse desejo ou sonho de voar, na verdade, é uma necessidade do homem, embora não fosse das mais urgentes da vida cotidiana. Ele partiu de vários conceitos: o das asas que imitam as do pássaro e do morcego. Mas as máquinas voadoras que ele criou no nível de esboços limitaram-se à imitação da estrutura e do movimento daqueles animais, carecendo de conhecimentos mais avançados que só surgiram com as tecnologias modernas. No entanto, esse foi um dos grandes méritos de Leonardo da Vinci na história do design, justamente por ser o precursor do design criativo, fundamentado na observação dos fenômenos e seres naturais.

Jules Verne (1828-1905), o escritor visionário francês, escreveu mais de 100 livros com fantásticas e imaginativas histórias de ficção científica, que "previram" criações, inventos, descobertas, tecnologias e acontecimentos do seu futuro e muitos deles se tornaram realidade até um século depois, surpreendentemente certeiros. Exemplos são muitos: a chegada do homem à Lua, módulo lunar, submarinos, escafandro, satélite artificial, velas solares, máquina voadora, tanque de guerra, até computador, internet e videoconferência e muitos mais.

Ele escreveu sobre as maravilhas científicas do futuro com uma riqueza de detalhes em vários de seus livros, como *Vinte mil léguas submarinas, Cinco semanas em um balão, Viagem ao centro da Terra, A volta ao mundo em oitenta dias, Os quinhentos milhões da Begum, A casa a vapor, Paris no século XX, A Ilha de Hélice, As viagens e aventuras do capitão Hatteras, Da Terra à Lua,* entre muitos outros. Essas maravilhas foram ricamente interpretadas também em imagens pelos ilustradores dos seus livros, traduzidos e publicados em dezenas de línguas no mundo todo.

Uma das frases mais notáveis de Jules Verne é "Tudo o que alguém é capaz de imaginar, outro homem pode fazer", e ele foi um autor que presenciou a realização de muitas de suas fantasias. Embora ele não fosse um designer, teve grandes contribuições para gerar conceitos das explorações e pesquisas posteriores. Essa frase pode nos dar uma dica – em design, podemos também prever o futuro.

Conceitos bons para hoje e o futuro

Uma boa ideia que espera ser concretizada – gerando um bom conceito – pode resultar em três possibilidades: projeto que gera o produto para atender à necessidade imediata; projeto que possibilita gerar o produto para o futuro próximo; e projeto que propõe a criação do produto destinado ao futuro com uma antevisão precoce – ficção científica. A humanidade tem a necessidade de pensar no futuro e se preparar para o futuro e já está fazendo isso, no pensamento e na prática. Seja pela sobrevivência, seja pela melhoria da vida, seja mesmo pelo comércio, muitos cientistas, engenheiros, pesquisadores, arquitetos e designers estão trabalhando também para o futuro. Assim, propostas como carros-conceito e outros produtos e máquinas são apresentados anualmente em grandes exposições, prevendo o uso efetivo da nova tecnologia possível e do novo produto no futuro próximo.

O bom conceito – a ideia certeira

O bom conceito é aquela ideia certeira (para necessidades imediatas, de agora, de hoje), provável (para o futuro próximo) ou possível (para o futuro longínquo), mas que é convincente, criativa, inovadora ou mesmo inventiva. É evidente que as necessidades atuais são mais urgentes e o design para elas é mais fácil por ter conhecimentos e informações de acesso mais fácil.

O bom conceito é aquele que propõe, explica, justifica e convence. É aquele que se fundamenta em razões ou motivos, teóricos ou não, justificáveis. É aquele que seja factível ou possível, e não uma proposta apenas fantasiosa, no sentido de sua inaplicabilidade. O conceito deve partir de um problema ou um propósito significativo ou relevante, senão ele virá a ser injustificável e inconvincente.

Processo de projeto e a metodologia

O projeto não se inicia da geração de ideias, mas sim da compreensão sobre o problema e, para isso, uma boa pesquisa ou investigação é essencialmente importante a fim de, por meio dela, conhecer as reais necessidades. A concepção de ideias se fundamenta nas necessidades detectadas, que são registradas por escrito, em forma resumida – sumário – chamado de *brief* (ou *briefing*), e se liberta apoiando na intuição criadora, percepção, sensibilidade, sentimento, experiência visual e estética do designer. Em outras palavras, a projetação se efetua fundamentada no conhecimento e na criatividade ao mesmo tempo.

A experimentação e o pensar-fazer

Constantes verificação e correção são feitas durante todo o processo projetual. Da representação de ideias até a definição final do produto, a experimentação é fundamental em diversos aspectos: técnico, material, formal, estrutural, prático e estético. A experimentação, com materiais e modelos exploratórios, possibilita-nos encontrar ideias inesperadas e, assim, torna-se um modo de encontrar ideias surpreendentes. Podemos resumir o processo basicamente em duas palavras: o *pensar* e o *fazer*. O *pensar* precisa de dados, informações e conhecimentos. O *fazer* exige técnicas, habilidades e a criatividade, embora ainda possamos resumir essas duas palavras em apenas o *pensar-fazer*, que é um processo criativo e de aprendizagem, efetivo para o design.

Diante da grande diversidade e complexidade de técnicas operacionais e metodológicas do design e da produção industrial, das questões de marketing e das exigências ergonômicas do objeto utilitário (especialmente de máquinas e equipamentos), a metodologia de projeto torna-se substancial para possibilitar a realização mais consciente, sistemática e objetiva do processo projetual. Metodologia deve ser entendida como um conjunto de instruções, métodos, técnicas e recursos específicos que possam ser aplicados conforme o caráter do projeto.

A linha racionalista e a da "caixa-preta"

Vários teóricos da metodologia e designers discutiram e propuseram metodologias e teorias consideradas racionalistas, da linha da "caixa de vidro", que se opõem às teorias definidas como da "caixa-preta", defensoras da visão repentina, intuitiva, e do subconsciente. O método racionalista dá ênfase à análise e definição do problema e à sua solução, esse já previamente conhecido segundo critérios pré-estabelecidos (de acordo com as necessidades detectadas).

A metodologia experimentalista

Na prática, há também a metodologia experimentalista, na qual o designer privilegia o processo experimental sem que antes leve em consideração dados, critérios e até objetivos definidos. Nessa linha, os produtos podem ser configurados de modo imprevisto e apresentar acertos e erros conforme, muitas vezes, a própria sorte.

Certos produtos de sucesso, desenvolvidos em processo puramente experimental, às vezes se transformam em quase obras de arte, com qualidades enfaticamente estético-visuais e perdem a qualidade nos aspectos de uso e de sustentabilidade.

Muitos se tornam produtos fúteis, supérfluos, chegando ao nível do *kitsch* "chique", embora tenham o direito de existir. Ouvem-se pessoas perguntando se determinados móveis, vistos em revistas e exposições, são resultados de design ou são obras de arte.

A metodologia acadêmica

A metodologia proposta pelo designer Gui Bonsiepe – da linha racionalista[37] –, academicamente mais adequada ao ensino de design, apresenta a estruturação da atividade projetual com três objetivos principais: determinar a sequência das ações (quando operar); determinar o conteúdo das ações (o que operar); e definir os procedimentos e técnicas específicas (como operar). Os métodos e técnicas específicos apresentados e recomendados por essa metodologia são amplamente assimilados no ensino de design.

A sequência das ações estabelece as etapas, as operações em cada etapa e os passos em cada operação. Em cada ação, o designer precisa saber o que exatamente deve fazer e como proceder para efetuá-la de modo adequado, dando prosseguimento à sequência do processo. Como proceder é uma questão de conhecer e saber usar determinado método para atingir um objetivo específico.

Para facilitar a assimilação e o entendimento do processo de projetação e do conteúdo abordado, apresentamos aqui um método baseado na metodologia proposta por Bonsiepe, reformulada de acordo com o nível de aprendizagem dos alunos principiantes, favorecendo um melhor aproveitamento didático. É importante, porém, que se considere o método como um conjunto de recomendações, e não uma receita pronta.

O método de análise-síntese

Pelo fato de existir um caráter análogo entre o processo projetual e o processo de investigação científica, sugere-se que entendamos o processo projetual também como um *método de análise-síntese*, igualmente válido para outros exercícios de caráter projetual. De modo geral, um método de análise-síntese consiste em procedimento de uma sequência de ações, como: *observar, analisar, descrever, examinar, descobrir, explicar, concluir, interpretar, abstrair, aplicar, experimentar, recriar* e

---

37 Chamada de linha racionalista aqui por sua orientação completamente lógica, transparente, explícita e flexível quanto ao processo, contando com fases, operações, métodos, técnicas e recursos claramente pensados.

criar. A análise consiste em trabalho de observar, investigar e conhecer uma realidade, ao passo que a síntese se resume em atividades de configurar um resultado de maneira satisfatória e convincente.

O trabalho experimental e exploratório

Embora haja uma sequência em um processo, a flexibilidade e a recorrência de etapas, operações, passos e ações são recomendadas ao projeto porque se exige que o processo seja flexível e não rígido e absoluto. Dependendo da situação, determinados passos ou ações podem ser mais extensos e intensos. A fase da geração e incubação de ideias particularmente é a mais empolgante e a que exige mais flexibilidade de pensar e fazer.

É importante lembrar que a flexibilidade é uma das virtudes que favorece o design criativo, especialmente quando se trata do processo que visa a estimular a geração de ideias. No processo, a fase do pensar criativo não só exige a liberação da criatividade com desenvoltura, mas também solicita um trabalho experimental, especulativo e exploratório, no qual podem acontecer simultaneamente o desenho (esboços) e a modelagem exploratória (pequenos modelos experimentais), a fim de obter diferentes opções e, finalmente, a definição da proposta criativa. E, para aumentar estímulos criativos, algumas atividades complementares, como visitas às lojas, oficinas e pesquisas de materiais e técnicas, ajudam a encontrar e visualizar melhor as ideias.

Figuras 18.3 e 18.4. Esboços do processo para criação de sistemas de amortecimento. Ideias geradas na observação de elementos naturais, na exploração de flexibilidade de materiais e da estruturação de módulos flexíveis. Desenhos de Tai.

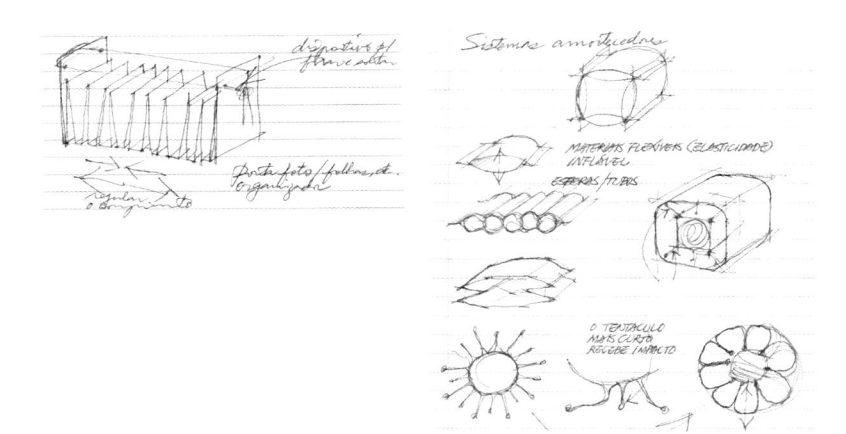

19
Processo de projeto

Problematização e contextualização

Todo projeto tem seus objetivos a atingir e eles são definidos se um problema já está identificado, pois o processo se inicia a partir de um problema, que pode ser uma situação real, prevista, perplexa ou desafiadora. Uma situação específica faz parte de uma ampla e geral, dentro de um ou mais contextos ainda mais amplos, envolvendo questões e fatores muito complexos. No estudo de uma situação ou um fenômeno em contextos (cultural, social, econômico, político, entre outros), as variáveis devem ser relacionadas. É nesse estudo que deve ser realizado um trabalho chamado de *problematização*.

O que fazemos nessa etapa de problematização? A própria palavra denota que os problemas devam ser detectados, conhecidos, compreendidos e inter-relacionados. A indagação, o questionamento, o raciocínio reflexivo, a crítica, a procura de contradições e problemas são feitos a fim de obter de respostas, causas e informações. Somente assim o problema específico pode ser finalmente definido.

Definição e estruturação do problema

Antes que o problema seja definido, a observação e análise de uma situação real de interação devem ser feitas e registradas. Recomenda-se que sejam efetuadas verificação, descrição, avaliação e explicação sobre a situação, o usuário ou público-alvo e as necessidades detectadas. Quando as prioridades são estabelecidas para as necessidades, exigências, critérios e demais fatores, o problema deve ser então bem definido e estruturado. E, ainda nessa etapa, os objetivos, as metas e os subproblemas, como os requisitos, restrições e fatores condicionantes de diferentes teores, devem ser claramente esclarecidos.

O estudo, a análise e a pesquisa

A primeira etapa é de estudo, análise e pesquisa sobre um determinado problema que espera uma proposta de solução, a qual será o resultado do projeto. Um problema normalmente é de uma realidade – uma situação real. Por isso, é necessário que o problema seja muito bem conhecido e entendido, para que a intervenção do design seja efetivamente realizada e com sucesso. Essa fase é chamada normalmente de *etapa de pesquisa*, pois é com a pesquisa que os dados e as informações necessários são coletados, organizados e sintetizados para o uso no desenvolvimento do projeto. É nessa etapa que o raciocínio do designer deve ser ativado e estimulado, não só sobre os contextos nos quais as diversas questões estão inseridas, mas também em relação aos fatores específicos, preparando-se para entrar na etapa da geração de ideias. Nesta, o problema precisa ser estruturado de maneira esclarecida, com as exigências, necessidades, parâmetros, critérios e limitações muito bem conhecidos.

Os dados e fatores condicionantes conhecidos

Nessa etapa de pesquisa, vários dados são previamente definidos e não podem ser alterados, porque são elementos e fatores condicionantes definidos pela natureza e pelo contexto. Esses dados restringem o projeto, criando delimitações a ele. O usuário, as necessidades, os fatores ergonômicos, psicológicos, sociais, econômicos, culturais, climáticos, ambientais, tecnológicos, por exemplo, são previamente estabelecidos ou conhecidos graças ao estudo, à análise e à pesquisa realizados.

Fazer o projeto sem conhecer antes os diversos contextos, fatores condicionantes, dados e informações relativos ao problema significa aventura ou risco de caminhar às cegas. Obstáculos para chegar à meta final são inevitáveis.

As características e qualidades pensadas

Na base desses dados e informações coletados, é possível então estabelecer antecipadamente ou prever as funções, características e qualidades pretendidas, em conceitos (em escrita) e não em imagens (em desenhos). A fisionomia do produto (as características e qualidades estético-visuais e expressivo-comunicativas), a estrutura, o espaço, o material, o peso e os requisitos de uso podem ser conceitual e previamente pensados, porém só serão definidos por meio do processo de desenvolvimento do projeto e com a proposta já concluída.

Do resumo das necessidades ao conceito

Todos os dados e informações obtidos devem ser resumidos e organizados em um relatório em forma de itens – um programa de necessidades – chamado costumeiramente em design de *brief* ou *briefing*[38] (veja o Capítulo 21, *Brief, briefing* ou programa de necessidades). É um documento com apontamentos que contêm as características da solução e critérios de avaliação e servem à memória, à consulta e como orientação ao designer.

Ao definir o problema, praticamente se define também o conceito do projeto, porque já se conhece que linha de ideia (pensamento, concepção e intenção ainda no nível teórico ou abstrato) será concretizada em características e qualidades (ou peculiaridades) do produto a ser concebido.

Comparação das soluções existentes

Ainda na etapa da pesquisa, uma comparação entre as soluções existentes, com o fim de conhecer diferentes atributos de produtos, a análise para descobrir os "segredos" do sucesso de uns e aprender com os erros apresentados por outros é uma das técnicas muito proveitosas. Na comparação são verificadas as vantagens e desvantagens quanto às mais variadas características em diversos aspectos, considerando critérios, parâmetros e requisitos, como adequação dimensional, atratividade visual, estabilidade estrutural, resistência, funcionalidade, usabilidade, custo, conforto e segurança entre outros itens do *briefing*.

Um dos recursos usados para verificação comparativa das diferentes soluções formais, por exemplo, é a elaboração de um morfograma, o que facilita a visualização e avaliação dos modelos estudados. Nesse diagrama são reunidas imagens (desenhos ou fotos) de produtos de diferentes tipos (modelos, formas ou estilos) que nos permitem fazer uma comparação entre eles, principalmente

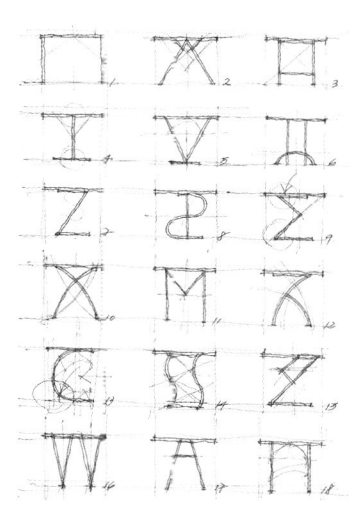

Figura 19.1. Morfograma que mostra diferentes soluções na configuração da forma e estrutura de uma mesa (em vista lateral). Um dos recursos usados no estudo morfológico.

---

38   Os termos *brief* e *briefing*, da língua inglesa, são largamente usados no design, embora existam as palavras correspondentes em português, como relatório conciso, programa de necessidades ou resumo e outras.

no aspecto visual, embora nos possibilitem também verificar as diferenças estruturais, tecnológicas e funcionais.

A geração e a representação de ideias

Inicia-se na segunda etapa o projeto propriamente dito, porque os desenhos são feitos agora, desde os mais simples e rápidos esboços até os mais elaborados e técnicos. Com o problema bem-definido, a pesquisa feita e todas as informações básicas conhecidas, as primeiras ideias devem ser geradas e passadas da mente para o papel. Quanto mais esboços feitos, melhor, porque a sequência do ato de desenhar é o processo estimulador da criatividade, que dinamiza a atividade mental, fazendo a mente produzir quantitativa e qualitativamente ideias que são, imediatamente, exteriorizadas no papel.

Os métodos criativos heurísticos

O maior problema que se encontra normalmente nessa etapa é a falta de ideias. Aí estão os métodos ou processos criativos que devem ser usados para nos ajudar a gerar e incubar ideias. São dezenas desses métodos, dos quais alguns exigem raciocínio lógico e outros sugerem estimular, nos primeiros momentos, a livre expressão e manifestação de sugestões intuitivas e ideias, mesmo que sejam fantasiosas, estranhas, malucas ou ilógicas. O método mais comum e conhecido é o *brainstorming*, que veremos mais adiante. No processo de geração de ideias, além do método de *brainstorming* e os mais técnicos e sistemáticos, como a *análise morfológica*, *análise das características de uso* e da *sinética*, diversos métodos heurísticos podem ajudar o designer a liberar a criatividade, para alcançar as soluções mais criativas ou inovadoras. O método MESCRAI (baseado nas ações de Modificar, Eliminar, Substituir, Combinar, Rearranjar, Adaptar e Inverter), a TRIZ e muitos outros métodos e técnicas podem ser usados, dependendo de cada caso específico.

A TRIZ é uma metodologia criativa desenvolvida por G. S. Altshuller, um pensador russo, a partir da década de 1940. A TRIZ (sigla de Teoria da Solução Inventiva de Problemas, em russo) é uma metodologia especialmente eficaz na solução conceitual de problemas, que tira proveito de efeitos descobertos nas ciências naturais e na engenharia para a solução de problemas, orienta o levantamento e utilização de conhecimentos referentes ao domínio do problema específico a ser solucionado. Vale a pena, para quem pesquisa sobre métodos criativos, conhecer um pouco sobre a TRIZ, que hoje já é difundida e adotada internacionalmente.

Desenho e modelagem

As primeiras ideias representadas graficamente, mesmo que sejam ainda primárias, devem levar em consideração os critérios básicos estabelecidos na primeira etapa, a fim de se aproximar gradualmente das opções de solução nos aspectos estético-formais, estruturais e funcionais. Evoluindo, os desenhos tornam-se cada vez mais maduros no sentido de obtenção de soluções.

Os alunos sabem da importância de esboços – desenhos rápidos – durante a fase de geração de ideias, mas frequentemente ignoram a confecção de pequenos modelos exploratórios ou experimentais. Esses modelos feitos com rapidez e uso de materiais de fácil manipulação, como o papel, o cartão e a massa de modelar, têm exatamente as mesmas funções de esboços, no sentido de facilitar a visualização de primeiras ideias e estimular a transformação na busca de novas possibilidades, das quais várias são descobertas inesperadas. No design de produtos, particularmente, a confecção de modelos experimentais rápidos não é uma técnica complementar, mas necessária e imprescindível, pois a representação bi e a tridimensional têm exatamente a mesma importância. O esboço[39] é a forma especulativa de buscar ideias no papel; o modelo experimental é então o "esboço" tridimensional.

Durante o processo, várias ideias opcionais ou variações de proposta podem exigir que o designer opte por uma para que seja desenvolvida até a sua conclusão como a proposta final. Assim, as alternativas geradas devem ser examinadas e comparadas, eventualmente com algumas delas combinadas, com adaptação ou alteração, em um processo evolutivo. A verificação criteriosa das vantagens e desvantagens, dos pontos positivos e negativos,

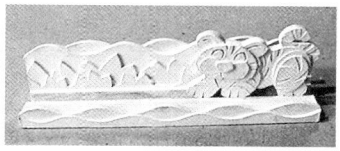

Figuras 19.2 e 19.5. Modelos experimentais feitos em papelão (cartão pinho), pintado em branco. Estudo para porta-retratos infantis. Design de Tai.

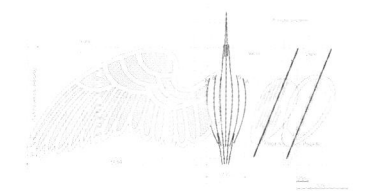

Figura 19.4. Desenho técnico e maquete do projeto de uma escultura pública de grandes dimensões (20 m de altura). Maquete confeccionada em cartão de papel de alta gramatura (50 cm de altura). Design de Tai.

---

39   As palavras *esboço* ou *croqui* referem-se ao tipo de desenho feito manualmente com rapidez, sem a necessidade de aprimoramento no tratamento gráfico. Infelizmente, no Brasil, essas palavras são frequentemente substituídas por uma palavra, "rafe" (e o verbo "rafear"), erroneamente criada a partir da palavra inglesa *rough* (com a conotação de desenhar de modo grosseiro), tentando imitar a sua pronúncia.

Figura 19.5. Molde de silicone sendo preparado para modelar um produto em resina. Vários modelos foram feitos para testes, no desenvolvimento de uma série de porta-retratos, de design de Tai.

em relação às características e qualidades apresentadas, deve ser feita para possibilitar a escolha da opção mais promissora como a proposta final. Essa verificação só se torna eficiente quando é feita em cima de modelos. E, dependendo do aspecto verificado, o modelo tridimensional pode ser volumétrico, estrutural, ergonômico e realístico (*mock-up*)[40].

Os desenhos técnicos da proposta final são elaborados com dimensionamento e especificações suficientemente detalhados, incluindo todas as vistas, cortes, detalhes e perspectivas. O desenho técnico é feito em escala apropriada para permitir que ele seja usado pelos técnicos, engenheiros e outros profissionais participantes da fabricação do produto, seja em pequena quantidade, seja em grande série. Após o desenho, a construção do modelo em escala menor ou em escala 1:1 é importante como um recurso que possibilita a visualização clara da proposta configurada.

Com todos os desenhos e o modelo construído, a avaliação sobre as características do produto em relação às necessidades e outros critérios será feita com mais precisão, principalmente quando o modelo se apresenta com maior fidelidade ao produto real. O modelo realístico (*mock-up*) ou protótipo são recomendados para essa avaliação. Se determinada falha ou deficiência for eventualmente verificada, a modificação ou o melhoramento deverão ser feitos e um modelo definitivo, construído.

Texto explicativo e justificativo

Um texto, elaborado de forma concisa, explicativa e justificativa, sempre é necessário para que os interessados no produto possam entender o conceito da proposta e conhecer o valor, as qualidades, as características do produto e demais informações julgadas como essenciais. Para efeitos de exposição e publicação do projeto, o texto é imprescindível para clarear ao público e leitores a ideia da solução encontrada, desde a justificativa da concepção até as qualidades alcançadas, a fim de convencê-los a reconhecer o valor não só do produto em si, como também do próprio design.

---

40   *Mock-up* é um termo inglês que se refere a um tipo de modelo que simula a aparência real do objeto que está sendo desenvolvido no projeto. Normalmente se pretende por meio dele criar efeitos que impressionem as pessoas que o contemplam.

Normalmente, a primeira das pranchas de apresentação de um projeto é reservada para o texto explicativo e justificativo, chamado de memorial, apresentação ou simplesmente de explicação ou conceito do projeto. O texto elaborado para apresentar o conceito e outras informações consideradas importantes deve ser sucinto, claro e objetivo suficientemente para explicar e justificar o valor e a qualidade do resultado obtido, física e visualmente configurado em uma solução satisfatória.

As etapas próprias do desenvolvimento do produto, que incluem as da fabricação, do lançamento do produto ao mercado e da avaliação da receptividade pelos consumidores, não são contempladas nos projetos no nível acadêmico.

20

Exercícios de análise do objeto e do ambiente

No aprendizado do design, alguns exercícios acadêmicos básicos de análise do produto e do ambiente são necessários para que o aluno possa desenvolver a sua capacidade e habilidade para fazer leitura e análise crítica do objeto estudado (produto gráfico, produto utilitário ou ambiente existente), com o objetivo de conhecer todos os elementos do design e suas inter-relações em contextos.

Os quatro elementos básicos analisados

No processo de análise ou de projeto, os quatro principais elementos – o *usuário,* o *objeto,* a *atividade* e o *ambiente* – devem ser devidamente identificados e caracterizados. Todos os dados necessários, informações importantes e fatores inerentes a eles devem ser organizados e esquematizados de maneira sucinta e objetiva, garantindo o bom desenvolvimento do projeto.

Figura 20.1. Salão da exposição de fotos, ao ar livre, resistente a chuva e equipado com aparelhos de multimídia, além das informações impressas – resultado do design que envolve todos os fatores relacionados com usuários, atividades e o ambiente.

O usuário é um indivíduo ou parte de um público-alvo que vai usufruir o que o produto ou o ambiente oferece. O design se faz exatamente para atendê-lo, por isso o designer, antes de chegar a gerar ideias, tem como uma das primeiras tarefas a identificação e caracterização do usuário. Este, normalmente, é entendido como um grupo de indivíduos, de uma comunidade ou sociedade. Os dados que devem ser obtidos a respeito do usuário são, de modo geral, a respeito de: faixa etária (idades), sexo (masculino, feminino), atividade (profissão, especialidade, ocupação), características físicas (estatura, dimensões corporais), fisiológicas, mentais e psíquicas, fatores que influenciam no comportamento do usuário (sociais, econômicos, culturais, psicológicos, entre outros).

O *objeto* é, de modo geral, o produto que utilizamos nas atividades cotidianas. O objeto, como o usuário, também deve ser conhecido, identificado e entendido, pois ele é diretamente relacionado com o usuário e com a atividade desempenhada. A qualidade da interação entre o usuário e o produto depende das qualidades e das características dos dois. A função utilitária ou utilidade, os elementos e as características (forma, estrutura, tamanho, peso, mecanismo, detalhes, materiais etc.) do produto devem ser claramente analisados para a verificação do nível de adequação ou adaptação ao seu usuário.

A *atividade* certamente constitui parte principal da nossa vida cotidiana. Nós vivemos realizando atividades das mais diversificadas e, para cada uma delas, apoiamo-nos no uso de objetos (ferramentas, utensílios, vestuários, máquinas, móveis, veículos, entre outros). Naturalmente temos de identificá-la bem para podermos associá-la com o objeto e com o próprio indivíduo que o utiliza para desempenhá-la. Para nos ajudar a obter as informações, basta recorrer às seguintes perguntas: Que atividade? Como se procede (desenvolve)? É desenvolvida individualmente ou em grupo? Quando ocorre? Quanto tempo dura? Quais são as condições para que ela ocorra bem (espaço, iluminação, ventilação, acústica, conforto térmico, sinalização etc.)? Que ferramentas e técnicas devem ser usadas? Que móveis são usados? Como os objetos e móveis devem ser dispostos? E assim por diante.

O *ambiente* é, na verdade, o conjunto de tudo que está em um espaço definido, envolvendo todos os elementos e condições perceptíveis e invisíveis como o cheiro, a acústica, a temperatura, a iluminação, a comunicação, a circulação, a organização do espaço, a disposição dos objetos e móveis e até a estética do ambiente. Uma atividade só é desenvolvida pelo indivíduo com eficácia quando ela ocorre em um ambiente para ela adequado. Para cada atividade específica deveria haver um ambiente correspondente.

Os quatro aspectos básicos analisados

Em qualquer produto e em qualquer área específica do design, os quatro aspectos básicos, que devem ser levados em consideração como sustentáculos do design bem-solucionado, são: função estética, função estrutural, função utilitária e função ergonômica. A falta de um desses quatro significa que a solução é incompleta ou falha, embora seja possível que um deles seja enfatizado por determinada razão, quando pensamos nas necessidades e exigências do público-alvo e do mercado. O projeto do produto voltado para necessidades reais deve ser sistêmico e sistemático, atendendo aos critérios e requisitos predeterminados em função das necessidades detectadas. Desta forma, é importante que os elementos e fatores que influenciam ou determinam o resultado de cada um dos aspectos básicos sejam conhecidos, trabalhados e controlados de maneira adequada. Os quatro aspectos básicos e os respectivos elementos e fatores são: 1) a função estética (forma estética – expressividade, comunicabilidade, características e qualidades estilísticas, fator afetivo ou emocional); 2) a função estrutura (forma estrutural – material e sistema de sustentação e da estabilidade); 3) a função ergonômica (adequação dimensional, adequação psicológica, efetividade, conforto e segurança) e; 4) a função prático-utilitária, proporcionada pela tecnologia (forma funcional – funcionalidade, praticidade, usabilidade, possibilitadas pelos materiais, sistemas de estrutura, de controle, transformação e transmissão de força).

Os quatro aspectos básicos acima referidos podem ser versados também como os quatro pilares do design, já referidos anteriormente: a estética, a estrutura, a ergonomia e a tecnologia (veja o Capítulo 8).

Leitura e análise de um produto simples (Exercício 6)

Este é um exercício destinado ao aluno que está começando a estudar a metodologia e o processo de design. Antes de enfrentar o projeto, o aluno precisa estar consciente do nível de abrangência, complexidade e dificuldade dos problemas referentes ao produto a ser projetado. E um exercício como esse permite que o aluno conheça e descubra que tipos de informações deve saber para estar preparado perante o projeto.

O trabalho consiste em estudo e análise de um produto simples e cujo funcionamento depende de um mecanismo simples. O trabalho deverá ser desenvolvido por meio de estudo dos diversos aspectos apresentados pelo produto escolhido, envolvendo todos os elementos, características, qualidades e fatores relacionados à sua configuração.

Figura 20.2. Cerca modulada e articulada de proteção em pequena obra urbana – um produto apresenta diversas características, valores, qualidades em diversos aspectos.

O aluno deve escolher um produto simples (simplicidade formal, estrutural, funcional e de pequeno tamanho) que contenha um pequeno mecanismo. De preferência um produto que apresente falhas muito evidentes. Mesmo em um objeto simples, muitas vezes, a quantidade de elementos e questões envolvidos é muito grande.

A leitura para reconhecimento do produto inicia-se por registro gráfico – desenho e fotografia – acompanhado de anotações sobre a função, a utilidade, o usuário e todas as características e qualidades do produto observado. A leitura visual permite que se conheça o produto como ele é externamente.

O interior do produto também deve ser conhecido, pois várias razões de ser do produto e que determinam a sua configuração externa estão na parte interna. Por isso, o mesmo processo se faz na leitura do produto desmontado, com os seus componentes expostos, a fim de que o seu mecanismo e o funcionamento sejam entendidos. Para isso, o aluno precisa fazer a desmontagem do produto, usando ferramentas adequadas e, ao desmontar, anotar a sequência da disposição dos componentes ou peças para garantir a posterior remontagem sem erro. O desenho e a fotografia continuam sendo necessários não só para registrar graficamente o produto, mas também possibilitar que as informações visuais sejam acompanhadas de observações escritas.

Em um processo normal, a leitura é feita sob a ótica crítica. O aluno é capaz de apontar as qualidades positivas e negativas apenas pelo bom senso e pelas experiências que tem. Porém, com as instruções e fundamentos teóricos necessários, a análise crítica pode se aprofundar até o nível compatível com o seu grau de conhecimento e de sensibilidade do aluno. O objetivo desse trabalho é exatamente de elevar o nível de entendimento dos fatores e elementos relacionados ao produto e, assim, desenvolver o senso crítico do aluno. Após o desenho, a observação, a leitura, a análise e o entendimento a respeito dos aspectos básicos do produto, o aluno passa a ter condições de pensar no projeto de uma nova versão do produto.

Ao fazer a análise, as informações básicas sobre o produto podem ser facilmente obtidas ao encontrar respostas para as seguintes perguntas:

- Que produto é?
- Quem o usa?
- Quais são as funções básicas primárias e secundárias?
- Quais são as suas partes e os componentes; como eles são conectados e como funcionam?
- Quais são os materiais usados?
- Ele funciona bem?
- Quais são as necessidades do seu público-alvo ou mercado?
- O produto proporciona confiabilidade, segurança e eficácia?
- Como é o seu aspecto visual? É bom, agradável ou atraente?
- Permite fácil manutenção?
- Alguns princípios científicos e tecnológicos foram usados no produto?
- Quais são as diferenças apresentadas em comparação com outros produtos similares, de outros concorrentes?
- Que aspectos do produto podem resultar no seu sucesso comercial?
- Os materiais usados implicam na configuração visual, segurança, confiabilidade e durabilidade do produto?

- Os materiais e componentes usados são adequados?
- O design desse produto permitiu fácil fabricação em processos produtivos?
- Como foi fabricado?
- A fabricação, o uso e desuso desse produto afetam negativamente o homem, a natureza e o ambiente?
- Como são a embalagem, o armazenamento, o transporte e a logística?

Após a análise crítica concluída, o aluno é incentivado a realizar um projeto de um novo produto que tenha a mesma função do analisado, podendo alterar alguns fatores condicionantes correlacionados. Este é um trabalho de caráter introdutório para que o aluno comece a assimilar o processo do projeto na prática, mesmo em nível ainda elementar.

21
Brief, briefing ou programa de necessidades

Após definir o problema no processo de projeto, é preciso, de imediato, elaborar um relatório conciso e esquematizado de todas as informações a respeito desse problema, possibilitando, assim, seguir um caminho efetivo para chegar a uma solução satisfatória. Esse relatório pode ser muito simples ou conter uma grande gama de dados, conforme o grau de complexidade do problema. Em um exemplo de comparação, sabemos que o cartaz de um evento é muito mais simples do que a embalagem de um determinado produto comercial. Nesse caso, a quantidade de informações em relação ao problema da embalagem é multiplamente maior que a dos dados sobre o cartaz.

O resumo de dados ou informações é chamado normalmente de *brief, briefing*[41], ou às vezes, de *programa de necessidades*, no qual as informações são organizadas e agrupadas de maneira coerente para facilitar a consulta durante o processo do projeto, orientando, assim, o designer a conceituar e desenvolver o projeto com maior segurança de acerto.

Para você entender melhor a elaboração do *briefing* ou *programa de necessidade*, vamos relembrar o procedimento sucinto da *definição do problema*. Por exemplo, um *problema* (falha, erro, incoerência, incompatibilidade etc.) é apresentado na *interação ambiental* (uma situação da realidade), na qual uma *necessidade* é detectada, o *problema projetual* (proposta conceitual) é bem-definido (pelo designer) e espera uma *solução* satisfatória (do design).

---

41 Embora no design o termo *briefing* seja costumeiramente usado, aqui no Brasil, ele pode assumir várias palavras em português, como sumário, resumo, programa ou lista de necessidades.

Briefing simples, um exemplo

Exemplo de *briefing* simples:

Uma situação na interação ambiental – aulas ocorrem em uma sala de aula.

Problema detectado – calor excessivo resulta no mau desempenho dos alunos.

Necessidade – ambiente com temperatura ideal.

Problema projetual – criação de um sistema de resfriamento efetivo, regulável, seguro, durável, econômico, de boa solução estético-visual e de fácil instalação.

Solução a ser encontrada – produto: um novo sistema eficiente e saudável para circulação homogênea de ar resfriado.

Embora você possa encontrar um modelo de *briefing* em algum livro, esse modelo dificilmente vai atender à sua necessidade em diferentes projetos. Um *briefing* completo é fundamental. E, para que isso seja feito, é preciso listar todos os dados relacionados ao problema. Lembre bem que o problema projetual sempre envolve fatores dos quatro elementos básicos de um sistema ergonômico – objeto, usuário, atividade e ambiente. Se você conseguir identificá-los, caracterizá-los e detalhar uma lista dos fatores inerentes a eles, terá um *briefing* bem-elaborado.

Briefing completo – os itens básicos

Exemplo de itens que devem constar em um *briefing* relativamente completo:

a) *Objeto* (produto – objetos utilitários, aparelhos, equipamentos, móveis, máquinas etc.) – Função e finalidade, materiais, técnica e processo de fabricação, custo, forma e estrutura, aspecto estético-visual, função expressivo-comunicativa, acabamento, dimensões ou tamanho, componentes, peso, quantidade, interface, fator segurança, manutenção, praticidade, versatilidade, eficiência ergonômica, durabilidade, manuseio, procedimento de uso, locomoção, empilhamento, acondicionamento, transporte etc.

b) *Usuário* (público-alvo, consumidor, cliente) – Faixa etária (idades), sexo (masculino e/ou feminino), poder aquisitivo, nível cultural, exigências, necessidades, gostos, preferências, desejos etc.

c) *Atividade* (ação ou trabalho que envolve o usuário em relação ao produto) – Comunicação, manuseio, manipulação, uso, acionamento, visualização, apoio ou sustentação física, posturas e movimentos, sequência, repetição, duração, posição, localização etc.

d) *Ambiente* (local da interação entre o usuário e o produto) – Tipos de ambiente (residência, loja, supermercado, escritório etc.), espaço, iluminação, ventilação, temperatura, acústica, outras características ambientais.

e)   *Problema projetual* – Funções, qualidades, materiais, forma, estrutura, conceito funcional, conceito estético e outras características e requisitos do produto a ser concebido, desenvolvido, configurado e produzido. O problema envolve também as questões de material, produção (fabricação), quantidade, custo, prazo e demais condições e limitações. Enfim, o problema projetual é a proposta conceitual, idealizada do projeto.

Figura 21.1. Mobiliário urbano para ponto de ônibus em Paris. Os quatro elementos básicos – produto, usuário, atividade e ambiente – precisam ser devidamente identificados, analisados e relacionados para que o mobiliário atenda satisfatoriamente às necessidades dos usuários.

O problema que espera ser definido, para que a fase da geração de ideias seja iniciada, é um problema projetual, isto é, a *questão proposta conceitual que espera uma solução por meio de projeto*. Essa questão proposta é formulada conforme as necessidades dos usuários ou consumidores (afinal de contas, o produto será destinado a eles), embora ela seja condicionada pelas exigências da empresa que encomenda a proposta. Muitas vezes, um novo conceito, tanto de ordem funcional como de ordem estética, torna-se o ponto central do problema, proposto pelo próprio designer.

O problema definido, um exemplo

O problema pode ser definido assim, por exemplo: criação de uma luminária, destinada especificamente à iluminação para ambiente de trabalhos manuais que exigem alto grau de precisão. A luminária deverá ser ajustável quanto à direção e à intensidade da luz. Ela poderá ter um alto grau de sofisticação estética e solução tecnológica.

O problema proposto acima deixa em aberto diversos condicionantes. Os materiais, por exemplo, não estão definidos, porém o condicionante "um alto grau de sofisticação estética e solução tecnológica" permite que eles sejam definidos durante o processo de desenvolvimento. O *briefing* é elaborado baseando-se no problema definido e estruturado e deve conter todos os itens básicos de dados, condicionantes e fatores, mesmo aqueles que estejam ainda em aberto.

Um *briefing* ou programa de necessidades bem-montado nos proporciona uma noção sobre o perfil do consumidor e até uma previsão da configuração do produto a ser projetado. Ele é uma base explicativa e justificativa no processo do projeto. Conforme Fábio Mestriner, designer especializado em embalagem, "o *briefing* é o ponto de partida para a elaboração de um projeto de design de embalagem" e, "quando a tomada do *briefing* é bem-feita, o projeto já começa bem-encaminhado, e o resultado final tem grandes chances de sucesso".[42]

Para cada área, subárea de design, projeto de cada tipo de produto e conforme a abrangência e exigência de cada problema, as informações variam, devendo levar em consideração a questão da prioridade, da ordem hierárquica dos dados e de graus de importância dos fatores.

42   MESTRINER, Fábio. *Design de embalagem*: curso básico. São Paulo: Makron Books, 2001.

22
Exercícios de projeto

O problema: criação lúdica e conceitual

Criar um invólucro, de caráter lúdico, para guardar um objeto de grande fragilidade (que quebra facilmente em um choque físico) e protegê-lo contra forte impacto de choque na queda. Propõe-se que o invólucro deva possibilitar a eficaz proteção do objeto em uma queda de, no mínimo, 5 metros de altura. O produto criado deve ter peso e tamanho proporcionalmente reduzidos em relação ao objeto contido. Os materiais com propriedades tipicamente voltadas para a proteção contra o impacto, como isopor, algodão e espuma, não podem ser usados. A solução deverá se basear na forma, na estrutura, no mecanismo ou no tipo de dispositivo criado.

O problema proposto aqui, que espera uma solução inteligente e criativa, já está definido em termos gerais, com alguns critérios e restrições previamente definidos, a fim de facilitar o seu trabalho. Este projeto depende de um processo experimental que se baseia em métodos que possam estimular a geração de ideias não convencionais. Para isso, os métodos heurísticos do processo criativo são recomendados. O problema está definido a seguir.

Objetivos do projeto como exercício

O trabalho tem os seguintes objetivos: 1) desenvolver a criatividade do aluno por meio de estímulos com desafio, indução de curiosidade e trabalho de experimentação; 2) possibilitar a assimilação de alguns métodos para geração de ideias originais; e 3) familiarizar o aluno com a metodologia projetual no desenvolvimento de um projeto passo a passo, envolvendo exercícios de discussão, pesquisa, raciocínio, investigação, expressão gráfica, visualização, análise, avaliação e demais atividades consideradas pertinentes.

Critérios, considerações e sugestões

Algumas considerações, critérios e sugestões apresentados a seguir ajudam a clarear o problema proposto e o tipo de solução solicitada. Em primeiro lugar, a propriedade de resistência do invólucro contra as forças externas (choque ou peso) e o efeito de amortecimento na queda devem ser gerados pelas características da forma, da estrutura e do mecanismo criado. Para ter ideias, algumas leis da física devem ser lembradas, por isso uma pesquisa sobre as propriedades de resistência estrutural contra choques físicos é importante. Sugerimos que verifique e compare os mecanismos que oferecem efeitos de amortecimento e as soluções existentes, encontradas em materiais e objetos como algodão, bolas de isopor, plástico com bolhas para embalagem, molas, objetos infláveis etc., porém, lembramos que, como um dos critérios, o uso desses materiais não é permitido neste trabalho. Em compensação, a aplicação dos princípios examinados nesses materiais é altamente recomendada, pois esses princípios podem ser realçados, com forças altamente intensificadas, em configurações formais, estruturais e funcionais, com as propriedades de resistência e amortecimento. Em segundo lugar, o produto final deverá apresentar, além do caráter lúdico, uma aparência visual atraente, com o fim de despertar nas pessoas a curiosidade e o estímulo para diversão. E, por último, o invólucro deverá ser considerado como um produto criativo, no sentido de originalidade. O produto criativo é algo novo, diferente e inédito. Portanto, os métodos heurísticos de criação, como analogia, sinética, *brainstorming*, são sugeridos como importantes recursos.

A experimentação especulativa

O estágio de experimentação é fundamental como parte de um processo criativo. A elaboração de modelos experimentais constitui, na verdade, um dos métodos heurísticos de criação, pois, na elaboração da modelagem, a constante busca de possibilidades permite a contínua transformação e aprimoramento das formas. Na experimentação, os testes também são possíveis e ajudam no processo de transformação e aperfeiçoamento até alcançar a solução satisfatória.

Recomenda-se, tanto para os modelos experimentais como para o produto final, o uso de materiais leves e de boa flexibilidade ou elasticidade, como papel, cartão, papelão, plástico, entre outros que tenham uma relativa resistência.

O problema: criação de um *display* de produtos

Este é um exercício de projeto, de baixa ou média complexidade, para que o aluno comece a assimilar o processo de projeto. O tema *projeto de display promocional* tem um conteúdo abrangente, com fatores ligados a diversas áreas, inclusive da publicidade, o que estimula o aluno a pesquisar questões mais amplas, desenvolvendo assim a sua capacidade de problematização, associando e inter-relacionando os diversos fatores, a fim de exercitar a investigação e pesquisa para conseguir identificar e compreender o problema dentro da situação estudada.

Display ou expositor é um objeto usado para nele dispor um produto específico em exposição em lojas e diversos pontos de venda, com a finalidade de atrair a atenção do consumidor e persuadi-lo a gostar do produto apresentado. O *display* tem, na realidade, a função da vitrine, de mostrar os produtos e promover a venda.

O trabalho consiste em projeto de um *display* promocional para exposição de produtos, integrando as funções estético-visuais e prático-funcionais. O aluno deve definir bem o problema, apresentando com clareza a sua intenção. Os seguintes critérios e as considerações, quando bem identificados e caracterizados, podem ajudar a definir e estruturar o problema. Sugere-se que faça as seguintes perguntas, em relação a esses critérios e considerações: que, qual (ou quais), como, quando e por quê?

Os principais critérios

Para qualquer projeto, simples ou complexo, há sempre critérios que devem ser atendidos. Para projeto de baixa complexidade, os critérios são relativamente em menor número que o dos critérios de um projeto de média complexidade. Quanto maior a complexidade, maior será o número de critérios. Embora os apresentados abaixo sejam critérios principais, existem outros específicos que devem ser listados em um projeto, especialmente quando este é de nível profissional.

Neste projeto, os principais critérios, que se referem a vários aspectos básicos do *display* são: 1) função de apresentar e expor um produto ou uma linha de produtos; 2) condições de uso em ambientes internos comerciais; 3) apresentação de aspecto visual atrativo; 4) solução criativa; 5) estabilidade (material e estrutural); 6) facilidade de montagem e desmontagem; 7) facilidade de empilhamento e transporte; e 8) qualidades comunicativas e visuais de efeitos comerciais ou publicitários (design gráfico em publicidade).

Algumas considerações gerais

Figura 22.1. Maquetes de vários *displays* para produtos – trabalhos de projeto em exposição, do curso de Design da PUC-GO.

Além dos critérios básicos e específicos, várias considerações gerais oferecem opções para que sejam definidas como importantes requisitos, os quais dependem das condições oferecidas pelo ambiente que utilizará o *display* proposto, porque este só poderá ser eficaz se suas características e qualidades corresponderem aos requisitos estabelecidos a tais condições. Essas considerações gerais são: 1) características conforme locais e ambientes da exposição; 2) lugares, espaços ou alturas para colocação do *display*, como: piso, balcão, estante, parede e teto; 3) ambientes: lojas populares, lojas de *shopping*, supermercados, quiosques de venda, bancas, estandes de exposição e outros; 4) iluminação: natural, artificial (geral, localizada com foco etc.); 5) possibilidades de uso de mecanismo de movimentos, dispositivos para luzes ou sons e outros elementos complementares e; 6) possibilidade para o manuseio de produtos expostos.

Processo de trabalho

Nessa atividade projetual acadêmica, o aluno deve desenvolver o seu projeto seguindo a sequência do processo recomendado, a fim de assimilá-lo com firmeza. O processo de assimilação ocorre na prática de diversos projetos de diversos graus de complexidade, profundidade e dificuldade, até o aluno atingir o nível de domínio no uso da metodologia de projeto com segurança, criatividade, versatilidade e flexibilidade. Em resumo, o processo desse trabalho segue esta sequência: 1) definição do problema; 2) definição dos subproblemas (estruturação dos itens relativos aos requisitos e considerações básicas a respeito do projeto); 3) pesquisa; 4) levantamento e análise de dados; 5) elaboração do *briefing* (ou programa de necessidade); 5) processo criativo, usando os métodos para a geração de ideias, análise e amadurecimento de ideias; 6) desenvolvimento de uma ideia, iniciando com croquis e modelos de estudo; e 7) prosseguimento conforme o processo indicado até chegar ao produto final.

Sugere-se que reexamine a metodologia de projeto e tenha consciência de que o processo de projeto é recorrente, e que os métodos, técnicas e recursos disponíveis são diversificados. O sucesso do projeto depende do seu conhecimento, do seu senso crítico, da sua criatividade e do seu domínio da linguagem.

Exemplo de projeto empolgante: uma embarcação

Trabalhos acadêmicos podem ser feitos com prazer e entusiasmo sem perder a seriedade do estudo, da pesquisa e do projeto, quando o produto a ser criado é lúdico e de interesse dos alunos. Há muitos exemplos. Um deles é o projeto de uma embarcação, porque o barco, a lancha e o navio são tão interessantes como automóveis para as pessoas, principalmente adolescentes e jovens.

Todo tipo de produto pode ser tema de trabalho, até um produto considerado de grande complexidade, como o automóvel, que, no entanto, é possível ser trabalhado mesmo no primeiro período do curso de design. Como?

Nós estabelecemos limitações, além das exigências, critérios e objetivos. Por exemplo, os alunos podem levar em consideração, como um de seus interesses, apenas a configuração externa do carro, relacionada à estética e à aerodinâmica no nível apenas elementar, intuitivo e experimental, sem se aprofundar além de seu nível de conhecimento e de sua capacidade. Da mesma maneira, a embarcação pode ser o tema do projeto para os principiantes.

Todo projeto deve ter bons objetivos a serem atendidos. No caso de trabalho acadêmico, tudo tem que ser esclarecido: o tema, as exigências e limitações, critérios, a metodologia, as informações, os recursos etc.

As restrições são estabelecidas para o nível de aprendizagem, como do primeiro período. A parte interna da embarcação, referente aos compartimentos e à mecânica, não deve ser considerada. Mas são essenciais a configuração estética e a aerodinâmica, a estrutura e a solução gráfico-visual, incluindo a identidade visual a ser apresentada.

O trabalho envolve também o design gráfico (ou programação visual) que apresenta uma solução gráfico-visual, proporcionando uma identidade visual expressiva à embarcação.

Conforme o nível de complexidade do projeto e da profundidade do conteúdo abordado exigido pelo programa de cada período do curso, o projeto e o objeto a serem desenvolvidos devem envolver as questões e informações necessárias, dentro das limitações previstas.

A embarcação, o tema proposto aqui, quando é estudada em um grau de complexidade relativamente alto, exige atenção a uma série de considerações além das fundamentais. Por exemplo, o conteúdo pode envolver inovação em diversos aspectos: morfológico (a forma estética), funcional (a forma hidro e aerodinâmica), ergonômico, tecnológico (materiais e produção), contemplando ainda maior quantidade de critérios usados.

23
Grau de complexidade e profundidade do conteúdo

Definição de um nível de complexidade

No curso de design, o aluno deve passar vários anos desenvolvendo projetos, com o objetivo de aprender a projetar utilizando métodos e técnicas necessários. O aluno vai assimilando o processo de design gradualmente durante vários períodos, aumentando o grau de complexidade e profundidade do conteúdo de projeto, na teoria e na prática. O currículo e a prática do ensino precisam se adequar à sequência de conteúdo das disciplinas de projeto, seguindo o princípio de desenvolvimento gradual, usando como parâmetro o grau de complexidade e profundidade da abordagem teórica e prática do projeto.

A questão de simplicidade e complexidade pode provocar polêmica sem fim, mas essa questão se torna clara para quem dispõe dos dados, que incluem os parâmetros, critérios e variáveis, bem-definidos e amplamente listados para o trabalho acadêmico. Esses dados referem-se aos vários aspectos, fatores e considerações básicos, em que cada um apresenta elementos que podem ser quantificados e, em consequência, qualificados em níveis de complexidade. Esses aspectos, fatores e considerações são organizados em diagrama mostrado a seguir, no qual cada item do conteúdo abordado no projeto pode ter a sua complexidade definida em graus pelo número de quadrados, de 1 a 10.

Diagrama de complexidade com parâmetros

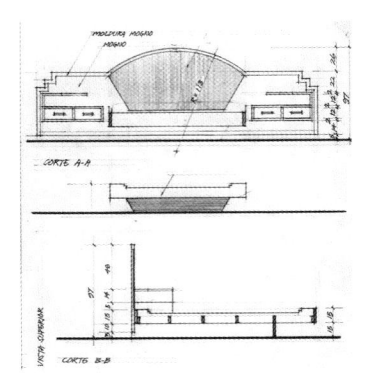

Figura 23.1. Cama – projeto de média complexidade de 1º nível, com média abrangência de fatores, critérios, exigências e parâmetros. Desenho a lápis sobre papel-manteiga. Design de Tai.

Aqui está um exemplo, na prática, que pode mostrar, de maneira simples, o grau de baixa complexidade e profundidade do conteúdo exigido no trabalho acadêmico básico de projeto (de produto), do curso de Design da PUC-GO. Os parâmetros estabelecidos são:

a) Uso de um material ou dois tipos de material de fácil acesso.
b) Mecanismo simples ou nenhum (movimento mecânico).
c) Possibilidade de produção simples (material e fabricação).
d) Forma e estrutura simples (estética, consistência, estabilidade e resistência).
e) Estudo ergonômico limitado em relações métricas (dentro do espaço pessoal), percepção tátil, conforto e segurança de manuseio (material e conformação).

Observação: no diagrama abaixo, cada quadradinho preenchido marca um grau de complexidade. Assim, cinco quadradinhos preenchidos representam a complexidade média. Os quadros vazios são fatores desconsiderados no projeto.

	Itens do conteúdo	Grau de complexidade								
1	PERFIL DO USUÁRIO									
	Características e fatores condicionantes	■								

A quantidade de fatores relacionados ao usuário que devem ser considerados e pesquisados.

2	LOCAL/ESPAÇO/AMBIENTE									
	Características físicas e arquitetônicas									
	Fatores ambientais									

A quantidade de informações necessárias referentes ao ambiente (fatores ambientais, como o conforto térmico, a iluminação, a acústica etc.), espaço, arquitetura.

3	ASPECTO ESTÉTICO-FORMAL												
	Componentes e estruturas formais	■	■										
	Elementos e composições gráfico-visuais	■		■									
	Função comunicativa	■											

O grau de diversidade e profundidade no estudo sobre as questões de forma, cor, tom, textura, composição (fatores como movimento, ritmo, equilíbrio, harmonia, peso etc.), informação, comunicação e semiótica.

4	ASPECTO PRÁTICO-FUNCIONAL												
	Funções/finalidades/objetivos	■	■										
	Atividade/tarefa/uso/manuseio	■	■										
	Controle/interface/interatividade												
	Requisitos de uso	■	■										
	Ergonomia	■	■										

A quantidade e o nível de envolvência de questões sobre o uso, o manuseio ou manejo, os requisitos de uso (praticidade, versatilidade, flexibilidade, eficácia, facilidade de manutenção etc.), o conforto e a segurança.

5	ESTRUTURA												
	Sistema estrutural e construtivo	■	■										
	Partes/componentes/acessórios	■	■										

O nível de profundidade no estudo da estrutura que dê estabilidade e resistência do produto. A quantidade de componentes necessários para o produto (ou o ambiente) a ser criado. A complexidade do sistema mecânico. De modo similar, no projeto gráfico, a quantidade e a diversidade de elementos e grades (*grids*) usados.

6	MATERIAL												
	Variedade	■											
	Quantidade	■											
	Processo de manufatura	■											
	Processo de fabricação industrial	■											
	Montagem	■											

A diversidade de materiais usados e o grau de dificuldade na produção.

7	TECNOLOGIA												
	Materiais e fabricação	■											
	Mecanismos	■											
	Controles elétricos e eletrônicos												
	Sistemas pneumático e hidráulico												
	Instalação e equipamentos												
	Automação												
8	FATORES CONTEXTUAIS												
	Fatores sociais	■											
	Fatores culturais	■											
	Fatores econômicos	■											
	Fatores políticos	■											
	Fatores psicológicos	■											
	Fatores comerciais	■											
9	FUNDAMENTOS TEÓRICOS												
	Históricos, estéticos, filosóficos e outros												
	Fundamentos do desenho												
	Fundamentos da forma tridimensional												
	Fundamentos teóricos gerais												

A quantidade de questões teóricas abordadas que fundamentam o problema estudado.

Exigências operacionais do projeto

	CONCEITO												
	Fundamentação conceitual	■											

	PESQUISA												
	Pesquisa de campo	■											
	Pesquisa bibliográfica	■											

	1	2	3	4	5	6	7	8	9	10
DADOS										
Quantidade de informações	■	■								
Diversidade de informações	■	■								
DESENHOS										
Esboços	■	■	■	■	■					
Desenho de efeitos ("renderização")	■	■	■	■	■					
Computação gráfica										
Apresentação	■	■	■	■	■					
MODELOS OU PROTÓTIPOS										
Modelos de estudo	■	■								
Modelos ergonômicos										
Modelos de simulação	■	■	■							
Protótipo										
TESTES E AVALIAÇÕES										
Testes e avaliações em laboratórios										
Testes e avaliações no mercado										

24
Processo projetual criativo e métodos específicos

Um dos problemas frequentemente encontrados pelos alunos ou profissionais de design é a dificuldade de gerar ideias, principalmente quando estas se referem à inovação e à invenção. Embora invenção não seja a própria ocupação do designer, ela não se exclui do âmbito de criação e está intimamente relacionada com a inovação. O papel do designer é de projetista solucionador de problemas e a sua qualificação se mede pela sua capacidade criativa. Assim, a inovação torna-se uma nobre missão, porém com maior grau de dificuldade de ser cumprida.

A inovação como problema

Podemos entender, em um ponto de vista, que cada problema tem a sua particularidade e uma origem específica. Um problema é normalmente a consequência de erros, falhas, incoerências, incompatibilidade, ineficácia e inexistência. No entanto, em uma visão mais ampla, pode ser também entendido como o anseio pelo desafio e a necessidade de inovação e invenção. A busca de algo novo e diferente é um desafio, e este se torna um problema que espera uma solução, considerada como oportunidade de inovação e, muitas vezes, também de conquista de mercado.

O problema na geração de ideias

Ao buscar uma solução para um problema, além de acessar as informações que sirvam como indicadores, parâmetros e critérios, o designer precisa gerar ideias que se comparem e confrontem entre si para chegar a uma proposta verdadeiramente satisfatória. A geração de ideias, por ser uma tarefa que pertence tipicamente à esfera da criatividade, envolve uma complexidade de fatores que a torna eficiente ou efetiva. Não é raro que haja inércia criativa em certas pessoas mesmo sabendo que a criatividade é inerente ao ser humano.

Evangelia G. Chrysikou, psicóloga americana, tem uma definição muito convincente para a criatividade:

> É o processo psíquico por meio do qual primeiro nos tornamos sensíveis a determinado problema; uma vez identificada a dificuldade, testamos (ainda que mentalmente) hipóteses a respeito da questão e, finalmente, obtemos a solução. Essa "resposta" é considerada criativa quando, além de inédita, é de fato útil e adequada à situação[43].

Essa afirmação enfatiza não apenas o processo, mas também reforça a validade da solução.

Aqui, discutiremos sobre esta questão, com a intenção de sustentar o postulado de que é possível evocar inspirações por meio de métodos e indicaremos algumas sugestões no sentido de estimular a criatividade por meio de processos e métodos específicos. Em seguida, apresentaremos, em síntese e com clareza, os processos heurísticos e métodos mais usados e eficientes, acompanhados de comentários e exemplificações que possam auxiliar aqueles que necessitam orientações para diferentes tipos de intervenção em design.

Design criativo e design inovador

Nem sempre design criativo é inovador. O design inovador apresenta sempre algo novo ou inusitado, mas ambos, o criativo e o inovador, são resultados do raciocínio criativo. Assim, o designer precisa quebrar, necessariamente, vários bloqueios, evitando o raciocínio habitual, mudando o ângulo de visão, ampliando o horizonte, criando assim condições para a liberação da sua criatividade. O design conceitual é a etapa pela qual a criatividade já deve estar evidente, apresentando ideias novas, criativas ou inovadoras que criem um diferencial em relação às ideias existentes. O projeto de execução, de desenvolvimento técnico até o detalhamento, prossegue após concluído o projeto conceitual, que é o resultado da ideia criativa já configurada em forma funcional, física e visualmente perceptível como satisfatória.

É possível liberar e desenvolver a criatividade ou mesmo a inventividade quando o designer se apoia em métodos criativos específicos, aliando-os à sua sensibilidade, à sua força intuitiva e ao seu esforço em busca de algo novo e especial.

---

43   Trecho do artigo "Mente criativa em ação", revista *Mente & Cérebro* (da *Scientific American*), ano XIX, n. 235, p. 32. A autora é psicóloga e professora de neurociência cognitiva e cognição criativa da Universidade do Kansas, Estados Unidos.

Uso de métodos heurísticos

Existem dezenas de métodos criativos que podem ser explorados, independentemente ou de modo combinado. O designer deve conhecer métodos heurísticos tradicionais e também os não convencionais e fazer seu uso conforme a especificidade do seu projeto. De modo geral, temos alguns grupos de métodos: os de livre e espontânea manifestação imaginativa; os de analogia; os de associação de ideias, entre outros. No entanto, o designer precisa ainda ter uma habilidade conhecida como flexibilidade cognitiva, capaz de "regular seus sistemas de controle cognitivo, dependendo das exigências de cada situação".[44]

Geração de ideias e técnicas heurísticas

Processo criativo em atividades projetuais constitui-se de estágios de geração, avaliação e síntese de ideias para finalmente encontrar uma solução verdadeiramente criativa de um problema previamente definido. Nesse processo, a procura de ideias ou suas combinações a partir da nossa intuição e experiência pessoal é extremamente importante para a solução do problema.

O raciocínio lógico inibidor

As disciplinas que enfatizam o raciocínio lógico, como matemática, física, eletrônica e outras, encorajam a busca de respostas exatas. Mas, nos primeiros passos de um processo criativo, o raciocínio lógico pode reprimir a nossa inspiração. Muitas ideias iniciais, mesmo aparentemente irracionais, podem ser desenvolvidas para chegar a alternativas altamente positivas. O raciocínio lógico só se torna essencial nos estágios de avaliação técnica; porém, no estágio inicial de ideação, deve ser dispensado para permitir a livre manifestação de ideias intuitivas e originais. Nesse estágio, diversas técnicas heurísticas podem ser usadas conforme diferentes situações e tipos de projeto, a fim de estimular a geração de ideias e liberar a criatividade do designer. No entanto, essas técnicas só se tornam eficazes sob algumas condições, como:

- suspensão de pré-julgamento;
- livre geração de ideias;
- definição do problema em termos gerais;

44 CHRYSIKOU, Evangelia. "Mente criativa em ação", revista *Mente & Cérebro* (da *Scientific American*), ano XIX, n. 235, p. 35.

– enfoque na meta;
– mudança de pontos de vista;
– remoção de bloqueios;
– uso de analogias;
– abandono de ideias óbvias;
– estabelecimento de relações.

A geração quantitativa de ideias

Ainda nesse estágio devemos, primeiramente, fazer prevalecer a geração quantitativa de ideias sobre a qualitativa, evitando assim a permanência em um único caminho considerado supostamente o melhor. O erro frequente de querer manter apenas uma única ideia até o fim faz com que o designer perca a oportunidade de encontrar soluções ainda melhores. Nesse estágio, é importante anotar sugestões e observações e também fazer esboços rápidos se precisar.

Bloqueios conceituais

Durante o processo, certos bloqueios conceituais são capazes de dificultar a geração de ideias criativas, visto que muitos conceitos ou paradigmas convencionais estão formados fixamente em nossos raciocínios e não conseguimos nos livrar deles. Por exemplo, quando pensamos em mesa, logo surge na nossa mente a imagem de um plano retangular (quadrado ou circular) com quatro pernas. Essa configuração da mesa é, para nós, um conceito de uma solução evidente, que facilita nossos trabalhos (tarefas, atividades de modo geral) de modo imediato e seguro. Porém, conceitos como esse, de senso comum, podem constituir obstáculos para a geração de novas ideias. Outros bloqueios como os perceptuais, emocionais, culturais, ambientais e comunicativos (ou expressivos) podem dificultar a liberação da criatividade.

Ideias estereotipadas como um bloqueio

A concepção de ideias estereotipadas é um bloqueio perigoso quando o indivíduo presume que uma ideia é identificada naquela forma e não há outras possibilidades de ela assumir outras configurações ou funções. Da mesma forma, torna-se perigoso estabelecermos antecipadamente limites imaginários para um problema ou solução. A ousadia de romper limites, de extrapolar e de explorar o imaginário ajuda muito a liberar a criatividade, apesar de que o processo criativo deve ser conduzido gradualmente para chegar ao resultado que corresponda à realidade.

A compreensão depende das percepções

As pessoas dependem das suas percepções, por meio dos vários sentidos que têm, para compreender as coisas. Mas estamos falando da percepção extrassensorial, do bom senso, do senso crítico, do senso estético e da sensibilidade artística. Essas qualidades perceptivas podem ser desenvolvidas e adquiridas por meio de exercícios, vivências, experiências e estudos. Assim, a leitura, a prática de atividades ligadas à criação artística, visitas às exposições e todos os tipos de contatos com obras culturais permitem aguçar a percepção e aumentar a qualidade perceptiva. A ineficiência dessa qualidade constitui um bloqueio no processo criativo.

Os bloqueios emocionais na criação

A emoção, em artes de modo geral, é normalmente um fator estimulador da criatividade, porque a emoção em si é um estímulo que pode ser exteriorizado por meio de formas artísticas. Mas em design isso não acontece assim. Design não é expressão livre como em artes visuais. Aqui estamos falando de emoção negativa, prejudicial ao trabalho, no sentido de preocupação excessiva, medo, pressa, impaciência e ansiedade ao criar em design. Uma série de bloqueios emocionais muitas vezes tira a nossa liberdade de explorar e associar ideias, interferindo na fluência do nosso pensar flexível. O medo de risco, da incerteza e da crítica, a atitude de julgamento por meio do raciocínio lógico por medo de cair no ridículo, o receio de perder uma ideia preferida e a pressa de encontrar uma solução sem dar chance à incubação de ideias são problemas muito comuns de insegurança. No entanto, o "êxtase" emocional que provoca a vazão exagerada na expressão formal precisa ser contida, a não ser apenas nos primeiros momentos da etapa de geração de ideias.

Os bloqueios culturais – visões restritas

Bloqueios culturais existem quando impomos a nós mesmos conceitos e ideias que pertencem apenas à cultura, à sociedade ou ao grupo a que pertencemos, ou quando nos recusamos a aceitar conceitos que não sejam, para nós, familiares ou conhecidos. No sentido restrito, a falta de conhecimento e o estreito repertório pessoal são bloqueios culturais ao desenvolvimento intelectual e à capacidade criativa. No sentido amplo, o desinteresse e o restrito acesso às outras culturas bloqueiam ainda mais a visão e as oportunidades de aprendizagem. O pior desse tipo de bloqueio é o *pré-conceito* em relação a determinadas culturas. A negação de aproximação à outra cultura estabelece a nós próprios limites à ampliação da visão.

Os bloqueios ambientais

Ao criar melhores condições para geração e incubação de ideias, devemos evitar também bloqueios ambientais, pois a liberação da criatividade exige um ambiente propício, onde a descontração é uma das condições básicas. O ambiente propício à criação não se trata apenas do espaço, recursos, conforto, segurança, mas também da "atmosfera" gerada pela interação humana. As boas condições ambientais, que incluem as relações humanas, asseguram a liberdade criativa, liberta de qualquer preocupação e repressão.

Em resumo, precisamos ter um nível de conhecimento suficiente, bom senso, bom humor, senso estético, boas percepções e boas condições relacionais na interação com outras pessoas, para elaborar conceitos e ideias, como também a capacidade de expressar e comunicar entre nós. Portanto, os bloqueios de todos os tipos – ambientais, emocionais, intelectuais e expressivos – devem ser minimizados para efetuarmos o processo criativo.

Brainstorming: um método criativo

Uma das técnicas criativas mais conhecidas, do grupo de métodos de livre e espontânea manifestação imaginativa, é o *brainstorming* (literalmente, "fazer tempestade cerebral"), a ferramenta metodológica desenvolvida pelo publicitário norte-americano Alex F. Osborne (1888-1966)[45]. A aplicação é realizada em grupo de seis a dez pessoas para gerar, juntar e avaliar diferentes ideias em torno de um problema. O trabalho é desenvolvido sob o comando de um líder, que controla o andamento da sessão, e ideias são anotadas por um membro do grupo. A sessão é iniciada com a exposição de um problema pelo líder. Durante o trabalho, não

---

45   Alex F. Osborne foi autor de vários livros sobre o pensar criativo: *How To "Think Up"*, McGraw-Hill, 1942; *Your Creative Power*, C. Scribner's sons, 1948; *Wake Up Your Mind*, C. Scribner's sons, 1952; *Applied Imagination: The Principles and Procedures of Creative Thinking*, C. Scribner's sons, 1953; *The Goldmine Between Your Ears*, C. Scribner's sons, 1955.

é permitido qualquer julgamento ou crítica que possa inibir a livre e espontânea manifestação de ideias, de todos os teores. Ideias adjacentes ou próximas são encorajadas, como também as mais estranhas e bizarras. A manifestação de ideias com certo ingrediente de humor deve ser incentivada. Após um tempo limite preestabelecido, as ideias anotadas são revisadas e desenvolvidas pelo grupo.

Embora o *brainstorming* seja uma técnica tipicamente de grupo, ela pode ser aplicada individualmente por um designer com os mesmos princípios e registrando quantas ideias puder. Todas as ideias são finalmente revisadas, classificadas e avaliadas.

É possível que algumas delas, surgidas de um conjunto de ideias em uma sessão de *brainstorming*, sejam muito óbvias, mas podem ser consideradas como elos de conexão na grade criativa (formada por uma cadeia de ideias). Contudo, a parte verdadeiramente criativa está na construção de pontes entre as ideias óbvias e as novas, permitindo que elas se associem e se combinem para gerar as outras ainda melhores.

Ideias levantadas na reunião de *brainstorming* devem ser registradas em forma de relatório ou lista por um elegido entre os membros do grupo. É importante ressaltar que o relatório ou lista de ideias não é o conjunto de critérios, parâmetros ou requisitos a serem considerados, porque ideias surgidas na discussão são resultados da imaginação inspirada, associativa, mesmo que sejam objetiva, direta ou aparentemente fantasiosas. O seguinte exemplo de um relatório sucinto, feito para o projeto (acadêmico) de um veículo individual de transporte urbano, pode ajudá-lo a entender como ele poderia ser:

a) O formato longo e estreito, como de uma folha longa de planta (ocupa menor espaço no sentido horizontal lateral).

b) Sistema de amortecimento usando as propriedades de flexibilidade da própria forma e elasticidade do material.

c) Forma esférica capaz de andar, rolar e pular – similar à bolha ou balão – e que garante a dirigibilidade.

d) Série de rodas que sobem e descem conforme características da superfície de terreno ou pista.

e) Rodas independentes quanto ao movimento direcional.

f) Rodas com formato (aproximando-se da forma esférica) que permita agilidade na mudança de direção e de terreno.

g) Controle com as mãos em uma postura que ofereça maior conforto para os braços (diminuir o esforço muscular dos braços) sob a condição de manter a agilidade.

h) Teto translúcido de forma e estrutura reticulada capaz de reduzir a força de atrito com o ar; forma autoadaptável conforme correntes do ar.

i) Forma-estrutura autoportante – a própria forma é a estrutura eficaz.

j) Minimotor movido a energia solar, a movimento; aproveitamento das superfícies para captura de energia solar.

k) Asas superleves de insetos – extensível, dobrável, com estrutura levíssima e coberta de películas transparentes, translúcidas ou opacas; a capa rígida protetora de asas flexíveis, usada em momento de necessidade.

l) Película isolante de calor.

m) Para redução do peso, verificar a possibilidade de criar aberturas (vazios ou furos distribuídos na chapa principal).

n) Compartimento para guarda de objetos pequenos (aproveitamento máximo de espaços), evitando o aumento de volume e de peso.

o) Corpo do veículo composto e articulado que permita flexibilidade de movimento lateral e vertical.

p) O assento diferenciado do comum, funcionando como um apoio mínimo, semelhante ao assento de bicicleta (reduz volume e peso).

q) O assento como extensão ou parte incorporada da forma-estrutura principal, e não uma peça montável.

r) Forma espiral – ideia de continuidade e de mudança de tamanho gradual – com funções estética, estrutural e funcional.

E assim por diante. Com o relatório, outras reuniões podem ser prosseguidas para finalizar com uma ideia criativa ou inovadora, porém viável para o projeto.

Biônica: a busca de ideias na natureza

Os métodos da analogia privilegiam as técnicas de observação, comparação e simulação entre os diferentes elementos, objetos e fenômenos, com o fim de gerar novas ideias. A biônica (ou biomimética) é um método analógico baseado no estudo de elementos biológicos, da fauna e flora, para que o designer chegue a ideias ligadas à forma, à estrutura ou à função.

Os princípios que a natureza nos revela

O ser humano, desde o início da sua existência, cria e recria incessantemente inúmeros objetos, por meio da sua intuição, inteligência, percepção e sensibilidade. Podemos olhar ao nosso redor o infindável número de produtos extremamente variados – obras de arte, utensílios, ferramentas, máquinas e construções de todos os tipos. O ser humano, com o seu conhecimento acumulativo, não para de criar, recriar e inventar. No entanto, as pessoas criativas, principalmente os profissionais, tentam sempre buscar "ensinamentos" oferecidos pela natureza, inspirando-se nos elementos naturais. Com curiosidade e observação, podemos descobrir elementos interessantes, fenômenos espetaculares e princípios do design (forma, estrutura, função etc.), por exemplo, de uma planta ou de um inseto. E, assim, aplicamos os princípios verificados neles em nossas criações. Portanto, nós aprendemos com os elementos biológicos da natureza, imitamos certos detalhes das espécies da fauna e da flora para criar, desenvolver, aprimorar ou até inventar novos produtos. A especialidade desse tipo de estudo é chamada de biônica ou biomimética. Mais do que nunca, hoje ela recebe uma atenção especial no mundo inteiro.

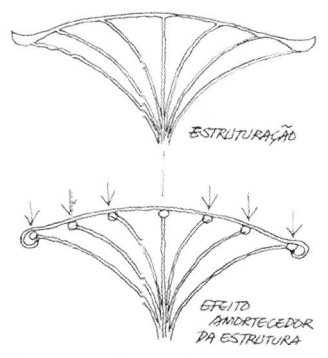

Figura 24.1. Croquis de estudo a partir da estrutura verificada na casca de um fruto. É possível gerar uma variedade de formas baseadas no mesmo princípio estrutural.

"Arte, tecnologia e design" em seres naturais

A natureza, desde o seu nascimento, gera, desenvolve, aprimora, transforma infinitas maravilhas de seres vivos, por meio das quais cada espécie, ao longo de milhões de anos, chegou ao seu estado atual com capricho em "design", com sua "beleza" e "função" próprias e apropriadas para a sua sobrevivência. Todos os elementos ou seres naturais, não importa o seu tamanho, são obras espetaculares de "arte", "design" e "tecnologia". Cada exemplar de espécie de planta ou animal nos apresenta um conjunto completo de informações preciosas do sistema, envolvendo as propriedades do "material", as características da estrutura e forma, os mecanismos do crescimento e as peculiaridades funcionais (por exemplo, um fruto, ao secar no galho, explode expelindo as sementes que, por sua vez, voam girando feito "helicópteros" para todos os lados). Se nós observarmos os elementos ou fenômenos da natureza, podemos neles adquirir conhecimento, tirar inspirações, desenvolver a nossa criatividade e, inclusive, descobrir segredos que são chaves das invenções.

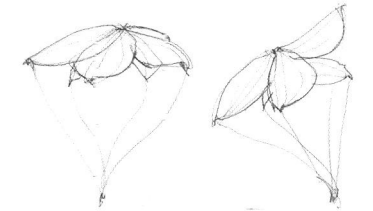

Figura 24.2. A forma que lembra a do paraquedas é um fruto seco aberto.

Formas, estruturas e funções que inspiram

Os princípios estruturais e funcionais verificados em animais são aplicados em projetos de carros, navios e aviões para que esses veículos fiquem ainda mais leves, mais resistentes e mais rápidos. As características observadas em plantas e

Figura 24.3. Forma concebida por meio de análise biônica a partir de um fruto do Cerrado. A sobreposição de camadas moduladas é a interpretação das camadas observadas na casca do fruto. Trabalho experimental de Tai.

animais podem servir de exemplos de forma e de estrutura para inspirar arquitetos e designer na criação de edifícios e produtos inovadores. Muitos modelos biológicos também servem de inspiração para criação de mecanismos que gerem funções muito específicas. Um dos exemplos mais impressionantes é o do velcro, que é usado hoje em centenas de produtos, especialmente mochilas, bolsas e tênis. Ele foi inventado, em 1941, por um engenheiro suíço, Georges de Mestral, que, após ser incomodado por carrapichos (*Arctium*) em um passeio no campo, foi investigar o porquê da grande capacidade de aderência das sementes nas suas calças. Assim, após anos de experimentos, inventou o velcro, que hoje é amplamente utilizado no mundo inteiro. Muitos animais e plantas apresentam formas "estética" e proporcionalmente dinâmicas e harmoniosas, servindo como modelos para criação e desenvolvimento de novas formas, esteticamente mais atraentes, desde design de joias até automóveis.

A inovação em design baseada na biônica

Hoje, os artistas, designers, arquitetos, engenheiros, cientistas, e até médicos estão interessados como nunca no estudo da biônica ou biomimética destinado à aplicação na sua área profissional. A inovação está diretamente vinculada à biônica. Os especialistas dessas áreas não apenas querem imitar as formas e estruturas dos seres da natureza, mas sim desvendar os princípios físicos, químicos, perceptivos e de outras ordens, a fim de aplicá-los na criação e desenvolvimento de objetos de utilidade de grande necessidade, contribuindo para resolução dos problemas da população. Designers e engenheiros desenvolvem desde próteses de vários tipos para suprir as várias necessidades especiais dos deficientes, até robôs e diversas máquinas que possam atender às nossas diversificadas necessidades da vida cotidiana, que fica cada vez mais complicada, em um mundo em acelerado ritmo de urbanização e globalização. Assim, as ciências e tecnologias se unem com a arte, tentando buscar cada vez mais informações da grande natureza que é uma fonte inesgotável.

A natureza é o grande mestre

A natureza é o grande mestre que nos ensina e nos inspira quase em todas as atividades criativas, principalmente na criação e na invenção de produtos que possam trazer benefícios à humanidade, e inclusive à própria natureza. Tendo em vista a inovação, devemos ficar atentos às informações, cada vez mais ricas e detalhadas, sobre a natureza. Os documentários hoje trazem informações preciosas sobre a fauna, a flora e demais sistemas e fenômenos, que merecem a nossa atenção não apenas pela curiosidade, mas pela intenção de estimular o nosso raciocínio, imaginação e associação de ideias.

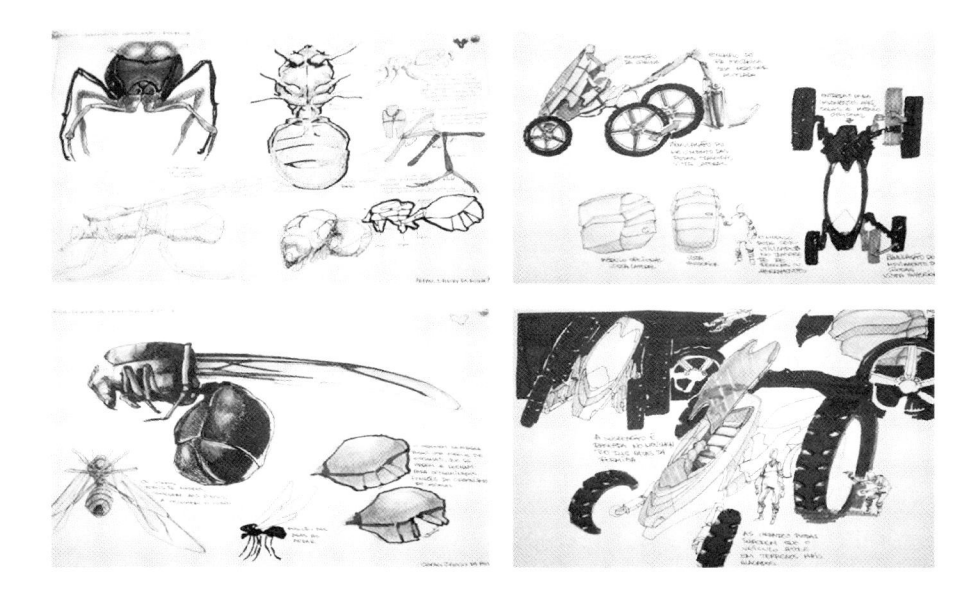

Figuras 24.4, 24.5 24.6 e 24.7. Trabalho de projeto criativo, baseado na análise biônica, de Rafael Fleury, do Curso de Design, da PUC-GO. A ousadia na busca de formas diferenciadas é um importante fator na parte inicial da etapa de geração de ideias.

Método por inferência vertical

O modo mais comum para resolução de um problema é encontrar uma saída por dedução por meio de raciocínio lógico. E a solução mais direta é baseada muito na intuição e no conhecimento adquirido da experiência pessoal. Por exemplo, para um recipiente que está furado, a solução é o remendo direto, com o mesmo material reposto e colado no furo. O leite ao ferver costuma transbordar sujando o fogão. Para resolver esse problema, o raciocínio direto e vertical é: ao ser fervido, o leite borbulha e o modo certo de evitar borbulhas é criar um mecanismo que as quebre assim que aparecem. Basicamente é o método que busca a causa aparente e a elimina de modo intuitivo. Esse é o modo de raciocínio *vertical*, o mais básico, mas nem sempre produz melhores resultados.

Método por inferência horizontal

O método por inferência *horizontal* se dá por raciocínio que associa várias ideias (ou sistemas) para gerar a solução. Esse também é bastante comum e temos muitos exemplos interessantes de produtos criados desse modo. O arco e a flecha, na verdade, são dois sistemas associados; a garrafa e a bomba d'água formam um borrifador e *spray*; o barco ou a lancha de velocidade resultam da junção do barco com o motor e a hélice; o pneu de bicicleta foi inventado, em 1887, por um jovem ciclista inglês após verificar a possibilidade de juntar uma mangueira na roda para obter o amortecimento.

Método contraposto ao comum e método multidirecional

Uma das maneiras mais inventivas de criar produtos é desafiar o "impossível", o "inimaginável" ou o não convencional, por meio de raciocínio incomum. Esse é o método *contraposto ao comum*. Além do contraposto, diferente do vertical e horizontal, o método que exige o raciocínio mais complexo e difícil é o *multidirecional*, que exige também a investigação com indagação minuciosa. O multidirecional e o contraposto fazem com que o indivíduo pense de maneira que o permita chegar a causas indiretas ou obscuras, as quais, quando são eliminadas, podem gerar ideias surpreendentes. Um bom exemplo é o do caso da caneta esferográfica, que apresentava um problema, resolvido de maneira muito criativa, sem acarretar nenhum tipo de prejuízo. Ao contrário, a empresa ganhou vantagem, diminuindo o custo de fabricação da caneta. Ao constatar o fato da queda de venda da caneta produzida pela empresa, o que confirmou a causa – havia vazamento de tinta, depois de um período de uso – em vez do uso de um material mais resistente para a esfera na ponta da caneta para evitar o vazamento, o que acarretaria o aumento do custo, uma das sugestões mais brilhantes era simplesmente a redução da quantidade de tinta. Pois, com a redução de tinta, o vazamento não ocorre antes de acabar e, por isso, o usuário simplesmente troca a caneta assim que acaba a tinta. Desse modo, a venda da caneta volta a crescer. Nesse caso, a empresa usou uma estratégia flexível na busca de ideias.

Alteração da perspectiva e de ângulo de visão

Em vez de observar as coisas de modo convencional, às vezes é recomendável que as vejamos alterando o modo de olhar, isto é, alterando a perspectiva de visão sobre os problemas e seus componentes, mudando referências como tamanho, distância, ângulo, tempo, peso, dimensões, materiais e até leis físicas.

Podemos ver o problema de diferentes ângulos. Muitas vezes, é necessário que você imagine que está dentro ou entre detalhes de uma máquina, por exemplo, para "sentir" imaginariamente o "ambiente" e pensar qual é a solução para melhorar o desempenho. Ou faça de conta que você é o próprio objeto (*role playing*), assumindo o papel da máquina "humanizada", perguntando a si mesmo – "como posso ser melhor para mim e para as pessoas?"

Alguma vez você já imaginou, por exemplo, que fosse uma serpente, locomovendo-se em diferentes terrenos, rochas, árvores, pântanos e debaixo d'água? Se fizer isso, a sua imaginação o conduzirá a um pensamento criativo, porque você verá por diferentes ângulos e terá, consequentemente, uma diferente visão. Esse tipo de raciocínio criativo da sinética[46], de analogia pessoal, na qual a pessoa se coloca no lugar do produto, processo ou sistema que pretende desenvolver, estimula a imaginação de modo não usual.

A combinação de soluções existentes

Cada produto, cada sistema ou cada solução existente apresenta seus pontos positivos e negativos, suas vantagens e desvantagens. Assim, é possível que nós aprendamos com as soluções existentes, comparando-as e associando as ideias diversas observadas e, na base dessas associações, criemos novas soluções ainda mais criativas. É totalmente possível também associar ou juntar diferentes sistemas ou objetos para gerar novos sistemas. Na verdade, o produto mais complexo é normalmente resultado da junção de vários sistemas. Já viu algum produto que é a união de um banco com uma escadinha?

A versatilidade das ideias associadas

Estamos agora entrando na questão de *versatilidade*, e essa questão é diretamente relacionada com ideias associadas. Mas o que é versatilidade? Podemos dizer que ela é entendida primeiramente como "estado, qualidade ou condição do que é versátil", e versátil, por sua vez, é a qualidade daquilo que é "propenso a mudar", isto é, a qualidade daquilo que é capaz de sair do padrão normal, assumindo

---

46 A sinética é uma técnica ou modo de raciocínio criativo, que se apoia em analogias e metáforas, desenvolvido por William Gordon em 1957, como aperfeiçoamento ao método de *brainstorming*, possibilitando ao indivíduo pensar de maneira incomum, desviando-se de percursos tradicionais. As quatro analogias – pessoal, direta, simbólica e fantasiosa – podem ocorrer simultaneamente no processo de *brainstorming*

novas características, a fim de atender às novas necessidades ou dar solução aos novos problemas. A versatilidade é um dos requisitos de uso que tem diversas conotações, das quais cada uma pode ser enfatizada de acordo com as necessidades específicas. A versatilidade pode ser então entendida como estado, qualidade ou condição daquilo que é, por exemplo, portátil, multifuncional, mutável, ou, mesmo, extremamente simples e prático.

25
Ergonomia e design de produtos

Estudo e aplicação sistêmicos da ergonomia

A ergonomia é o estudo das relações interativas entre o homem, o trabalho, a máquina e o ambiente, com o objetivo de buscar melhores soluções, visando a contribuir para garantir a produtividade do trabalho. Esse é o conceito original que foca nos problemas do trabalho em busca de produtividade, por meio de adequações de relações interativas entre o trabalhador e a máquina. Embora o próprio termo *ergonomia* refira-se ao trabalho, atualmente a pesquisa e a aplicação da ergonomia não apenas enfocam o trabalho, mas todas as atividades, incluindo esportes, diversões, lazer e descanso – atividades que não fazem parte do contexto do trabalho.

Vários domínios específicos da ergonomia

A ergonomia também ganhou novos domínios de especialização. Não está mais limitada dentro do âmbito físico, mas estende-se até o ambiente visual e virtual e em relação aos processos organizacionais do trabalho. Assim, temos a *ergonomia física*, a *ergonomia cognitiva*, a *ergonomia informacional* e a *ergonomia organizacional*. E, na verdade, todos esses domínios específicos se somam para o estudo e a aplicação sistêmicos da ergonomia no design, principalmente do sistema mais complexo.

A ergonomia cognitiva

Máquinas, aparelhos ou equipamentos com interface (física ou virtual) muito comuns hoje em dia, como o computador, jogos, caixas eletrônicos e *tablets*, entre outros aparelhos interativos, só podem prestar serviços eficazes aos usuários quando oferecem todas as condições favoráveis ao uso confortável e seguro. O usuário e a máquina interagem por meio da interface, trocando informações e estímulos em um processo pelo qual o usuário dá comando à máquina para que ela processe os dados e execute serviços. O usuário, com a sua capacidade perceptiva e cognitiva, memória e habilidade e por meio de processos mentais, dá resposta e comando à máquina. A ergonomia cognitiva ocupa-se do estudo desse tipo de interação.

As bases biomecânica, fisiológica, antropométrica e psicológica

A ergonomia, também chamada de *engenharia humana* ou *fatores humanos*, é uma ciência aplicada que privilegia as características humanas que devem ser consideradas como parâmetros no projeto de equipamentos, máquinas, objetos, ambientes e demais sistemas, de modo que as pessoas e os sistemas (do objeto ao ambiente) possam interagir com eficácia, segurança e conforto.

De modo geral, os estudos e as pesquisas na ergonomia realizam-se nas *bases biomecânica*, *fisiológica* e *antropométrica*[47] do homem em relação às características da máquina (entende-se como objeto, mobiliário, equipamento e outros produtos), da atividade (tarefa, trabalho) e do ambiente. Porém, é verdade que a psicologia também fundamenta a ergonomia se levarmos em consideração a importância da questão do estímulo perceptivo e da reação psicológica durante a atividade. Por isso, a *base psicológica* deve ser colocada junto às três bases citadas acima. No estudo sistêmico de fatores humanos, o aspecto físico-fisiológico e a dimensão mental-psicológica devem ser estudados de maneira integrada.

As funções biomecânicas em atividades

O corpo humano é constituído de vários membros e partes que, articulados entre si, permitem movimentos. Sustentado pelo esqueleto com articulações, o corpo pode se movimentar, desempenhando ações com agilidade nas diversas atividades. A maioria das atividades humanas é exercida com o esforço humano que exige das pessoas atenção, concentração, postura e movimentos corporais. A compreensão sobre o funcionamento mecânico do corpo humano é importante para saber dos limites dos segmentos do corpo, ao fazer movimentos de tensão,

---

47   Alguns pesquisadores consideram as bases biomecânica, fisiológica e antropométrica como principais, mas ignoram a psicológica que, na verdade, fundamenta as reações e os estímulos das pessoas em relação às atividades.

compressão, giro e torção. Acompanhando os movimentos ou mesmo acionando os membros, os músculos assumem o papel de força motriz por meio de tensões musculares. Os movimentos corporais são resultados da ação conjunta dos músculos e do esqueleto, comandado pelo cérebro, seguindo as leis físicas da mecânica do corpo humano. A agilidade, a força, a resistência e a eficácia de movimentos do corpo resultam no bom funcionamento da biomecânica. Todo sistema, tanto artificial como natural, apresenta, invariavelmente, limites de desempenho conforme a sua consistência e idade. A biomecânica, quando está sobrecarregada de atividades e pesos, pode falhar, resultando no corpo humano o cansaço, o esgotamento, a fadiga ou até a doença.

As reações fisiológicas em atividades

Em trabalhos ou atividades que exigem maiores esforços corporais, as reações fisiológicas normalmente começam com a transpiração, seguida de intensificação de batimento cardíaco e, posteriormente, de dor muscular. Em trabalhos e atividades cotidianas, as pessoas, em posições estáticas ou em movimentos, têm suas funções biomecânica e fisiológica ativas, em menor ou maior intensidade, de acordo com o tipo de ações desempenhadas. A duração da atividade tem limite para não levar o corpo à lesão e à exaustão. A ergonomia preocupa-se com a redução das reações fisiológicas excessivas. O design pode criar soluções capazes de reduzir o esforço físico e mental do usuário e, em consequência, as reações fisiológicas.

Adequação biomecânica e fisiológica

A ergonomia tem a função de pesquisar e estudar sobre a questão e deve estabelecer regras e princípios para instruir os indivíduos a evitar problemas biomecânicos e fisiológicos no trabalho. A antropometria, em busca de adequação dimensional entre as medidas do produto e as do corpo humano, contribui também para a adequação do desempenho biomecânico e fisiológico do corpo humano em ação. Portanto, o estudo da ergonomia geralmente começa com enfoque maior na antropometria. O conhecimento das dimensões das partes do corpo, estático ou dinâmico, torna-se fundamental. Tentativas de chegar às medidas padrão, com dados listados em tabelas servindo como parâmetros, foram feitas em algumas nações, onde há maior homogeneidade étnica. No Brasil, as variâncias das medidas serão maiores.

Quando o design recorre às tabelas antropométricas na definição de dimensões adequadas do objeto projetado, costuma basear-se nas dimensões médias de uma população. Porém, em certos casos, deve-se levar em consideração as variâncias individuais, fazendo ajustes.

Arranjo espacial na base psicológica

Na base psicológica, a questão do espaço é diretamente relacionada à antropometria e altamente ligada às sensações do homem, porque este não apenas precisa do espaço para a sua ocupação e ação, mas também para a sua sensação. O indivíduo tem, no seu instinto, a noção da territorialidade e a necessidade de se sentir confortável e seguro em um determinado tamanho de espaço conforme a ocasião, o tipo de atividade e o estado de espírito. Psicologicamente, o ser humano é complexo, complicado e altamente influenciado pelos diversos fatores: a idade, a cultura, a personalidade, as condições econômico-sociais e outros.

O fator psicológico na distância espacial

A ergonomia, na busca de condições humanizadas do trabalho e das atividades diárias, estuda também a função simbólica e comunicativa da separação ou distanciamento espacial mantido entre indivíduos em diversas situações sociais e interpessoais. O estudo preocupa-se com as reações psicológicas dos indivíduos em relação ao espaço que os separa. Uma pessoa mantém certa distância em relação à outra pelo conforto condicionado pelo grau de afinidade, simpatia, empatia, afeto, amizade e intimidade, as quais são influenciadas pela preferência, gosto, interesse e compatibilidade de ordem cultural, social, religiosa ou até política. A aparência, as expressões (verbais, sonoras, faciais e gestuais) e o comportamento das pessoas são elementos simbólicos e comunicativos fortes que influenciam na sua aproximação ou distanciamento. Similarmente, as pessoas em relação aos objetos também podem ter reações psicológicas quanto às distâncias e espaços.

O território individual e a bolha espacial pessoal

Figura 25.1. O "território" sentido por uma pessoa provém do instinto de defesa. Aproximação de outra pessoa pode provocar certo incômodo.

Uma experiência feita pelo psicólogo americano, Donn Byrne, em 1969, com um grupo de pessoas para verificar a aproximação ou distanciamento entre indivíduos mostrou que era possível "medir" o grau de empatia entre dois indivíduos. Na verdade, há no indivíduo e no grupo de pessoas, seja pequeno, seja grande, algum padrão de comportamento associado à definição e à defesa de um território ou domínio. É a territorialidade individual, grupal, populacional ou racial. Cada indivíduo ou grupo pode ter o seu padrão de aceitação e tolerância na aproximação do outro.

Uma pessoa mantém uma distância psicológica ou espacial variável e subjetiva na qual ela se sente confortável ao se aproximar do outro indivíduo. O espaço que envolve essa distância pessoal é chamado de *espaço pessoal*. Normalmente, este é entendido como um *espaço de envoltura pessoal* ou uma "bolha espacial pessoal" (*personal space bubble*). Quando o indivíduo sente que o seu espaço – o território pessoal – está sendo invadido, provocando em si um desconforto, ele tenta, de alguma maneira, afastar-se do intruso.

As dimensões estruturais e funcionais do corpo

Antes de iniciar qualquer estudo sobre posturas e movimentos do indivíduo (usuário) exercendo uma tarefa ou atividades, é preciso ter noções sobre um dos mais importantes aspectos da antropometria – dimensões e proporções do corpo humano. Há duas categorias de dimensões a serem consideradas. A primeira é das *dimensões estruturais* do corpo, referindo-se às dimensões dos segmentos ou partes do corpo independentemente de seus movimentos. Já as dimensões determinadas por posições e movimentos corporais, como distâncias de alcance pelos braços, distâncias entre os pés durante o caminhar, por exemplo, são chamadas de *dimensões funcionais*.

Adequações dimensionais estática e dinâmica

Em design de produtos e de ambientes, busca-se sempre, sem dúvida, a coerência ou adequações dimensionais entre eles e o seu usuário. De *adequação estática* entende-se a correspondência entre o tamanho e a postura de um corpo humano e um objeto, que seja um mobiliário ou uma máquina. E *adequação dinâmica* é a "correspondência entre a experiência sensorial da presença e do movimento corporal e o tamanho, a forma e as proporções de um espaço".

Ao exercer uma atividade, o usuário assume uma postura e pode fazer uma série de movimentos. Uma postura envolve a posição de cada parte do corpo, conforme a necessidade da atividade ou de um ato, movimentando-se para alcançar, tocar ou manusear determinado componente do objeto. Desse modo, a antropometria estuda, na menor região corporal, as relações e adequações dimensionais entre a mão (incluindo os dedos, o punho) e uma parte funcional de um objeto (ferramenta, utensílio, aparelho) de contato direto. O cabo, a haste, a alça e outros tipos de empunhadura são estudados em relação à mão do usuário no que diz respeito às suas dimensões, configuração, peso e também textura tátil.

Adaptação do utensílio à mão

Figura 25.2. A ferramenta como uma extensão da mão – um conceito ideal, mas quase impossível pela materialidade do objeto. A adequação ergonômica é obtida com as dimensões, características físicas e de usabilidade da ferramenta.

A empunhadura é importante principalmente para objetos diretamente ligados ao trabalho, como ferramentas de trabalho manual, determinadas peças de controle ou comando de máquinas e pequenos veículos de transporte de cargas. As suas características influenciam diretamente no desempenho do usuário no trabalho. Falhas ou inadequações no formato e nas dimensões podem acarretar problemas de desconforto, cansaço, lesão ou acidentes. O usuário maneja a ferramenta ou o utensílio fazendo movimentos, muitas vezes repetidos, usando a pega como apoio ou o grande dispositivo de controle. A força é diretamente descarregada em cima dela para acionar o utensílio na execução da tarefa. As características da empunhadura devem se adaptar às da mão, do movimento e da postura do usuário em determinada tarefa. Além do formato e das dimensões, a superfície, o peso, o material e demais detalhes até sutis, se estiverem adequados, podem contribuir para um bom grau de usabilidade do utensílio.

Os dispositivos de controle e comando

Além das empunhaduras, os dispositivos de controle e de comando são elementos de contato direto com as mãos e, em certas máquinas, os pés, como botões, teclas, manivelas, chaves e pedais. Esses são elementos da interface física entre o operador e a máquina que se encarregam do trabalho de *informação e operação* e necessitam de condições propícias ao manejo tanto visual como manual do usuário ou operador. A eficácia dos dispositivos de controle significa a sua correta configuração, disposição e distância entre eles, adaptadas às condições biomecânica, fisiológica e antropométrica do operador.

Os dispositivos em interfaces digitais

Os dispositivos em mídia eletrônica ou digital, principalmente interativa, também seguem os mesmos princípios de configuração e disposição, na interface virtual. Esses dispositivos virtuais aparecem simulando as formas de teclas e botões físicos ou se apresentam como ícones, símbolos, sinais ou palavras. Observe e pense sobre as relações dimensionais e espaciais entre os dispositivos virtuais na tela do seu computador, no caixa eletrônico do banco, no seu celular, Ipad e outros aparelhos interativos. É a adequação ou a otimização dessas relações que define o grau de usabilidade do produto.

Posturas, movimentos e alcances

Cada tarefa exige certa postura e movimentos específicos, pois estes são determinados por tipo, repetição, frequência, intensidade, duração, precisão, esforço muscular e percepção da pessoa. A postura do usuário sentado apresenta várias vantagens quando ele realiza uma tarefa manual, com menos ou mais atenção visual: cansa menos ou oferece conforto por ter apoio dos pés no piso, assento, encosto, eventuais apoios para braços na cadeira e superfície de trabalho, com possibilidade de ajustamento de alturas e inclinações.

Figura 25.3. Embora a mesa e a cadeira sejam projetadas para se adaptar ao indivíduo que as usa para uma determinada atividade, a pessoa em si deve assumir uma postura correta, evitando dores ou danos ao corpo.

A altura da superfície de trabalho (mesa, bancada, balcão) em relação à altura dos olhos, do cotovelo ou das nádegas pode variar conforme a menor ou maior exigência da atenção visual e do uso das mãos e braços. Posturas e movimentos do indivíduo que trabalha em pé só ficam adequados quando as dimensões e posições de todas as superfícies de apoio e de trabalho estão de acordo com melhores posturas e movimentos recomendados para a tarefa. Alturas e distâncias precisam, na medida do possível, ficar dentro do envoltório espacial de alcance horizontal e vertical.

Há trabalhos que exigem alternação de posturas e movimentos para interromper a longa permanência de uma mesma posição. É imprescindível a reserva de um espaço suficiente para previstas mudanças de postura com movimentos frequentes das pernas e pés. Às vezes, é requisitado o apoio para um pé enquanto o outro pé está apoiado no chão quando o indivíduo se encontra semissentado em um assento alto. Da mesma forma que há posturas e movimentos corretos do corpo para cada tipo de tarefa, há posições e movimentos adequados de mãos e braços para cada trabalho e cada utensílio, aparelho ou equipamento, principalmente aquele que possui empunhadura ou pega. A configuração do aparelho precisa ser definida de acordo com a melhor posição da mão ao manuseá-lo, evitando sempre desajustes biomecânicos de mãos e braços.

Informações visuais e sonoras

Informações visuais e sonoras transmitidas a partir de uma máquina, de um aparelho ou de um equipamento só são eficazes quando seus componentes – signos e códigos – correspondem à capacidade perceptiva e sensorial do usuário. Esses signos visuais podem ser caracteres, palavras, frases, símbolos, sinais, pictogramas, ícones, imagens, cores e outros elementos visuais. Já os signos sonoros são todos os tipos de sons representativos, simbólicos ou indicativos que são capazes de passar mensagens, na maioria dos casos, de alerta, advertência e comando.

A correspondência entre os signos e a capacidade perceptiva e cognitiva do usuário depende de vários fatores: da visibilidade, da legibilidade, da discriminabilidade e da compreensibilidade, e no caso dos signos sonoros, também da audibilidade e da distinguibilidade.

Peças de controle e comando em máquinas

Peças de controle e de comando em máquinas, como teclas, botões, alavancas, manivelas, pedais, volantes e outros tipos de elementos, em muitos casos, estão intimamente relacionados com mostradores, relógios e painéis informacionais que usam diferentes signos para transmitir informações quando algum controle é feito ou algum comando é acionado. Tanto as peças de controle e comando como os signos devem ser configurados, dimensionados, arranjados conforme princípios e regras precisos, para que o trabalho seja realizado com eficácia, segurança e conforto.

Muitos princípios seguem o consenso habitual ou convencional. E o ocasional erro ou contravenção pode conduzir o usuário ao acidente. Os movimentos convencionais de acionar comandos para ligar, desligar, aumentar, diminuir, acelerar e desacelerar relacionam-se diretamente com hábitos de movimentar para frente (empurrar), para trás (puxar), para direita, para esquerda, para cima, para baixo, para dentro, para fora, em sentido horário ou anti-horário.

É totalmente errado tentarmos fazer as pessoas se adaptarem a uma máquina ou um ambiente ergonomicamente inadequado ou malresolvido, pois qualquer adaptação desse tipo seria, na verdade, um prejuízo da saúde, capaz de levar os usuários a estado de estresse.

Capacidade de atenção e concentração

Todo usuário tem uma capacidade de atenção, mental, visual e auditiva para assimilar determinada intensidade de estímulos sensoriais, em um ambiente normalmente constituído de um conjunto de objetos e elementos que, por sua vez, possuem diferentes formas, cores, texturas, luz, sombra, dimensões, complexidade, quantidade, padrões e estilos. Fazem parte desses objetos e elementos o mobiliário, os utensílios, os aparelhos, os equipamentos, as máquinas e inclusive os efeitos da iluminação, da acústica, do conforto térmico e muito mais.

Uma adequação entre a capacidade de atenção e a quantidade de informações oferece conforto para o usuário e para o seu desempenho na realização de atividades. O desequilíbrio significa excesso de estímulos que causam uma sobrecarga mental (*workload*) no usuário, provocando nele o estresse. Portanto, é importante o controle das demandas de atenção com ajustamento satisfatório do ambiente, principalmente do local de trabalho.

Fatores ambientais e reações psicológicas

O ambiente é capaz de afetar fisiológica e psicologicamente o estado de espírito do seu usuário, fazendo-o feliz ou triste, calmo ou irritado. Assim, a psicologia ambiental pode contribuir para o entendimento das implicações dos diversos fatores ambientais nas reações individuais. Essas reações psicológicas e emocionais podem ser avaliadas verificando-se a escala de sensibilidade das pessoas. Naturalmente, suas reações positivas proporcionam o bom desempenho no seu trabalho e, consequentemente, aumentam a produtividade.

Os fatores ambientais são muitos, como: clima, conforto térmico, acústica, iluminação, ventilação, umidade, ruídos, vibrações, agentes tóxicos, cores, grafismo e brilhos. Porém, podemos resumi-los em alguns principais e outros secundários. Os principais são a iluminação, a acústica e o conforto térmico E os secundários são a cor, o cheiro, o som (o isolamento, o silêncio ou a música), a composição (arranjo ou disposição dos móveis e objetos), entre outros.

Estação de trabalho e usabilidade

Estação de trabalho, traduzida de modo literal do inglês para o português, embora não pareça adequada, é um termo encontrado em alguns livros de ergonomia. As palavras *workstation* e *workspace* referem-se a lugares de trabalho que agrupam um conjunto de equipamentos ou mobiliários destinados a determinadas tarefas e atividades. Esses lugares podem ser, por exemplo, caixa de supermercado, caixa de banco, sala de recepção e área de estudo.

Para esses lugares mobiliados e equipados, diversas facilidades devem ser pensadas conforme a necessidade de adequações dimensionais que possibilitam alcançar alto grau de usabilidade. Essas facilidades são superfícies de trabalho (mesas, bancadas, balcões), assentos, áreas ou espaços de armazenamento e estocagem (armários, estantes, gavetas), suportes e caixas para arquivamento e organização de materiais, painéis de controle, luzes artificiais e outras. Além disso, diversos outros fatores ambientais (ventilação, umidade, acústica, temperatura) devem ser sempre considerados com atenção, pois uma estação (ou posto) de trabalho faz parte de um ambiente maior – o sistema de uma "microecologia", que é a ergonomia.

A ergonomia como uma microecologia

A ergonomia é o estudo científico da relação entre o homem e seu ambiente de atividades, seus instrumentos, equipamentos, matéria-prima e, inclusive, métodos e a organização desse trabalho. Ela é considerada uma microecologia que tem o objetivo de otimizar de modo multidimensional o sistema constituído pelos quatro componentes – *homem-objeto-atividade-ambiente*, com particular referência à proteção da integridade psicológica e física do homem (a pessoa em atividade) e ao melhoramento de suas condições funcionais. Portanto, a ergonomia desempenha um papel muito importante e indispensável no design e na arquitetura em busca de respostas funcionais mais satisfatórias.

Fatores inerentes aos quatro componentes

O objeto, como produto humano, é uma variável, por isso a ergonomia procura adaptá-lo às necessidades de conforto psicológico e físico do homem, em vez de adaptar o homem a ele. Para isso, a análise ergonômica primeiramente procura evidenciar os fatores que prejulgam a capacidade de rendimento ou o conforto nas atividades do homem. São quatro classes de fatores:

Fatores inerentes ao objeto: dimensões, componentes, estrutura, formas e cores.
Fatores inerentes ao homem: estrutura e funcionamento do corpo, estatura, medidas corporais, características psicofísicas, habilidade, memória e idade.
Fatores inerentes ao processo de atividades: grau de dificuldade, volume do trabalho, monotonia e causas de estresse.
Fatores inerentes ao ambiente: ruídos, vibrações, pureza do ar, umidade, temperatura, iluminação e ventilação.

As quatro zonas espaciais

Para essa análise, muitas áreas de estudos científicos e tecnológicos podem contribuir com dados e fundamentos teóricos: a anatomia e a fisiologia explicam, com maior clareza e precisão, a estrutura e o funcionamento do corpo humano; a antropometria estuda as dimensões do corpo; a psicologia fisiológica estuda o funcionamento do cérebro e o sistema nervoso; a psicologia experimental define parâmetros do comportamento humano; e muitas outras disciplinas específicas. A capacidade de rendimento e conforto nas atividades do homem é determinada pela intervenção do projetista na otimização de todos os fatores correspondentes a determinadas categorias de zonas de envolvimento espacial, como veremos a seguir:

Zona corpórea envolve todos os órgãos ativos e receptores, e membros. Na criação de produtos que interessam a essa zona, é necessário dispor de dados antropométricos relativos aos seus componentes e toda a sua mecânica.

Zona da "bolha espacial pessoal" (*personal space bubble*) é um espaço de fácil alcance pelo corpo e seus membros em movimento qualquer, e tem um diâmetro de dois metros aproximadamente. No projeto de objetos associados a essa zona (assentos, superfícies de trabalho, superfícies e espaços de armazenamento etc.), utilizam-se dados referentes aos órgãos humanos e às normas da sua mecânica.

Zona de proximidade ambiental é o espaço que abrange todos os objetos e elementos que o caracterizam como local de trabalho, de utilização e de permanência (sala, quarto, escritório, o interior de um ônibus, por exemplo). Utilizam-se dados ergonômicos e, além daqueles referentes ao homem, temos condições ambientais, como iluminação, ventilação e condições térmicas e auditivas.

Zona de distância ambiental perceptível – os dados referentes às quatro classes de fatores são selecionados para a solução dos problemas de projetação de ambientes, cujos componentes, separadamente ou em conjunto, influenciam na manifestação psíquica e física do homem. A forma, a dimensão e a cor são fatores fundamentais para a análise ergonômica na projetação do ambiente perceptível.

Técnicas específicas da análise ergonômica – Estruturação dos requisitos de uso: para atingir os objetivos, toda atividade projetual busca satisfazer os requisitos de uso, os quais são fatores positivos para que o produto projetado possa oferecer a uma melhor interação ambiental. Portanto, a estruturação dos requisitos de uso é praticamente o ponto central para uma correta análise projetual.

A proxêmica e as diferentes distâncias

Em relação ao espaço, o antropólogo Edward Twistchell Hall (1914)[48] usa como referências as diferentes distâncias a partir do indivíduo: íntima, pessoal, social

48 Edward Twistchell Hall (1914), antropólogo norte-americano, criou o termo *proxemics* (proxêmica), em 1963, referindo-se ao estudo do uso que o homem faz do espaço público, definindo as distâncias mensuráveis entre as pessoas, conforme as suas reações dentro dos padrões culturais.

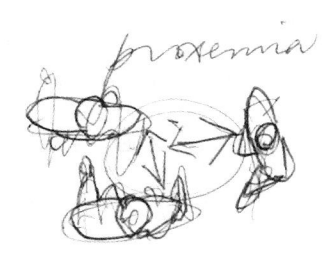

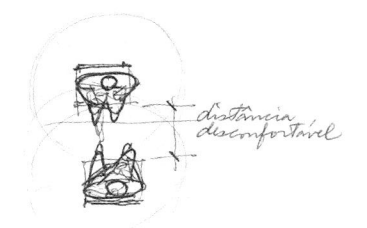

Figuras 25.4 e 25.5. Levando-se em conta a "bolha espacial pessoal" e os fatores social e cultural, a proximidade tolerada pelo conforto pode ser detectada e medida.

e pública. A íntima está relacionada aos sentidos de tocar, cheirar, ouvir e ver, dentro de meio metro do indivíduo. Dentro do espaço com uma distância de um metro e vinte centímetros, é o pessoal. Do espaço pessoal até quatro metros, ele considera como distância social, onde é possível ter contato social, de negócios, por exemplo. O espaço para grupos de pessoas, de convivência pública já é de grande distância, acima de quatro metros. Essas noções nos ajudam a adequar o uso do espaço no projeto de ambientes.

A partir dessas noções de zonas ou distâncias e estudando as inter-relações culturais, sensoriais, perceptivas e psicológicas entre os indivíduos, manifestados em posturas e comportamentos, podemos fazer melhor a organização do espaço, dispondo da melhor forma os móveis e equipamentos no projeto do ambiente, adequando o uso do espaço e configurando um ambiente mais humanizado. O estudo dessas inter-relações no uso do espaço público é chamado de *proxemia* ou *proxêmica*, termo criado por esse mesmo antropólogo.

Os requisitos de uso do objeto e do ambiente

Os requisitos de uso podem ser discriminados em diversas categorias, como:

– Segurança (para garantir a integridade física e psíquica do usuário, prevenindo acidentes).
– Funcionalidade/praticidade/eficácia/usabilidade.
– Conforto ou comodidade na manipulação ou manuseio.
– Facilidade de limpeza e manutenção.
– Acessibilidade (para garantir o acesso principalmente pelo usuário com necessidades especiais).
– Versatilidade (flexibilidade de uso, portabilidade, multifunções, adaptabilidade etc.).
– Resistência (contra as forças externas naturais ou não).
– Durabilidade (para garantir vida útil mais longa).
– Simplicidade estrutural.
– Motivação (estímulos visuais e afetivos).
– Espaço satisfatório (espaços funcionais e psicológicos).

Lista de verificação ergonômica

A formulação da lista de verificação ergonômica é uma técnica que facilita a estruturação dos requisitos de uso. Para isso, deve-se preparar um questionário a respeito das condições, características e necessidades dos quatro componentes do sistema ambiental *homem-objeto-atividade-ambiente*, com as seguintes perguntas, por exemplo:

– Exige esforço físico significativo?
– Exige esforço mental significativo?
– Exige alto nível de atenção e poder de concentração?
– Há permanência prolongada?
– Como é a postura da pessoa na sua atividade?
– Exige precisão e rapidez?
– Exige alto nível de iluminação?
– É necessária a comunicação verbal?
– Qual é o nível de ruídos e vibrações?

Para ordenar as perguntas nessa formulação sem dificuldade, a maneira mais simples é recorrer a uma classificação das questões dentro dos aspectos relacionados.

Esforço muscular: estático e dinâmico

A fisiologia do trabalho estabelece dois tipos de esforço muscular quando o homem desenvolve diferentes atividades. O esforço muscular é *estático* enquanto os músculos responsáveis pelo trabalho se encontram estacionários, e é *dinâmico* quando estão em movimento. Esses dois tipos de esforço são comuns nas tarefas domésticas. Já nos esportes, o esforço muscular é dinâmico e contínuo. Essa distinção estabelece também dois tipos de fadiga, o que é uma importante questão do estudo ergonômico.

Algumas atividades domésticas, como esfregar o chão, passar roupas e arrumar a cozinha e exercícios físicos ou esportes como andar, correr, jogar futebol, permitem que os músculos movimentem-se constante e ritmicamente, fazendo fluir bem o sangue. O músculo funciona como uma espécie de bomba, contraindo e distendendo-se. Movimentos prolongados excessivos podem provocar a fadiga – um cansaço prejudicial a saúde.

Algumas atividades específicas, por exemplo, do uso do computador e de dirigir carro por longo tempo, exigem que certas partes do corpo fiquem estáticas, por consequência, mantendo o esforço muscular em um estado de contração prolongada. Essa tensão muscular faz com que diminua o fornecimento do oxigênio, com estrangulamento dos vasos capilares, produzindo ao mesmo tempo, o dióxido de carbono e ácido lático que causam a fadiga e dor.

De acordo com pesquisas feitas sobre eficiência do trabalho, em condições mais favoráveis, 70% de energia consumida em atividades gerais é convertida em calor, e apenas 30% é efetivamente aproveitada. Portanto, em más condições ergonômicas e ambientais, o aproveitamento da energia pode ser prejudicado consideravelmente.

Trabalhos hábeis e condições ergonômicas

Em atividades que exigem maior habilidade, o esforço muscular provoca um esforço do sistema nervoso, o qual dirige os movimentos corporais, e também um esforço ou tensão nervosa. Desse modo, o melhoramento da eficiência de trabalhos hábeis depende de soluções ergonômicas ainda mais eficazes.

O maior grau de atenção e concentração para trabalhos hábeis só será atingido satisfatoriamente quando as seguintes condições ergonômicas forem correspondidas:

a) Informações devem ser claras, diretas e precisas.
b) Boas condições para o controle visual de movimentos.
c) Instrumentos, aparelhos, equipamentos e outros materiais disponíveis, visíveis e adequados.
d) Redução de ruídos que prejudicam a atividade.
e) Boa sequência de operações e ações no processo de atividade.
f) Sequência rítmica e coordenada de movimentos do usuário na atividade.

26
Ergonomia e design do ambiente no espaço construído

A ergonomia para humanização do ambiente

O *design do ambiente* em *espaço construído* visa a transformar o espaço ainda desprovido de elementos afetivos em um ambiente humanizado com a finalidade de satisfazer às necessidades do seu usuário, não só no aspecto prático-funcional, como também no aspecto emocional. A adequação ou a otimização de um espaço ambientado é normalmente o objetivo geral de um projeto que, na verdade, pode ser resumido em duas palavras: *animação* e *humanização*.

Coloquialmente a palavra *ambiente* refere-se também à "atmosfera" ou caráter de um espaço ou local. O que explica por que o ambiente é, no design e na arquitetura, entendido como o espaço humanizado e cujos requisitos mais básicos são a praticidade, a funcionalidade, a agradabilidade, a afetividade, o conforto e a segurança. Portanto, a ergonomia desempenha um papel fundamental na humanização do espaço, seja qual for a sua função.

Os elementos físicos e visuais definem o espaço

O designer do ambiente deve ter em mente a noção do espaço em primeiro lugar, pois é nele que nasce o ambiente. Espaço, no design do ambiente, é entendido como um campo tridimensional que possa abrigar objetos e eventos e tem posição e direção relativas. É um campo delimitado ou definido pelos vários tipos de elementos visuais ou físicos. Porém, são os elementos físicos, como divisórias, móveis, floreiras e, principalmente os arquitetônicos,

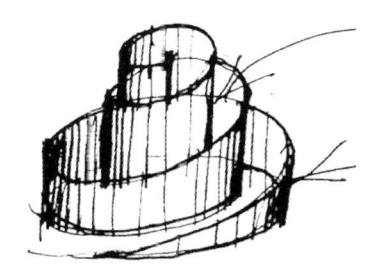

Figura 26.1. Espaços podem ser definidos por elementos físicos e visuais. A sensação do espaço muda de acordo com as dimensões desses elementos.

como pilares, vigas, paredes, piso e teto, que realmente criam limites a um espaço, tornando-o mensurável. Já os elementos visuais podem fazer as pessoas perceberem psicologicamente a existência de um espaço delimitado. Por exemplo, uma área demarcada por uma linha pintada no chão é vista como um espaço virtualmente delimitado. Por isso, as cores e a iluminação podem perfeitamente gerar um campo espacial mensurável, embora com menos precisão.

Espaços de corpos físicos

Ao nosso redor temos espaços – estamos dentro de um espaço, e entre uma pessoa e outra existe um espaço, como também cada objeto tem o seu próprio espaço. Podemos dizer que cada ser – corpo físico – ocupa um espaço e ele é envolvido por um espaço maior. No senso comum, o espaço é um vazio, mas no entendimento do designer ele pode ser delimitado, tomando forma e ter suas dimensões. O espaço pode conter pessoas, objetos e outros seres. O espaço é um dos elementos básicos na criação do ambiente; assim, ele deve ser pensado e trabalhado com critérios que o tornem funcional e humanizado. O arquiteto cria, organiza e constrói espaços, delimitados por paredes e outros elementos, para que, posteriormente, se transformem em ambientes propícios às diferentes funções.

Diferentes níveis de piso, diferentes sensações

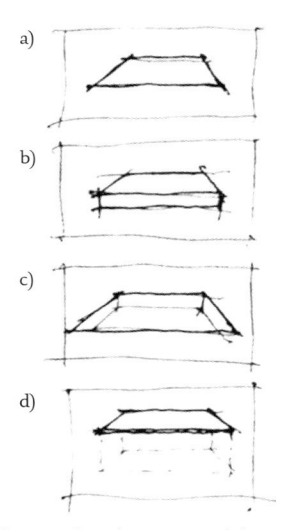

Figura 26.2. a) o espaço delimitado; b) o mesmo espaço em nível mais elevado; c) o nível rebaixado; d) o espaço delimitado por um plano superior. Cada um passa uma sensação diferente para seus ocupantes.

Diferentes níveis de piso criam diferentes sensações – um fenômeno psicológico que pode ser explicado pela percepção sensorial da visão e por experiências pessoais em diferentes situações. As sensações de ficar elevado, rebaixado, livre e enclausurado conforme vários níveis de altura significam diversos graus de conforto, desconforto, prazer ou mesmo de fobia.

A ilustração ao lado mostra quatro situações diferentes em relação a uma mesma área. Uma área delimitada apenas por elementos visuais – uma cor ou uma linha, por exemplo – oferece um espaço totalmente aberto, que oferece ao indivíduo dentro dele uma sensação positiva, de liberdade de ação. O mesmo espaço com o piso elevado, a sensação muda, normalmente positiva, mas de certa maneira intimidadora (para si ou para outros) por colocar o seu ocupante acima de outros indivíduos, em termos de destaque, como um palco de apresentação. Já o nível rebaixado pode facilmente provocar uma sensação negativa. A mesma área com uma cobertura, de altura adequada, pode criar uma sensação de proteção e segurança, porém a definição do pé-direito precisa estar de acordo também com as funções estética, prática e simbólica do ambiente a ser criado. Pense sobre as diferenças do espaço entre uma sala de aula, um escritório, uma loja e uma igreja e questione sobre a razão dessas diferenças.

Fluidez, percursos, comunicação e visibilidade

Espaços em edificações são construídos pelo arquiteto para serem funcionais. Entre eles devem ter, em função de determinadas necessidades, a versatilidade de manter ou não uma continuidade para circulação e comunicação. Como regra geral, a continuidade de espaços devem funcionar analogicamente como a fluidez de corrente d'água ou do ar, que tem percursos de movimento, garantindo a possibilidade de comunicação, e assim, de integração. Para isso, quanto maior a visibilidade entre espaços, maior a comunicação entre eles. A comunicação no espaço estabelece-se primeiramente pelo contato visual, em seguida, por outros meios comunicativos, de modo direto e cômodo. Portanto, a organização do espaço em diferentes níveis e planos deve dar atenção à facilidade de visualização entre as pessoas e à possibilidade de permitir os usuários a enxergarem elementos externos do seu ambiente, principalmente em espaços públicos.

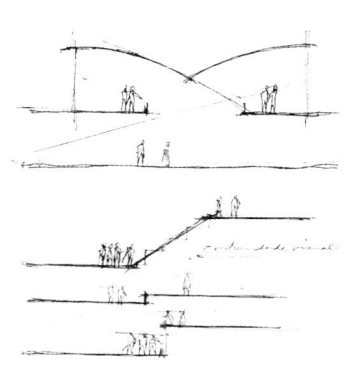

Figuras 26.3 e 26.4. A fluidez e a visibilidade possibilitam a melhor comunicação entre as pessoas em diferentes espaços.

Diferentes tipos de espaços construídos

Os diversos tipos de espaço que se encontram nas edificações são: espaços adjacentes, espaços interligados, espaços intermediários, espaços contidos e espaços comunicantes. Os espaços adjacentes são aqueles que estão separados, normalmente, por paredes ou divisórias, mas mantêm entre si uma ligação física direta. Os espaços interligados são separados em uma determinada distância e ligados por um espaço intermediário que serve como passarela ou corredor. O espaço intermediário é caracterizado, normalmente, pela sua função de servir como lugar de passagem ou de curta permanência das pessoas. Os espaços contidos encontram-se com frequência nas grandes edificações, onde espaços menores podem ser criados em um grande espaço e ficam assim como suas partes incorporadas. O espaço comunicante, na realidade, é aquela parte comum de vários espaços integrados, sem delimitação física ou visual que o separe dos outros, mas que se caracteriza pela sua localização estratégica e pela sua posição na configuração do conjunto dos espaços integrados.

Como um espaço grande pode ser subdividido, ele pode ser também dividido em várias áreas para nelas gerar diversos tipos de ambientes. Por exemplo, uma sala grande pode ser constituída por vários ambientes – de jogo, de bar, de convivência social – e cada um ocupando um espaço e gerando uma zona. Cada área é destinada a uma função específica, embora todas elas estejam em um espaço grande e comum. Elas são adjacentes e definidas por disposição de móveis, objetos e luzes em devidos lugares e pontos.

Layout e disposição do mobiliário

No planejamento de um ambiente, a disposição de móveis e objetos desempenha papel fundamental, responsável pela funcionalidade do ambiente, por permitir que esse ambiente ofereça comodidade, versatilidade, conforto, segurança para comportar o usuário em atividade, movimentos e locomoção dentro do espaço.

O *layout* – o planejamento da disposição de móveis e outros objetos no espaço disponível – é feito por meio de desenhos, para desenvolver opções e a proposta final. Muitas vezes, o *layout* se faz usando moldes, gabaritos e, às vezes, os modelos simplificados. A disposição de móveis e objetos em um espaço exige que se façam várias opções com observação quanto às questões de visibilidade, comunicabilidade, circulação, espaços de ação, espaços psicológicos, interatividade operacional, praticidade, conforto e segurança. Às vezes, uma pequena mudança de localização ou posição de um simples móvel cria uma diferença grande.

Estudo da iluminação artificial

O *layout* é feito, em uma parte, em função da iluminação natural. Antes de colocar uma mesa, um sofá ou uma televisão, são normalmente lembradas as direções da luz natural, para que a iluminação natural seja boa para o uso dos móveis para determinadas atividades. A luz natural é essencial para atividades diurnas, e a sua direção e luminosidade devem se adequar ao conforto visual do usuário ao desenvolver suas atividades, sem precisar recorrer à iluminação artificial.

Embora a iluminação artificial seja essencialmente destinada ao uso noturno, ela também serve para suprir a eventual deficiência de luz natural diurna. Da mesma forma, ela precisa ser adequada ao conforto visual do usuário em suas atividades, cuja especificidade exige um tipo de iluminação, em termos de quantidade, qualidade (luminosidade, cor), localização, direção (direcional, direta, indireta, difusa).

A localização e a distribuição de tomadas e interruptores influenciam na disposição dos móveis, que é devidamente estudada conforme os critérios da ergonomia. A localização ideal desses dispositivos é definida em função da facilidade de visualização e alcance pelos usuários. A disposição dos móveis e a atividade do usuário sempre exigem que alguns dispositivos mudem de lugares conforme a facilidade de uso.

Requisitos de uso na organização

Toda organização ou planejamento do ambiente, adequado para o usuário, deve levar em consideração todos os requisitos de uso fundamentais para produtos utilitários, especialmente os utilizados em trabalhos que exigem alta produtividade. Esses requisitos são pensados para garantir o alto grau de usabilidade. Eles podem ser: a praticidade, a comodidade, o conforto, a segurança, a limpeza, a preservação, a manutenção, a versatilidade, a mobilidade, o deslocamento, o empilhamento, a hierarquia e outros. Durante o processo, uma lista de requisitos de uso auxilia o designer a lembrar-se deles. O atendimento aos requisitos de uso significa adaptar o produto ou o ambiente ao usuário de modo adequado, garantindo o resultado da humanização do produto e do ambiente.

Integração da praticidade com a estética

A humanização satisfatória do ambiente depende do atendimento aos requisitos de uso acima referidos, mas os requisitos estéticos são muito importantes, porque os seus efeitos também influenciam psiquicamente no uso do ambiente. Portanto, a integração dos requisitos de uso com os estéticos é necessária para que o ambiente seja pensado ou concebido de modo integral.

Alguns requisitos estético-visuais, como a harmonia, a coerência, a unidade visual (ou estilística), a simplicidade e a diversidade na unidade devem ser considerados enquanto os requisitos de uso são atendidos. Ao conceber um ambiente, alguns detalhes formais caracterizadores de um estilo repetem-se em outros móveis do mesmo ambiente ou nos espaços adjacentes, estabelecendo uma unidade visual harmoniosa que corresponda à necessidade de conforto visual e à receptividade psicológica dos seus usuários. Além disso, as medidas do móvel e do espaço de utilização devem ser definidas corretamente, permitindo que atenda aos mais básicos requisitos de uso acima referidos.

Análise da interação no sistema usuário/móvel (Exercício 7)

Faça um estudo sobre a interação entre um móvel e o seu usuário, analisando o aspecto ergonômico nessa interação, que envolve todos os fatores inerentes aos quatro elementos básicos do sistema ergonômico – usuário, objeto, atividade e ambiente. Nessa análise ergonômica, aponte os pontos positivos e negativos apresentados.

Para estudar uma interação, é necessário que se entenda o mecanismo dela, começando por observação e pela tomada de informações. Para isso, fotografe a situação real dessa interação e tente entender o problema fazendo perguntas por meio de entrevista ou outros métodos de inquirição às pessoas envolvidas.

Observe o seguinte roteiro de trabalho e use a sua criatividade.

1   Escolha um móvel ou equipamento de uso frequente, de uma atividade significativa, que exija certo esforço físico e mental. Certifique-se de que é uma boa escolha, pela potencialidade de recursos oferecida pelo móvel e pelo seu usuário.

2   Fotografe imagens da situação interativa do sistema móvel-usuário, captando-as por vários ângulos. É suficiente uma quantidade de fotos que consiga mostrar os movimentos, posturas e alcances do usuário em relação ao móvel e aos outros objetos ligados à atividade. Observe atentamente a situação real dessa interação. Veja como o usuário exerce a sua atividade utilizando aquele móvel específico. Os outros objetos usados na atividade também são elementos importantes a serem observados e registrados graficamente, pois estão direta ou indiretamente ligados aos movimentos, posturas e alcances do usuário. Os desenhos podem suprir a falta de fotos ou apresentar de melhor maneira determinadas informações, como medidas, angulações, distâncias, variação de movimentos, posturas e alcances.

3   Faça perguntas ao usuário sobre a interação – como ele usa o móvel; se o móvel corresponde às necessidades dele, se há defeitos no móvel que dificultam o trabalho ou que trazem o desconforto ou até problemas maiores; se as medidas estão adequadas; o que poderia ser melhorado; sugestões para otimizar a situação. Enfim, tente obter todas as informações ligadas ao conforto, à segurança e à eficiência nessa interação. Registre e organize todas as informações obtidas.

4   Agora, selecione e organize os dados e as informações obtidos para apresentá-los em pranchas. Antes disso, mostre a intenção ou o objetivo desse trabalho, a metodologia usada e o tema escolhido; por exemplo, o caixa de um supermercado: a interação entre o equipamento e seus usuários – por que foi escolhido e o que espera ser estudado.

5   Separe e agrupe as informações conforme assuntos, categorias e graus de importância. Essas informações podem ser organizadas em forma de gráficos ou diagramas, além de itens de informações escritas, como também apresentadas junto às imagens, sejam fotos, sejam desenhos. Aplique as informações e imagens de maneira criativa para mostrar o conteúdo estudado.

6   No final, faça um pequeno texto de fechamento – uma conclusão. Aproveite para dar uma sugestão a fim de solucionar o problema apresentado na interação analisada.

27
Ergonomia e design para as pessoas deficientes

Design responsável pela acessibilidade

O design responsável preocupa-se com o meio ambiente e a sociedade humana, e, portanto, com a humanização do design. O design ergonômico e o ecodesign são assim duas vertentes universais do design que se baseiam na inovação. A ergonomia destina-se a todos os indivíduos, incluindo aqueles que apresentam algum tipo de deficiência – física, visual e auditiva, principalmente – por ser a acessibilidade o direito de todos. Hoje, as leis garantem a acessibilidade, mas o designer precisa ter consciência dessa questão e capacidade de dar soluções criativas ou inovadoras para a acessibilidade às pessoas deficientes. O chamado design universal ou design inclusivo visa a criar soluções para que essas pessoas possam usufruir de facilidades que diminuam ao máximo suas dificuldades na locomoção, nos movimentos, no manejo de utensílios, no uso de equipamentos e no acesso aos lugares a que elas têm direito.

Produtos para deficientes físicos

Para os deficientes físicos, o design abrange uma variedade de produtos, como: aparelhos e equipamentos de apoio ao corpo; mobiliários e outros produtos adaptados às condições físicas; elementos arquitetônicos (rampa e escada), mobiliários urbanos (telefone público, bebedouro, corrimão, lixeira); veículos de locomoção individual e veículos de locomoção coletiva com equipamentos adaptados.

Os sentidos que se complementam e compensam

Figura 27.1. Painel informativo em relevo e *braille*, que permite que os deficientes visuais leiam as informações em textos e imagens.
O painel está em uma estação de metrô de Paris, para mostrar a evolução urbanística da cidade ao longo da história.

O ser humano possui cinco sentidos básicos – a visão, a audição, o tato, o olfato e o paladar – e por meio deles ele sente e percebe as coisas, interagindo com elas na sua vida cotidiana. No entanto, infelizmente, uma porcentagem da população é constituída de pessoas com certa deficiência. Os indivíduos com deficiência visual têm, normalmente, a audição e o tato mais aguçados e com esses sentidos são capazes de se orientar e ter noções de espaço. Para eles, hoje já é comum a aplicação de faixas sinalizadoras com texturas táteis nas calçadas e nas áreas de muitos espaços públicos, que ajudam as pessoas cegas a se orientarem com mais facilidade. O uso de *braille* e de sinais sonoros também é cada vez mais usual em equipamentos e espaços públicos. Os que têm deficiência auditiva possuem maior capacidade no uso de linguagem gestual e facial, inclusive na leitura labial. A deficiência de um sentido, de certa maneira, é compensada por outros sentidos.

O sentido sinestésico

Além dos cinco sentidos básicos, há um outro chamado de *sentido sinestésico*, que é fundamental e que permite que as pessoas realizem atividades com habilidade e rapidez, sem se apoiar no uso da visão. O *sentido sinestésico* é um processo de cognição que permite que atos do corpo humano se realizem sem se recorrer à visão, mas ele depende de exercício contínuo e exclusivo para cada atividade. Quando um músico toca o violão, movimentando todos os dedos nas cordas, com precisão e habilidade, sem sequer olhar para os seus dedos, ele está usando o sentido sinestésico especificamente para o violão. Quem dirige o carro, não precisa ficar olhando para volante ou, ao trocar marchas, observar a posição da alavanca, porque o sentido sinestésico está desempenhando a sua função. Assim, o deficiente visual também pode recorrer a esse sentido para desenvolver suas atividades com precisão e agilidade.

Estímulos para percepção e cognição

O objeto e o ambiente geram vários tipos de estímulos no usuário por meio de elementos visuais, elementos comunicativos, elementos sonoros, mensagens, espaço, iluminação etc. O ser humano não apenas sente e percebe estímulos, mas os seleciona por meio de filtros psicossensoriais e culturais, passando por um processo cognitivo e dando a si condições de aprender uma atividade e memorizar sequência de atos com determinado grau de eficiência. Dessa maneira, o designer precisa conhecer as capacidades e limitações definidas pela determinada deficiência das pessoas, a fim de criar produtos, equipamentos e ambientes que as ajudem a superar suas dificuldades.

Acessibilidade para todos

Ao pensarmos sobre a acessibilidade, devemos abranger também as pessoas sem deficiência física, mas com limitações físicas, como as crianças, as gestantes, os idosos e os doentes. Assim, o designer tem o compromisso e a responsabilidade de contribuir para melhorar a qualidade de vida também das pessoas com necessidades especiais. É essa responsabilidade do chamado design "universal".

Figura 27.2. Rampa metálica, em módulos articulados colocada sobre os dois degraus para garantir o acesso, com segurança, a um restaurante londrino pelos cadeirantes.

28
Ergonomia e design gráfico

Em relação à configuração do produto, de modo geral, tanto o usuário como o designer manifestam suas preferências, influenciadas por diversos fatores. Há, principalmente, preferências de ordem estética e de ordem prático-funcional. O designer deve medir o peso das influências para definir a configuração final do produto e assim tornar compatíveis as funções estética e utilitária. Não é aconselhável prejudicar a praticidade forjando aparências ou efeitos formais desnecessários, apenas para impressionar o consumidor. O trabalho que tenta obter novo visual usando os recursos de ênfase com exagero pode correr o risco de produzir objetos utilitários com sérios problemas estéticos e até de deficiências prático-funcionais.

A preferência pela praticidade

Os trabalhos do design gráfico ou design de comunicação, de modo geral, são mais vulneráveis ao problema de exagero excessivo e deficiências na função prática por terem contato mais direto e frequente com o público – usuário ou leitor, devido às suas funções fundamentais, informativa e comunicativa. A sua função de transmitir com eficiência mensagens e ideias é a mais fundamental. Assim, entre todas as preferências, a preferência pela praticidade deve ser vista pelo designer como a mais importante, sem que se deixe de considerar os outros valores e qualidades da ordem estética.

A valorização dos critérios básicos

A preferência pela praticidade significa a valorização dos critérios básicos do design de comunicação, que são: atratividade, simplicidade, legibilidade, visibilidade, limpeza visual, conforto e fixação na memória. O atendimento a esses critérios pode, primeiramente, evitar a monotonia, desordem ou poluição visual. Tanto o excesso de estímulos como o caos ou a poluição visual em uma peça gráfica podem provocar o estresse perceptual, fazendo com que o objeto perca a sua função básica.

O conforto na leitura e a legibilidade

Na área de design de comunicação, de projeto gráfico até web design, a busca do máximo de conforto à leitura é a primeira necessidade do usuário, e a legibilidade talvez seja o primeiro requisito para a comunicabilidade do produto. A discussão dessa questão é iniciada pela tipografia, tratando-se de fontes ou tipos de letra. Há tipos mais legíveis e outros menos. Há tipos mais dinâmicos e outros simples e monótonos. Portanto, há para cada função, cada finalidade ou cada expressão, as fontes mais recomendadas. Além disso, o designer não pode descuidar do comprimento da linha de texto, espaçamento entre letras e o equilíbrio entre margens e mancha tipográfica para chegar a um resultado que dê conforto ao leitor.

O conforto visual estimulado

O conforto visual, principalmente na comunicação visual de modo geral, não depende de um critério, mas vários, bem-dosados. Esse conforto se dá também estimulado pela linguagem visual, de preferência estética e cultural do público. Por exemplo, os usuários ligados à cultura mais "erudita" têm suas preferências não só pela praticidade traduzida pela legibilidade, mas pela estética com uso de signos mais sofisticados, portanto, uma tipografia mais elegante. Trata-se da questão do repertório do usuário, que varia conforme fatores eminentemente culturais e educativos. No âmbito da imagem, por exemplo, o grau de iconicidade, de síntese e abstração pode também tornar imagens legíveis ou não para determinados grupos de usuários com diferentes repertórios.

Um grau de legibilidade para cada função

Quando o experiente e influente designer gráfico brasileiro, Fred Jordan (1927-2001), de origem alemã, ressaltava a importância da legibilidade no seu trabalho, ele deixou claros dois pontos: a associação da legibilidade com o bom humor e também a valorização de algo novo, com a finalidade de intrigar e dinamizar visualmente o leitor.

As influências da nossa percepção de diferentes tipos, em diversos pesos, na rapidez da leitura e na retenção da informação, são determinantes da legibilidade. É sabido que as formas, quanto mais simples, simétricas e fechadas, mais evidentes ficam para a nossa percepção. Portanto, detalhes ornamentais podem diminuir o grau de legibilidade, mas, em compensação, dinamizam a vista e estimulam a percepção. As letras de forma, em itálico, assemelham-se, de certa maneira, com letras cursivas; assim, diminuem o grau de legibilidade para longos textos. Especialmente em caixa-alta, as letras em itálico não são recomendáveis para formar frases, pois a legibilidade cai consideravelmente, causando certo desconforto na leitura. Para textos longos, de um livro, por exemplo, letras com serifas evitam a monotonia visual. As serifas ajudam o leitor a perceber uma frase ou mesmo um texto como um bloco ótico, melhorando a legibilidade, pois elas fazem o texto parecer contínuo aos olhos do leitor. Já para a sinalização, os tipos usados não devem conter detalhes formais desnecessários, para aumentar a velocidade da leitura. As letras ornamentais pouco ou nada legíveis têm a sua função específica para estimular a sensação ou emoção do leitor.

Os requisitos ergonômicos da sinalização

No sistema de sinalização, a ergonomia estuda a questão da funcionalidade segundo alguns importantes requisitos, como a *visibilidade*, a *legibilidade* e a *inteligibilidade* (o grau de reconhecimento), os quais envolvem melhores formas para facilitar a percepção e a tomada de decisão. A definição de tamanho, altura, distância, localização e posicionamento de placas de sinalização e de respectivos signos e sinais podem influenciar decisivamente no grau de funcionalidade de um sistema de sinalização.

As formas não usuais de posicionar a escrita em diagonal e vertical devem ser usadas somente em casos específicos muito especiais, quando há restrições espaciais ou situações que as exigem. Essas formas não usuais podem ser usadas também em composições especiais, com intenção de gerar efeitos no aspecto estético, artístico ou expressivo.

A visibilidade dos elementos informativos

Conforme estudos voltados à padronização internacional de símbolos e sinais para o sistema de sinalização de aeroportos internacionais, o tamanho do símbolo e das letras deve ser definido de acordo com a distância e a altura entre

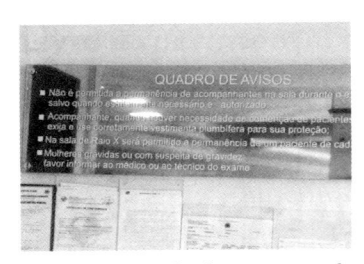

Figura 28.1. Painel informativo na sala de um hospital. As informações com letras legíveis, porém tem um grau de visibilidade baixo devido a seu suporte, que gera interferências visuais.

eles e o usuário, garantindo a boa visibilidade para o usuário. A garantia da visibilidade depende da adequação no arranjo relacional entre o tamanho dos elementos informativos e a distância que os separa dos usuários. O contraste entre o fundo e os elementos (letras e outros signos visuais) também define consideravelmente o grau de visibilidade.

Em páginas de *site*, por exemplo, um texto com letras em vermelho sobre o fundo preto reduz o contraste até o ponto de anular a sua visibilidade, prejudicando a leitura. O contraste para a visibilidade pode ser em cores, tons, luminosidade e tamanhos. Não é diferente para peças gráficas ou mídia impressa na questão de contraste, se não se levar em consideração a luz emitida, que é própria da interface digital.

29
Tipografia e identidade visual

Conceito de tipografia

O termo *tipo* (*typeface*) não deve ser confundido com o nome *fonte*. O tipo é o conjunto de letras, números, símbolos e sinais de pontuação e acentos, pertencentes ao mesmo estilo. A fonte, no conceito mais preciso, é o meio físico utilizado para criar o tipo, seja ele código de computador, fotolito, metal ou outros materiais. Hoje o termo é entendido como um arquivo digital de caracteres de um tipo. A *família de tipo* é a coleção de várias versões de um tipo e com todas as variações.

Originalmente, a *tipografia* referia-se à impressão com tipos móveis, incluindo todos os trabalhos envolvidos, do desenho de letras até a impressão de livros. Com o passar do tempo, principalmente hoje, a palavra representa basicamente o design de tipos de letras e a sua aplicação.

Origens e evolução dos tipos de letras

Na Idade Média, antes da invenção da impressão, documentos e livros eram manuscritos pelos escribas, profissionais copistas, usando penas.

Com a invenção da impressão com tipos móveis por Johannes Gutenberg, no século XV, as letras mais usadas eram do tipo gótico (como exemplo, temos a *Bíblia de Gutenberg*, impressa no ano 1450). Não por muito tempo, em Veneza, os tipógrafos redesenharam

Figura 29.1. Uma página da Bíblia de Gutenberg, com letras de tipo gótico*.

Garamond
Garamond
Garamond
Garamond

Figura 29.2. Garamond, o tipo representativo do estilo Antigo.

Figura 29.3. Bodoni, um dos tipos romanos modernos.

Grotesk

Figura 29.4. Um dos representativos dos tipos sem serifa – Grotesk ou Grotesco.

as letras romanas (os tipos de letras com serifas têm suas origens nas romanas), chamadas de humanistas, e o tipo romano antigo era representado por Jenson (1470). Mais tarde, o tipo Garamond (1540) foi desenhado na França e se tornou representativo do estilo antigo. Atualmente, o tipo romano mais usado em textos é o Times New Roman, pelas suas características visuais clássicas e pela legibilidade. O tipo Caslon, um dos romanos antigos, tornou-se marca do Império Britânico e foi muito difundido mundialmente no século XVIII. Em 1750, apareceu o tipo romano transicional, o Baskerville. Os romanos modernos, como Bodoni e Didot, que apresentam as letras com serifas finas e grande contraste entre as hastes finas e grossas, destacam-se como tipos elegantes e refinados. Os tipos romanos egípcios criados no século XIX, na Inglaterra, para fins de publicidade, principalmente em anúncios e cartazes, apresentavam hastes grossas e serifas espessas e em ângulo reto.

Os caracteres sem serifas já eram usados pelos gregos. Mas, na tipografia, o tipo "sem serifa" apareceu somente no século XIX, com as denominações de Grotesk ou Sans Serif. Uma série de tipos grotescos surgiu depois. No século XX, na era da máquina, apareceram tipos com novos conceitos, em defesa da simplicidade e formas geométricas. O movimento mais radical ocorreu na Bauhaus, onde foram criados o Alfabeto Universal e o tipo Bauhaus. Da primeira até a década de oitenta do século XX, os tipos sem serifas que mais se destacaram – e se destacam até hoje – são: Futura, Gill Sans, Univers, Helvetica, Frutiger e Optima. No entanto, as letras sem serifa são mais indicadas para títulos e textos mais curtos por serem menos legíveis que as com serifas.

Classificação dos tipos

Há várias classificações pelas quais os tipos são divididos em grupos, como: com serifa, sem serifa e escriturais. A outra apresenta: góticos (Block, Blackletter, Medieval), romanos, grotescos (Gothic), egípcios, escriturais (Script) e decorativos.

A tipografia e a unidade visual

Na programação visual, qualquer que seja o seu nível de complexidade ou grau de intervenção, a tipografia tem papel fundamental na criação de uma unidade visual de comunicação mediante a padronização visual de elementos visuais tipográficos.

Padronização para obter unidade visual é, aparentemente, uma tarefa fácil. Porém, não é simples obter um resultado realmente criativo, dinâmico, expressivo, comunicativo, coerente e adequado, tudo ao mesmo tempo. A escolha e a combinação de fontes para estabelecer uma identidade visual merecem um trabalho baseado em bom senso, consciência, conhecimento, critérios, senso estético e criatividade. Esse trabalho é projetual e, como se trata de programação essencialmente visual, é sujeito à experimentação especulativa, não podendo o designer sujeitar-se às imposições de regras, mas apenas à busca de resultados expressiva e comunicativamente convincentes. Isso, porém, também não é tão simples, porque o projeto envolve questões de comunicação e percepção, conteúdo, mídia, destinatários e outras. Apesar da complexidade do trabalho, uma série de recomendações pode ajudar muito os designers inexperientes a enfrentar o desafio da aplicação de fontes. As recomendações não podem ser consideradas como regras, pois o trabalho depende muito das variáveis da comunicação, mas servem para considerações e reflexões.

A combinação legibilidade-personalidade

Para trabalhos voltados para informação ou leitura, é muito importante dar prioridade à legibilidade. Se as letras são para serem identificadas e reconhecidas, palavras e frases estão para serem lidas; então elas devem ser legíveis, permitindo a sua identificação e leitura mais rápida ou imediata. Esse critério é ainda mais importante em sistemas de sinalização e informações de advertência. Quando as letras são usadas com imagens em movimento, em mídias digitais, como a televisão e o computador, a legibilidade é fundamental. Embora a legibilidade seja um dos critérios básicos para a informação efetiva no sistema de identidade visual, é preciso optar por um tipo de letra que caracterize uma "personalidade" (a expressividade) compatível. A combinação entre a legibilidade e as características expressivas é a maneira criativa de aplicação na identidade visual.

Tipos de letras para diferentes mensagens

Em design gráfico que foca na comunicação para transmitir ideias ou mensagens de modo expressivo e atraente, o tipo de letras a ser usado deve ser optado pela sua expressividade, no aspecto estético e comunicativo. É recomendável, então, experimentar comparando e analisando várias fontes como opções para uma proposta. Uma letra é uma forma, uma imagem, e tem uma "fisionomia". A fisionomia tem expressão. Assim, ao optar por um tipo é preciso saber que tipo de mensagem deve ser transmitida e qual é a expressão mais adequada. Por exemplo, se a mensagem a ser transmitida for relacionada à alegria, convém então utilizar uma fonte que transmita alegria; se for para expressar elegância, naturalmente não se deve usar uma fonte que tenha característica do pesado.

Diferentes tipos para diferentes públicos

Os tipos considerados mais frios, rígidos e pesados normalmente atendem melhor ao público masculino; já para o feminino os melhores são aqueles que transmitam certa leveza, suavidade e elegância. Especialmente nas mensagens publicitárias, a escolha de tipos de letras é crucial para gerar fortes efeitos. Para crianças e adolescentes, que tipos devem ser usados? Você deve pensar nas preferências deles, mas lembre que o tipo de letra está intimamente associado com o tipo de conteúdo da mensagem! E, se não conseguir encontrar um tipo especial para transmitir uma ideia, por exemplo, de terror (para cartaz de cinema, por exemplo), por que não criar um você mesmo?

Cada tipo de letra uma personalidade

Cada tipo (fonte) de letra, como cada forma ou cada cor, tem sua expressão própria e é ainda capaz de transmitir um estado de espírito, uma postura, uma atitude, uma cultura, uma imagem ou uma identidade. Letras e imagem, juntas, portanto, conseguem intensificar uma ideia e aumentar ainda mais a expressividade. É mais fácil analisar a "personalidade" e a expressão (séria, alegre, elegante, masculina, feminina, jovem, arrojada etc.) de uma fonte verificando as letras em caixa-baixa ao invés de procurar perceber essa expressividade em caixa-alta. Um texto é escrito sempre com letras minúsculas justamente porque elas são visualmente mais dinâmicas e diferenciadas em ritmos, porém mais expressivas.

Expressão de segurança e credibilidade

Os tipos de letras serifadas, do grupo dos clássicos, nos passam uma "fisionomia" de elegância e transmitem a sensação de segurança. Por isso, eles são muito usados para aplicação no sistema de identidade visual de bancos, seguradoras, empresas financeiras e instituições governamentais e educacionais. Mas tomemos cuidado para não estereotipar entidades, porque os conceitos podem mudar com o passar dos tempos. Certas empresas, além de quererem passar a sensação de segurança e credibilidade, pretendem ainda transmitir a ideia de dinamismo, contemporaneidade ou jovialidade. Não devemos ter ideias fixas em relação aos conceitos, mas precisamos ficar atento às mudanças.

Expressão da fonte focada no público-alvo

Para materiais de divulgação, promoção, marketing ou publicidade de empresas comerciais, conforme seus produtos, os tipos de fontes devem ser optados levando-se em consideração o perfil do público-alvo ou consumidor, além do perfil da própria empresa. É claro que o perfume, o automóvel, a moda e o brinquedo são muito diferentes, mas, normalmente, têm alguma coisa em comum, que é a modernidade ou a contemporaneidade. Nesse caso, os tipos modernos parecem ser mais apropriados.

Fontes para textos e para títulos

Em revistas, jornais e livros, vemos que o texto e o seu título apresentam normalmente fontes diferentes, porque o primeiro tem objetivo de chamar a atenção do leitor. O texto deve permitir a leitura mais confortável, dinâmica e eficiente, livre de monotonia. Normalmente, notamos que, enquanto as letras sem serifa são usadas no título, as serifadas formam o texto devido a estas se apresentarem mais dinâmicas que as não serifadas. Observe isso folheando as revistas e pense a respeito da expressividade dos títulos, apoiada nas características formais expressivas das letras. No entanto, lembre-se de que uma revista, um jornal ou um livro têm a sua identidade visual. Observe as publicações mais conhecidas, compare-as e veja qual a expressão que cada uma transmite por meio da tipografia.

O uso de duas fontes é capaz de criar um bom contraste e uma boa dinâmica em uma peça gráfica, por exemplo, em um cartaz. Mas não é recomendável usar muitas fontes ao mesmo tempo, porque facilmente isso vem a anular uma qualidade fundamental, que é a harmonia da unidade visual. O uso de apenas uma fonte também é possível para somar todas as boas qualidades – a dinâmica, o contraste, a harmonia e a unidade – variando o tamanho, o peso, o espaço, a composição e outros recursos gráficos.

Alguns tipos que apresentam características marcantes são os mais indicados para a sua aplicação em sistemas de identidade visual e no design de comunicação em geral. São exemplos como Garamond, Times New Roman, Helvetica, Univers, Bodoni, Frutiger, Futura e outras. No entanto, as letras de fontes comuns podem ser redesenhadas, modificadas, alteradas em detalhes, com uso de cores ou mesmo se podem criar novas fontes para serem usadas principalmente em logotipos. O uso de letras de uma fonte diferenciada daquelas comuns tem exatamente o objetivo de "personalizar" a identidade.

O designer criativo costuma fazer a criação experimental de fontes personalizadas, mesmo como exercício, para desenvolver a sua capacidade e habilidade na exploração da tipografia em design de comunicação, especialmente para a identidade visual.

Legibilidade e inteligibilidade

Figura 29.5. Um painel interativo com alto grau de usabilidade deve usar letras e ícones com boa qualidade em legibilidade, visibilidade e inteligibilidade.

Na sua leitura de artigos ou de livros sobre design gráfico, principalmente sobre o assunto específico de tipografia, você frequentemente encontra a palavra *legibilidade*. Esta palavra não é estranha e não nos deixa dúvida, mesmo que ela apareça em inglês – *legibility*. Mas o termo, em inglês, *readability*, não encontra uma tradução adequada. Na tentativa de uma tradução, a palavra criada "leiturabilidade" é linguisticamente equivocada e deve ser evitada. Se legibilidade é a *propriedade facilitadora de identificação e reconhecimento*, o termo *readability* deve ser definido como a *propriedade facilitadora de leitura* e, pelo sentido, a palavra *inteligibilidade* – qualidade daquilo que é inteligível, isto é, compreensível, ou em outras palavras, fácil de ser entendido, portanto, é a palavra mais adequada. A inteligibilidade significa a ausência da confusão ou do caos. E uma boa organização, baseada em simplicidade e ordem, normalmente atende bem a esse requisito. Em duas palavras: ordem e clareza.

Não são raras as aplicações de imagem e texto sobrepostos, em cartazes e *folders*, que prejudicam tanto a visibilidade como a inteligibilidade, dificultando a leitura do texto e a visualização da imagem. Essa situação de confusão visual é capaz de reduzir ou anular a função informativa. O descuido com a ordem e a sequência de textos e imagens também pode levar a totalidade visual a uma situação de caos que causa desconforto visual na leitura.

30
As bases dos caracteres tipográficos

Origens dos tipos de letras

Quase todos os caracteres tipográficos ocidentais, dos mais antigos aos mais modernos e digitais, tiveram origem ou foram inspirados em formas manuais da escrita – inscrições entalhadas em pedras (por exemplo, da coluna de Trajano, em Roma) ou caligrafias feitas em diferentes suportes. As formas e estruturas dos traços em caracteres antigos, dos inscritos em pedras, em várias civilizações antigas, até da caligrafia mais moderna feita a pena ou a pincel, constituem origens de todas as fontes atuais.

Figura 30.1. Inscrições romanas entalhadas em pedra mostram letras com serifas*.

Os tipos originados da caligrafia

Antes de aparecerem fontes digitais de tipos de letras, os designers reproduziam letras de forma basicamente manual na confecção de peças gráficas, como cartazes, por exemplo. Os instrumentos mais usados eram penas de caneta e pincéis. Podemos facilmente perceber nos caracteres tipográficos as características de traços e detalhes dos caracteres feitos com esses instrumentos. Exceto as decorativas ou as várias fontes desenhadas para títulos, aquelas com serifas e sem serifas originaram-se dos quatro grupos básicos de estilos ou tipos de letras – romanos, grotescos (também chamado de Gothic, em inglês), os de texto (escritural) e gráficos, os quais foram largamente reproduzidos manualmente com penas ou pincéis. Mas há várias classificações. Por exemplo, uma delas

Figura 30.2. Os estilos grotesco (Gothic), romano e block.

* Fonte: "Laudatio Turiae col2 Terme n2" por Desconhecido - Jastrow (2006). Licenciado sob domínio público via Wikimedia Commons - https://commons.wikimedia.org/wiki/File:Laudatio_Turiae_col2_Terme_n2.jpg#/media/File:Laudatio_Turiae_col2_Terme_n2.jpg

Figura 30.3. Os elementos básicos das letras do estilo romano produzidos por caneta usada para caligrafia.

divide os tipos em clássicos, modernos e caligráficos. Outra, em serif (com serifa), sans-serif (sem serifa) e script (escrita). Também há a classificação em cinco ou mais grupos. A de cinco grupos apresenta os de block, os romanos, os grotescos, os escriturais e os gráficos. Contudo, o desenho de letras (*lettering*) e a caligrafia contribuíram para gerar um grande número de tipos e famílias de caracteres.

Os princípios básicos construtivos manuais

Figura 30.4. Os elementos básicos das letras do estilo grotesco (*gothic*).

O conhecimento sobre os efeitos gerados pelos traços efetuados pelas diferentes penas em desenho de letras pode nos ajudar a compreender os princípios construtivos das formas e estruturas das letras de praticamente todas as fontes existentes.

Podemos chamar os traços básicos, produzidos por cada tipo de pena, de *elementos básicos*, e são estes que compõem todas as letras dos três estilos básicos. Todas as letras compostas por elementos com uma largura uniforme são classificadas no grupo do grotesco (ou *gothic* – "gótico"). Aquelas compostas por elementos largos e finos pertencem ao do romano. E os típicos elementos com várias larguras e curvas compõem os caracteres dos estilos escriturais, como Old English, Church Text, Cloister Text, Black Text, German Text, Bradley Text, Gordon Text entre outros.

Figura 30.5. Os elementos básicos das letras do estilo texto.

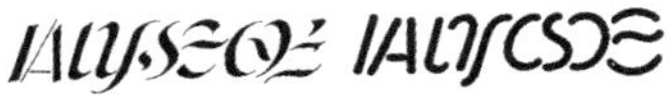

Figura 30.6. Os caracteres escritos de maneira inclinada – itálicos – mantêm as mesmas características gráficas produzidas pelos traços de caneta de pena.

ABCDEFG

Figura 30.7. Os caracteres grotesco arredondado (*round gothic*) com extremidades arredondadas.

Figura 30.8. Alterações feitas em serifas.

ABCDEFGHI

Figura 30.9. Grotesco arredondado (*round gothic*), com vários traços curvados.

12345
abcdefghijklmn

Figura 30.10. Na base dos caracteres de caixa-baixa do estilo grotesco arredondado (*round gothic*), foram feitos retoques em pequenos detalhes. Às extremidades arredondadas foram acrescentados ângulos, para as tornar retas.

ABCDEFG

Figura 30.11. A partir dos caracteres do estilo grotesco arredondado (*round gothic*) vários elementos que eram curvos foram alterados com ângulos.

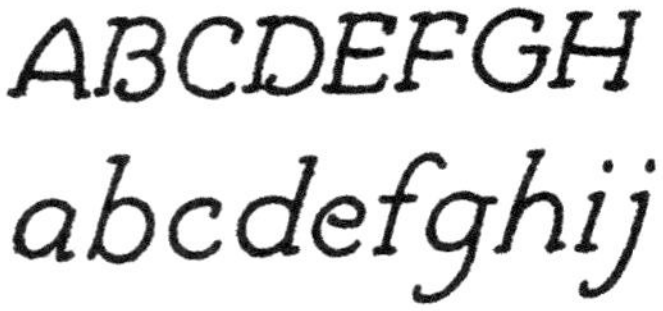

ABCDEFGH
abcdefghij

Figura 30.12. Grotesco arredondado (*round gothic*), itálicos com serifas.

As primeiras variações ou modificações podem ser feitas em serifas, detalhes que podem criar novas aparências nas letras. Em letras do estilo grotesco, uma leve curva nos elementos que eram originalmente retos cria um tipo grotesco arredondado – *Round Gothic*. E, ao condensá-los, os traços são modificados de forma que geram ângulos, fáceis de serem percebidos principalmente nas letras C, D e O, alterando assim a forma deles, mesmo que pertençam à mesma família.

Comparando-se as letras do gótico arredondado (*round gothic*) com a forma construtiva delas, mostradas ao lado, podemos compreender a lógica das suas configurações geométricas e as relações proporcionais que estabelecem harmonia entre elas.

Os caracteres do estilo romano, como os do grotesco, podem ser alterados gerando-se, assim, novas fontes. Com uma suavização no contraste das espessuras e as serifas eliminadas, uma nova fonte se cria, como, por exemplo, a Bold Roman.

Agora com as serifas, as letras tornam-se mais sofisticadas, porém mantém o aspecto visual da força da Bold Roman.

Os traços característicos feitos com penas mostram bem como as variações de espessuras e as serifas criadas com o manuseio dinâmico da pena dão base da configuração das outras fontes. Essas são, na verdade, frutos das variações dos elementos básicos dos caracteres produzidos manualmente. Alguns exemplos que vamos ver a seguir nos ajudam a compreender essa questão.

No desenho de letras, há uma sequência no traçado e no giro da pena para variar a espessura e dar diferentes formas em detalhes e extremidades de traços. As serifas são detalhes de acabamento das extremidades.

Veja essa comparação entre o tipo gótico Showcard (cartaz) feito a pincel e a variação dele, o gótico "esporeado" (*spurred gothic*), com serifas. Verifica-se a ponta aguda na letra A nesta variação.

Figura 30.13. As letras do Gothic Text itálico têm os traços com a mesma largura, e as serifas dão a elas uma aparência dinâmica.

Figura 30.14. O esquema da forma construtiva geométrica.

Figura 30.15. Bold Roman, sem serifa e com suavização no contraste de espessuras.

Figura 30.16. Bold Roman com serifas.

Figura 30.17. A variação em detalhes pode ser feita. Exemplo das letras do tipo gótico Showcard para as do tipo gótico "esporeado".

Figura 30.18. Parte do texto, em tipo Humanista, do livro impresso por Nicolas Jenson (1420-1480), tipógrafo francês estabelecido em Veneza, e criador do tipo romano para impressão.*

No estudo da tipografia, algumas fontes históricas devem ser conhecidas, tanto no seu aspecto histórico como no estético-estilístico, a fim de se obter fundamentos teórico-conceituais para nossos trabalhos. Os seguintes tipos são os mais marcantes da história da tipografia: Blackletter, Black ou Old English (tipos góticos, estilo de escrita ornamentada da Idade Média); Jenson (Humanista); Garamond (Old Style ou Garald – tipos romanos, faces romanas originadas das inscrições romanas gravadas em pedras); Baskerville (Transicional); Bodoni (Moderno ou Didone); Century (Egípcio); Frutiger, Franklin Gothic Helvetica (Grotesco ou Sans Serif).

A prática da criação e da composição tipográfica (Exercício 8)

Figura 30.19. Esse painel informativo, junto aos pedaços preservados de Muros de Berlim, tem um poder comunicativo por meio de textos e imagens, em um design com uma boa aplicação da tipografia, garantindo a sua legibilidade, visibilidade e inteligibilidade.

Letras como imagens expressivas

Inúmeros produtos que se encontram ao nosso redor – um simples cartão de visita, um cartaz, uma embalagem, uma revista, um livro ou um *banner* – são associados a estilos de letras. Certos tipos de letras encontrados nesses produtos são tão poderosos que, como imagens, conseguem criar um impacto visual e expressivo antes mesmo que as palavras formadas passem seus significados literais aos usuários.

Vasta aplicação da tipografia

Inúmeras fontes podem ser encontradas em programas de processamento de textos ou de editoração eletrônica. Há uma verdadeira profusão delas em todos os tipos de meios de comunicação. O acesso e o uso dessas fontes tornaram-se fáceis para qualquer um que saiba digitar textos no computador. Porém, para o designer, o problema está em como usá-la de modo correto, coerente e criativo. Na verdade, as letras são como os outros elementos ou signos visuais, pois constituem importantes componentes de uma ideia gráfica. Uma obra da comunicação visual bem-sucedida depende muito da boa aplicação das letras. Pode-se dizer que a aplicação tipográfica é um dos componentes vitais da espinha dorsal do trabalho do designer. Tipografia significa atividade e conhecimento

* *Historia Naturale.* Venice, Nicolaus Jenson, 1476. Fonte: www.minrec.org/libdetail.asp?id=1134

no trabalho da criação de caracteres e sua aplicação em soluções gráficas visando a determinados objetivos informacionais e estéticos. O trabalho estende-se a qualquer atividade em que criamos, organizamos ou manipulamos caracteres. Seus produtos podem atingir sites da internet e até o cinema. Quando o designer Luciano Cardinali usou a metáfora para dizer que "a tipografia está para o designer assim como a farinha está para o padeiro"[49], ele enfatizou a importância máxima da tipografia no trabalho do designer.

Criação de novos tipos de letras

Muitos dos mais entusiasmados e talentosos designers gráficos não se satisfazem apenas com a aplicação da tipografia. Têm a necessidade de criar novos tipos e veem esse trabalho como uma mistura de desafio, prazer e orgulho, por serem capazes de criar uma expressão individual e poder compartilhá-la, ao torná-la pública. Mas a verdade é que o trabalho da criação de tipos traz várias outras vantagens. O exercício da criação em si é um processo de aprimoramento na aprendizagem e amadurecimento.

O exercício de tipografia

Na sequência das disciplinas da Comunicação Visual, em cursos de design, com conteúdos que abordam a criação e a aplicação sistemática dos signos visuais informacionais e comunicativos, o estudo da tipografia prepara aos alunos uma base conceitual e prática do uso de letras (não como processo de impressão direta, mas como criação e uso dos tipos de letra). Com essa base, os alunos têm melhores condições de enfrentar os problemas relacionados ao design da imagem corporativa (sistemas de identidade visual) e de sistemas de sinalização, que são as duas disciplinas dessa sequência.

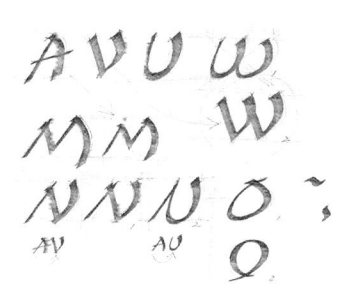

Figura 30.20. Criação de tipo de letras a partir de letras manuscritas, mantendo a identidade visual da caligrafia pessoal. O estudo explora variações de cada letra.

O conteúdo dos trabalhos de Tipografia e Processos Gráficos resume-se em cinco tópicos suficientes para consolidar a base acima referida. Eles são:

a) Identificação e conhecimento das principais fontes tipográficas: características, qualidades, funções.

b) Criação de fontes personalizadas a partir da letra manuscrita.

49 Luciano Cardinali é designer, tipógrafo e artista plástico brasileiro, formado pela FAAP-SP, sócio da Consolo & Cardinali Design, professor na Miami Advertising School/ESPM e coeditor da revista da ADG. É autor das fontes Akhenaton, Reich, Kashemira, Paulisthania e Thanis.

c) Recriação de fontes existentes com intervenção na transformação de detalhes formais e estruturais.

d) Composição letra-letra, palavra-palavra, texto-imagem, letra como imagem.

e) Elaboração criativa do portfólio contendo todos os trabalhos feitos.

Atenção à comunicabilidade

É importante termos noção de que os caracteres, além de serem signos usados para formar palavras, frases e textos para serem lidos e compreendidos, têm expressões ou feições capazes de criar uma identidade visual, ter função sinalizadora, criar impacto visual e estabelecer um estilo estético. Seja em mídia impressa, seja em mídia digital, a tipografia tem sido uma matéria de grande importância não só pela questão da legibilidade, mas, principalmente, da comunicabilidade. Esta, por sua vez, resulta diretamente da força expressiva da configuração estilística ou estética dos caracteres e também do uso criativo deles em trabalhos de design gráfico.

Figura 30.21. Estudo de detalhes. Variações podem ser feitas em diferenças muito sutis. Não apenas a forma em si, mas as dimensões mínimas causam diferentes sensações.

A letra como imagem

Na comunicação visual, uma letra é um signo que pode derivar (ou até desviar-se) da sua função ortográfica e passar a representar algo muito mais abstrato que um som (como sinal fonético). Palavras formadas pelas letras não apenas podem provocar imagens na mente do receptor do signo, mas transmitem emoções ou mesmo sentimentos. Nesse caso, a letra passa a ser o próprio objeto e não apenas um signo representante do outro objeto para o intérprete. Ela é agora um signo artístico ou estético, por ter assumido uma imagem que apresenta uma expressão e até uma ideia, já que é uma figura e, muitas vezes, possui uma forte identidade visual.

Seguindo esse raciocínio na escolha e na manipulação configurativa e composicional de tipos de letra, a outra dimensão – estética – deve ser somada com as três básicas: a semântica, a sintática e a pragmática, que são usualmente adotadas como critérios de avaliação de trabalhos de comunicação visual.

Objetivos da criação de fontes

A escolha e o uso criativo de fontes tipográficas existentes são exercícios muito mais importantes do que a criação de novas fontes para o designer gráfico, embora esta última seja um trabalho extremamente estimulante. O atendimento aos objetivos predeterminados de um trabalho de comunicação visual é primordial e isso nos exige coerência e criatividade, porém, sem o exagero da manipulação excessiva. A tentativa de ser inovador a qualquer preço pode trazer o risco de sobrecarregar visualmente a peça gráfica, prejudicando a comunicabilidade e força informacional. As funções comunicativa e informativa do conteúdo devem ser consideradas como as mais básicas.

Recomendam-se exercícios de criação de fontes como processo criativo sensibilizante e estimulador da criatividade e da percepção estética, e que ajuda o desenvolvimento da nossa capacidade e habilidade no design gráfico.

A complexidade técnica da criação

Não há nenhuma dúvida de que a criação de uma família tipográfica de alta qualidade é um trabalho árduo que exige tempo e dedicação, devido à sua complexidade, que exige envolver minúcias de detalhes formais, geométricos e proporcionais. Embora a informática ofereça recursos operacionais que facilitam o trabalho, a complexa questão da solução estética solicita tarefas difíceis de serem realizadas sem um grande esforço. A criação de fontes para texto exige, além de sensibilidade e de prática, um grande conhecimento e referências teóricas. No entanto, o próprio trabalho é compensador, pelas suas múltiplas funções – didática (passo a passo, métodos e técnicas), estimuladora (percepção, criatividade, experimentação) e aplicativa (exploração da potencialidade de uso).

A expressão personalizada

A criação de uma fonte personalizada é muito estimuladora por ser intimamente relacionada à expressão individual, que se exterioriza na assinatura e na caligrafia pessoal. No primeiro exercício, o aluno deve se basear nas suas letras manuscritas e reformulá-las, mantendo e realçando as características formais e estruturais, que são espontâneas e resultado do reflexo da personalidade.

A criação de fontes *display* (para títulos) é um trabalho mais simples e estimulante do que o desenvolvimento de fontes voltadas para texto, que é muito mais complexo e exige muito mais dedicação e cuidado. E como fontes para títulos podem conter alto teor artístico, comunicativo e expressivo, elas oferecem a grande flexibilidade e liberdade na solução configural e no acabamento de detalhes.

Figura 30.22. Um ponto de partida – as letras manuscritas pessoais – para criar um tipo de letras pode estimular o trabalho criativo da tipografia.

Figura 30.23. O projeto gráfico dessa capa do livro sobre a biônica usa letras legíveis com o amarelo, uma cor de alta luminosidade, sobre o fundo preto, gerando um grande contraste. São destacadas também as imagens que mostram um processo de transformação.

Os critérios: a expressividade e a praticidade

A criação, a escolha e a aplicação do tipo devem primeiramente atender a dois requisitos básicos: a forma expressiva e a função prática (a eficácia na aplicação). Assim, o tipo precisa conferir identidade a um projeto, adequar a expressão à mensagem e intensificar a força semântica. A função prática é basicamente baseada em diagramação e composição, nas quais são contemplados os fatores de equilíbrio, proporção, coerência, harmonia, contraste, integração, ritmo, hierarquia e legibilidade.

Figura 30.24. Logotipo para a perfumaria Primavera com design exclusivo de letras caracterizadas por uso de círculos.

Figura 30.25. Tipo de letras criado na base da forma de ovo de galinha – para o logotipo de macarrão caseiro, que enfatiza o uso de ovos de galinha. Design de Tai.

Figura 30.26. A parte frontal da embalagem do macarrão caseiro Chibra, de plástico transparente, com três cores, vermelho, azul e branco.

31
Livros experimentais: livros-objeto, livros conceituais, livros especiais

Em design, todos os tipos de trabalho experimental constituem processos criativos estimulantes. Explorar e experimentar diversos recursos na prática de alguma atividade é exercício que possibilita constantes descobertas durante o processo do fazer, desde o primeiro passo do pensar até a conclusão do produto experimental.

Criação de livros experimentais

A criação de livros experimentais ou livros-objetos é um exercício que pode nos oferecer muitas vantagens na aprendizagem, no desenvolvimento da criatividade e na criação de obras originais, exatamente porque, ao passarmos por esse processo, nós pensamos, recorremos à imaginação, libertamos a intuição e a fantasia. Usamos o raciocínio e o conhecimento multidisciplinar, colocamos a mão na massa na confecção de cada livro e, no final, criamos obras exclusivas, as quais, dependendo do seu grau de qualidade, podem passar da fronteira do experimental e transformar-se em obras publicadas.

Figura 31.1 As letras exploradas em formas, cores e composições em um trabalho experimental de livro-objeto.

Que é livro experimental? Ele é *incomum, original, criativo* e feito com a finalidade de *explorar, especular* e *experimentar* as possibilidades, tanto da forma como do conteúdo, sem se prender nas convenções, regras ou normas estabelecidas. Ele é um livro e um objeto – um livro-objeto. Ele é um livro com ideia original – um livro conceitual. Ele é um livro especial. E como são livros experimentais? Como é sua aparência? Quais são as suas características?

Livro experimental ou livro-objeto

Para falar do livro, é bom, primeiramente, saber qual é a definição tradicional de livro. Conforme o *Dicionário Caldas Aulete*, o livro é "reunião de cadernos manuscritos ou impressos, cosidos entre si e brochados ou encadernados" ou "obra literária em prosa ou verso com a precisa extensão para formar um volume". Portanto, há pelo menos algumas características básicas em um livro: conteúdo, encadernação e volume. Além dessas características, porém, o livro experimental ou livro-objeto possui outras peculiaridades, como: forma e estrutura físicas livres, formato personalizado, forma de expressão altamente visual, uso de técnicas e materiais variados e não usuais, oferecendo possibilidades interativas no manuseio, peça única ou de pequena tiragem, confecção e encadernação artesanal, forma original, criativa e atrativa.

Em livros experimentais, não se usam as mesmas formas de livros comuns para apresentar ideias ou conteúdos. Os objetivos, finalidades e funções de livros experimentais e de livros tradicionais podem ser similares, mas não são os mesmos. Nos livros experimentais, dá-se ênfase aos seguintes objetivos:

a) Estimular no leitor (claro, também no autor) a percepção tátil e visual e a imaginação.
b) Exercitar a capacidade de leitura, interpretação, compreensão de conceitos abstratos e variados assuntos sem recorrer à forma narrativa de texto.
c) Desenvolver o senso estético e a sensibilidade artística.
d) Estimular a percepção múltipla do leitor por meio da diversidade formal, visual, material, expressiva e comunicativa do livro.

O ponto de partida: um assunto

Para iniciar o processo de criação de um livro experimental, é necessário ter na mente um ponto de partida – um tema ou assunto, o que significa a escolha de um conteúdo. Como em qualquer projeto de design, você deve saber para quem será destinado o livro, quais os objetivos a serem atingidos e quais serão suas funções. Somente assim será possível pensar sobre possíveis formas, materiais, técnicas e procedimentos. Há também outras maneiras de realizar o trabalho. Por exemplo, partindo de materiais existentes, principalmente daqueles que você já possui ou que sejam de sua preferência, imaginar as possibilidades para determinados assuntos. Um conteúdo aparentemente tolo, quando passa por uma intervenção inteligente do designer, é capaz de ganhar o poder de estimulação física e mental e torna-se muito rico e profundo. Um tema, por mais simples e comum que seja, pode ser desenvolvido em um livro muitíssimo interessante.

O livro-objeto para ser experimentado

É possível que, com um mínimo de palavras ou nenhuma palavra, um livro expresse ideias e transmita um conteúdo complexo. É com a força das peculiaridades físicas e visuais e, muitas vezes, do caráter lúdico que um livro faz o leitor repetir a leitura e a apreciação, usando a sua imaginação associativa e o raciocínio reflexivo. Por isso, um livro experimental de alta qualidade é convidativo à leitura e ao manuseio. Um bom livro é aquele que é gostoso de ser visto, examinado, tocado, manuseado, experimentado e apreciado como um objeto, um jogo ou mesmo um brinquedo. Desse modo, um livro experimental é caracterizado como livro-objeto, livro conceitual, livro-arte, livro visual ou livro especial.

Exploração de diversas possibilidades

Com essa noção sobre o livro experimental, ao pensar em ideias no tocante ao conteúdo, à linguagem, à forma de expressão, à escolha de materiais e ao uso de técnicas, você deve recorrer às mais variadas possibilidades gráfico-visuais, compositivas, configurativas bi e tridimensionais, cinéticas etc. Além dos procedimentos e técnicas do design gráfico, as seguintes técnicas ajudam muito na criação de um bom livro interativo: desenho, uso criativo da imagem, recorte, dobradura, colagem, cor, textura (inclusive a transparência e a textura tátil), transformação, criação do formato peculiar e encadernação especial. Enfim, explore todos os recursos possíveis com ousadia e criatividade, baseando-se nos conhecimentos que você já adquiriu nas disciplinas de Expressão Gráfica, Desenho, Metodologia Visual, Morfologia Tridimensional, Metodologia do Projeto e outras experiências e vivências da sua vida, inclusive da sua infância e adolescência.

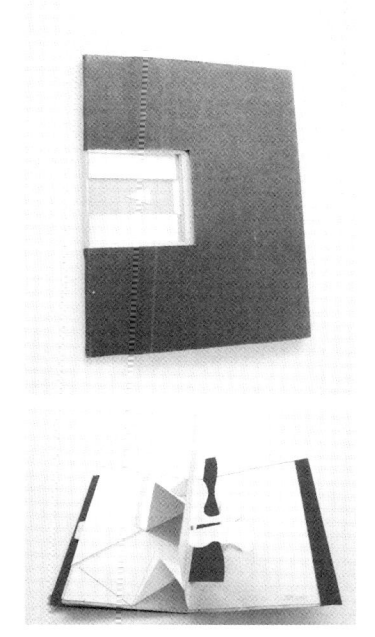

Figuras 31.2 e 31.3. Capa com recortes, mostrando uma parte das páginas internas e figuras saltando das páginas internas, todas feitas manualmente.

Figura 31.4. Livro-objeto com figuras *pop-up* cria estímulo sensorial ao "leitor", ao ser manejado.

Figura 31.5. Um livro experimental em elaboração. A capa com formas geométricas em relevo, feita em papelão. As folhas são dobradas de modo que permitam causar surpresas. Design de Tai.

32
O trabalho de conclusão de curso

TCC, de grande complexidade e dimensão

A formação acadêmica normalmente se conclui, no curso de design, com um grande trabalho que se chama TCC (trabalho de conclusão de curso), também chamado, em certos países, de "projeto de conclusão de curso". Ele exige que o aluno dedique um longo tempo a esse desafio, porque o TCC é um trabalho de grande complexidade e dimensão. É um desafio porque o trabalho deve ser desenvolvido baseado não apenas nos amplos conhecimentos que o aluno já tem do design, mas exige que ele tenha domínio das metodologias de pesquisa e de projeto, aliando a capacidade de pensar, a habilidade de fazer e a potencialidade criativa.

TCC para comprovar a sua capacidade

O TCC não é só uma forma de comprovar que você está no nível exigido para concluir a sua formação acadêmica, mas uma ótima oportunidade de aprendizagem, de modo concentrado, no desenvolvimento completo, envolvendo a teoria e a prática de um projeto de grande complexidade, profundidade e relevância. Ele é a soma de todo o conteúdo mais essencial manifestado em um trabalho único. Ele tem que ser justificável e convincente. Uma banca julgadora, composta de vários membros, vai julgar o nível do seu TCC quando ele for apresentado oralmente e em forma de textos e imagens e outros recursos visuais.

No último ano, o aluno deve dedicar-se, já na primeira etapa do TCC, à pesquisa sobre o tema, assim que ele é definido. A escolha do tema deve ser pensada até antes dessa primeira etapa, com o objetivo de amadurecer uma ideia, uma linha de trabalho que o estimule. O trabalho exige uma tomada de consciência e de responsabilidade individual do aluno no tocante às necessidades fundamentais do TCC, que são: a elaboração do *projeto de pesquisa*, a adoção da *metodologia de pesquisa*, o desenvolvimento da *pesquisa* e o desenvolvimento de *pré-projeto* por meio da metodologia de projeto.

A metodologia científica de pesquisa

Embora a metodologia científica de pesquisa seja estudada e aplicada para o desenvolvimento de artigos, monografias, dissertações, teses ou outros tipos de trabalho científicos, a assimilação dela é especialmente importante não só na fase de pesquisa do processo projetual, mas também na aplicação dos métodos específicos do projeto. Na verdade, a metodologia do projeto em si é parcialmente análoga à metodologia científica de pesquisa, que se apoia na definição do problema, na apresentação da hipótese, predição do resultado, análises, avaliações, testes, aprovação, refutação e demais métodos, técnicas e recursos.

O projeto de pesquisa

A elaboração de um projeto (ou plano) de pesquisa é o primeiro passo para qualquer trabalho intelectual de alto grau de complexidade e aprofundamento. O projeto de pesquisa é um documento escrito que contém todos os elementos de planejamento de uma pesquisa, seja puramente científica, seja como fundamentação para um projeto de design, pois ele serve como guia na organização do trabalho.

Ao começar um projeto de pesquisa, é bom que o aluno tenha em mente vários critérios e considerações, a fim de confirmar a viabilidade do trabalho quanto às questões de interesse, motivação, tempo de duração, acesso às fontes de informação, importância, contribuição (teórica, conceitual, técnica, prática, social etc.) e outras condições.

Grosso modo, podemos dizer que o projeto de pesquisa deve constar os seguintes elementos básicos: identificação da pesquisa, justificativa, objetivos, problema, hipóteses, fundamentação teórica (revisão bibliográfica); processos metodológicos; plano de coleta, análise e interpretação dos dados; administração do projeto; recursos (humanos, financeiros, materiais) e cronograma.

Serão apresentados, a seguir, as considerações pertinentes sobre a metodologia de pesquisa, esquema hierárquico do processo, roteiros práticos e demais informações básicas e necessárias para facilitar a visualização e compreensão mais rápida pelo aluno.

Escolha de um "assunto" ou um tema

Para iniciar um Trabalho de Conclusão de Curso, é necessário que o aluno escolha primeiramente um assunto ou um tema a ser trabalhado (em forma de pesquisa) ou um "problema" que espera uma "resposta" (criação de uma solução em forma de produto). Porém, um TCC adota dois grandes critérios e algumas sugestões importantes em relação à escolha do assunto:

– Os dois critérios: relevância e grande complexidade.
– As inclinações pessoais e a motivação.
– A possibilidade e a viabilidade.

Relevância

A relevância é justificada quando há certeza de que o trabalho pode trazer contribuições ou benefícios significativos para determinados setores da sociedade ou comunidade, visando a melhoria da vida humana; quando há existência de um *problema* justificado por uma *necessidade significativa*. A relevância é relacionada também ao nível de complexidade, de abrangência e de aprofundamento do trabalho, compatível com o nível de graduação, lembrando que ele se diferencia do exigido pela pós-graduação.

Complexidade

A relativa grande complexidade do trabalho deve ser interpretada como o nível de abrangência, profundidade e detalhamento *que condiz com o nível de conhecimento multidisciplinar exigido para a formação do profissional* prestes a ingressar no mercado de trabalho.

Inclinações pessoais e motivação

Inclinações pessoais referem-se ao interesse especial do aluno por determinadas "coisas" – assuntos, atividades, objetos, fenômenos etc. – e a consequente motivação que possa estimular a sua dedicação na pesquisa e na busca de ideias. A curiosidade e a vontade de criar, inovar e inventar também constituem uma necessidade da intervenção.

Possibilidade e viabilidade

O trabalho exige fundamentação teórica e contextual, fundamentação nos dados e informações, e recursos instrumentais e técnicos. A acessibilidade a tudo isso deve ser levada em consideração. A viabilidade do projeto depende do acesso sem obstáculos à bibliografia, às fontes de consulta e aos recursos utilizados.

Um problema – uma necessidade significativa

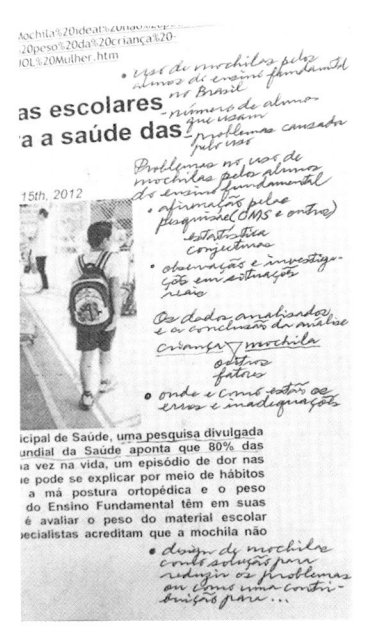

Figura 32.1. Observados e detectados problemas no uso de mochilas pelas crianças do ensino fundamental no Brasil, o transporte de materiais escolares tornou-se um assunto de atenção também para TCC do design. Observações manuscritas de Tai.

A intervenção projetual ou uma pesquisa só tem relevância quando há um problema relevante ou uma necessidade significativa que espera uma proposta convincente de uma solução criativa. O problema pode ser entendido não só como falha, incoerência, incompatibilidade e inexistência como também a necessidade de desafio do próprio designer, como o desenvolvimento de proposta de uma solução criativa de um futuro problema previsto, por exemplo. Dos vários tipos de problemas, *teórico*, *prático*, *técnico*, *valorativo*, *teológico*, *filosófico* e *científico*, o trabalho projetual centra-se na solução do prático ao técnico, porém pode envolver subproblemas de outra ordem; por exemplo, estética (problema valorativo). Uma necessidade é a consequência natural da reação do usuário perante um problema em uma interação ambiental (usuário/atividade/objeto/ambiente). A curiosidade por algo desconhecido ou original também pode se transformar em um desafio de ordem puramente pessoal perante o designer. Assim, o próprio desafio da criação, da inovação e da invenção torna-se uma necessidade primordial como a motivação da sua intervenção no processo projetual.

Mesmo que o seu trabalho não seja de pesquisa pura, mas de projeto visando à criação de um produto, é preciso que faça sua pesquisa para obter bases de consubstanciação e sustentação de suas ideias e da proposta. Essa etapa normalmente se baseia na metodologia científica de pesquisa com o objetivo de identificar e caracterizar não só o problema em si como também os subproblemas. Todos os dados e informações (incluindo variáveis diversificadas, aspectos reais, teorias e conceitos) necessários e pertinentes são levantados, analisados, avaliados e usados como fundamentos para a elaboração de uma hipótese ou o desenvolvimento de uma proposta. A fundamentação só é consistente, pertinente e convincente quando a pesquisa é feita de maneira satisfatória.

Pesquisa experimental e pesquisa qualitativa

O pesquisador investiga o problema e o universo das coisas que o provocam e o influenciam, recorrendo à observação e à reflexão a fim de compreendê-lo em profundidade e precisão e se munir de ideias e propostas para intervir na procura de soluções. Para isso, o *método experimental* (ou *científico*), construído nas ciências naturais e calcado no determinismo mecanicista e no positivismo, adota uma estratégia de pesquisa baseada em observações empíricas para explicar os fenômenos, fazer previsões e estabelecer hipóteses. Esse método de pesquisa explicativo privilegia a observação, a probabilidade, a dedução, a experiência, a causalidade, a previsibilidade e a supremacia do mundo objetivo. No início do século XX, surgiu um novo paradigma nas controvérsias metodológicas sobre as ciências humanas e sociais, propondo que a pesquisa devesse buscar a compreensão dos significados dos fenômenos e alcançar a sua essência. De orientação filosófica, principalmente da fenomenologia e da dialética, a *pesquisa qualitativa* contrapõe-se à *quantitativa* da metodologia experimental. Contudo, não devemos considerar os dois paradigmas como opostos nem estanques, mas recorrentes um ao outro. Mesmo quando usamos o método qualitativo, o quantitativo pode ser um recurso complementar, e a estatística, um elemento auxiliar e não fundamental.

Aspectos qualitativos dos fenômenos

Para pesquisas da área de design, cujo conteúdo é, em grande parte, pertencente às ciências sociais e humanas, a metodologia qualitativa é altamente recomendada. A complexidade, a inconstância e a imprevisibilidade da vida humana e social exigem que a pesquisa adote orientações que valorizem *aspectos qualitativos* dos fenômenos em busca da compreensão do processo dos fenômenos, dos seus significados e da sua essência. Muitas informações simplesmente não podem ser quantificadas, mas apenas compreendidas.

A pesquisa qualitativa é uma investigação com a participação ativa do pesquisador no trabalho de campo, com o uso das técnicas de observação direta, de descrição e apresentação completa do real cultural. O pesquisador precisa ter ideias gerais básicas, ou melhor, conhecimento geral aprofundado (contexto) da realidade e dos suportes teóricos para que tenha flexibilidade para formular e reformular hipóteses.

Modalidades de pesquisa e as ciências

Enquanto falamos da metodologia científica, é necessário que entendamos antes o que é ciência. Usando poucas palavras, podemos dizer que ciência é a soma ou conjunto de conhecimentos racionais, sistemáticos, coordenados e relativos a um objeto determinado, aos problemas solúveis e aos fenômenos de uma ordem ou classe. Portanto, existem diversas ciências, que são classificadas em várias formas. Em uma classificação, a lógica e a matemática são pertencentes à categoria das *ciências formais*. Já a segunda categoria, das *ciências factuais*, se divide em dois grandes grupos: o das *ciências naturais*, no qual estão a física, a química, a biologia, a geologia, a astronomia e outras; e o das *ciências culturais, sociais* ou *humanas*, que são a sociologia, a economia, a política, a antropologia, a psicologia, a linguística e outras. A classificação divide as ciências em *básicas, aplicadas* e *técnicas*. Existe também a divisão das ciências em *ciência pura* (ou *teórica*) e *ciência aplicada* (ou *prática*). Assim, entendemos que o design situa-se dentro das ciências humanas, aplicadas e técnicas, pois estuda fenômenos específicos e exige conhecimento científico dirigido para a utilidade prática e a produção humana.

A compreensão, a assimilação e a construção do conhecimento científico são cumulativas e sistemáticas e realizadas por meio das formas racionais, analíticas, explicativas, críticas e preditivas, porque o conhecimento científico requer exatidão, racionalidade e objetividade. Portanto, as pesquisas, sejam teóricas, sejam aplicadas, que visam a investigar sobre algo de importância significativa em busca de uma resposta por meio de observação e reflexão, baseiam-se no conhecimento científico e orientam-se pela metodologia. E a metodologia engloba pesquisas particularizadas que se constituem como partes operacionais, nas quais cada uma conta com vários métodos, técnicas ou recursos específicos de trabalho, como veremos a seguir:

Pesquisa bibliográfica

No estudo, de modo geral, e, principalmente em pesquisas, a leitura e a consulta de livros e outras publicações são indispensáveis, mesmo que hoje o acesso a informações pela internet tenha se tornado um poderoso recurso. A leitura de livros é ainda o modo mais eficaz de obter informações confiáveis e precisas por ter seus conteúdos revistos e textos revisados. Devido à grande quantidade de livros, periódicos e artigos em anais disponíveis, sugere-se que a leitura seja de modo exploratório (leitura rápida e prévia, de reconhecimento), seletivo e interpretativo. A leitura sintópica ou comparativa, isto é, a leitura de muitos livros sobre um tema, é recomendada para tornar a leitura mais objetiva e é principalmente importante para estudantes de ciências humanas, porque esse modo permite que o aluno compare diversas versões, estimulando a reflexão para tirar a sua conclusão. Na leitura sintópica, o aluno faz organização racional das ideias, em síntese, anotadas em tópicos. Anotações podem ser feitas em forma de fichas, o que ajuda a consulta de tópicos mais eficiente.

Pesquisa de campo e estudo de caso

No design, como em praticamente todas as áreas, principalmente das ciências sociais, estudos de casos são fundamentais para compreender os fenômenos de sucesso e fracasso, os fatores inter-relacionados, incluindo a metodologia, a estratégia e demais fatos que contribuíram para os fenômenos observados. O estudo de caso é um tipo de método (análise qualitativa) didaticamente muito vantajoso por ser possível, por meio dele, verificar nos fenômenos e fatos reais, explicações que podem gerar *insights* (compreensão profunda) exploratórios e teorias proveitosas, servindo como bases para projetos de design.

O processo de estudo de caso enfatiza a observação direta e a análise das informações, o que exige do pesquisador tarefas feitas em locais onde as situações ou fenômenos possam ser acompanhados. Embora o estudo de caso seja parte do método descritivo e de inquirição empírica que investiga os problemas do fenômeno real, ele envolve o levantamento de dados e informações baseadas em entrevistas, uso de formulários, fotos, diagramas, análise qualitativa de dados, observação, reflexão e interpretação etc. O estudo de caso é muito eficiente para descobrir o como e o porquê das situações, permitindo chegar até as suas causas.

Pesquisa de laboratório ou experimental

Pesquisa de laboratório ou pesquisa experimental é feita quando se precisa de testes, experimentos e outros trabalhos em ateliês, oficinas ou laboratórios com o uso de instrumentos, aparelhos ou máquinas.

A pesquisa de laboratório é utilizada principalmente pelas ciências exatas. Porém, o trabalho projetual recorre a essa pesquisa particularizada para testar e experimentar elementos, comportamentos e desempenhos, em aspectos especificamente técnicos e prático, próprios do problema de design.

Linguagem na redação em pesquisa

Dentre vários níveis de expressão verbal na redação do trabalho, devemos optar pelo nível científico, o que exige alto grau de precisão, clareza e objetividade. É recomendável usar uma linguagem completamente despida de adjetivação, retóricas, expressões coloquiais ou incultas.

A normalização na redação precisa ser respeitada de forma rigorosa. Há normas e recomendações quanto a estrutura física, referências bibliográficas, citações explicativas e informativas e transliteração de textos, que devem ser respeitadas. Assim, é recomendada a consulta de livros específicos sobre o assunto.

Os passos da redação

A elaboração ou a redação do trabalho pode seguir um roteiro que indica uma sequência de passos práticos, sem correr o risco de se perder no processo. São os seguintes passos:

a) Criação de um título provisório.
b) Coleta de dados necessários sobre o trabalho, começando pelas referências bibliográficas.
c) Montagem do esquema hierárquico de seções e tópicos que possam ajudar a lembrar os itens de questões a serem tratados.
d) Coleta de ilustrações, gráficos, tabelas e outros tipos de diagramas.
e) Elaboração do texto seguindo a sequência dos tópicos. Um texto integral e prévio deve ser feito primeiro e, depois, complementado e aperfeiçoado gradualmente até chegar à redação final, corrigida e revisada. O aprofundamento do conteúdo é natural nessa etapa.

Estrutura de uma pesquisa

Um trabalho de pesquisa, da forma mais simples até a mais complexa, segue uma estrutura e uma sequência similar, com pequenas variações conforme a complexidade e a ênfase de determinadas partes ou seções do trabalho. A pesquisa como parte integrante de um projeto de design apresenta uma diferença em relação às formas de monografia, dissertação e tese, porque ela serve não só como informação de uso prático para o projeto, mas também como base de sustentação de suas ideias conceituais do projeto. Nesse caso, certos elementos da estrutura geral de uma pesquisa podem ser suprimidos. No esquema da estrutura se destacam na parte textual *introdução*, *desenvolvimento* e *conclusão*.

No TCC, uma pesquisa escrita ou uma monografia precede a prática projetual. Um trabalho completo como este pode ser apresentado, seguindo normas, em várias partes: a pré-textual, a textual e a pós-textual. A pré-textual é constituída de capa, falsa folha de rosto (opcional), folha de rosto, dedicatória (opcional), resumo e sumário.

A parte textual é dividida em introdução, desenvolvimento e conclusão. No final, referências (bibliográficas) e anexos formam a parte pós-textual.

A introdução – a primeira das partes principais

Na introdução, o pesquisador procura apresentar o tema de enfoque, situar o problema em uma área específica, com uma visão de contexto do problema, e descrever, de forma sucinta, a necessidade da pesquisa, mostrando sua originalidade, relevância, viabilidade, objetivos, questões relevantes relacionadas, metodologia aplicada e previsão do resultado, que é chamada de hipótese.

Revisão da literatura e a metodologia aplicada

Ainda na introdução, a revisão da literatura e a metodologia adotada para o desenvolvimento da pesquisa podem ser destacadas. No entanto, os dois itens, o de *revisão da literatura* e o de *metodologia*, são, muitas vezes, considerados partes de destaque, constituindo capítulos independentes.

Na revisão da literatura as informações já publicadas sobre o tema devem ser selecionadas, reunidas, analisadas e discutidas, visando melhor compreensão de diferentes reflexões, conclusões e resultados sobre o problema investigado. O resultado da revisão da literatura serve como base de sustentação para o trabalho.

A metodologia utilizada é descrita e justificada na introdução, mostrando com clareza a relação entre os objetivos do estudo e o referencial teórico, por ter a pesquisa uma abordagem basicamente qualitativa.

Desenvolvimento do estudo

Seguida da introdução, a segunda parte é o verdadeiro núcleo do trabalho, com o conteúdo central da pesquisa, no qual o objeto de estudo (o assunto, o problema) é levado às últimas consequências em termos de estudo, análise, questionamento, reflexão, investigação, síntese, resultado final e validação de uma hipótese. É o verdadeiro núcleo do trabalho desenvolvido com aprofundamento e detalhes tanto na parte conceitual ou teórica como na parte prática ou experimental.

Dependendo da complexidade do conteúdo, essa parte, muitas vezes, exige elaboração em vários capítulos, com diferentes enfoques, mas em sequência de estudo, até chegar ao resultado.

Conclusão – a parte textual de fechamento

A conclusão deve fazer uma recapitulação sintética do resultado, reafirmando e evidenciando com clareza e objetividade a validade do resultado e a contribuição proporcionada pela pesquisa.

Referências bibliográficas e anexos

O trabalho termina com a parte pós-textual, composta por referências bibliográficas. Todos os livros, revistas e outras publicações consultadas e dos quais as citações foram extraídas devem constar nessa parte, segundo as regras da normalização.

Quando o trabalho tiver materiais complementares ou auxiliares a ser apresentados e que não devam ser inseridos no meio do trabalho, esses podem ser anexados no final.

Apresentação oral da pesquisa e do projeto

Não é suficiente somente a apresentação de um trabalho textual e das pranchas de um projeto quando há necessidade de apresentá-lo diante de um público ou uma banca examinadora. A apresentação do TCC de design recorre também à explanação oral convincente. Para que a apresentação oral seja bem-sucedida, é importante que o aluno tenha as seguintes considerações:

a) Falar de forma discursiva sobre o problema, dando informações básicas sobre as variáveis da pesquisa.

b) Situar a sua proposta e resultados previstos (hipóteses).

c) Descrever o processo, clareando os métodos, os recursos e as técnicas utilizados para obter resultados.

d) Explicar os resultados com o auxílio de imagens visíveis, legíveis e de boa qualidade visual.

e) Encerrar a apresentação com uma conclusão justificativa ressaltando a importância da pesquisa.

f) Usar uma linguagem compreensível e convincente.

g) Garantir que todos os ouvintes possam ouvir com clareza cada palavra.

O seguinte roteiro, prático, adequado e objetivo pode ajudar qualquer um a organizar o seu raciocínio e a sequência da apresentação:

Introdução

a) Apresentação (do projeto).
b) Interesse e motivação que o levou à pesquisa ou ao projeto.
c) Revisão das informações pertinentes sobre as variáveis (teoria, conceitos, contextos, critérios, fatores, parâmetros etc.).
d) Apresentação sucinta da hipótese ou da proposta (resultado previsto, resposta provisória ou solução preditiva).

Processo, métodos, recursos e materiais

a) Descrição do planejamento do trabalho.
b) Descrição do processo.
c) Descrição dos dados e informações analisados.

Resultado

a) Apresentação do resultado.
b) Descrição e interpretação do resultado.
c) Apresentação da evidência da contribuição.
d) Apresentação de sugestões quanto à continuidade e às aplicações potenciais.

Apresentação visual do projeto

Além da apresentação textual e oral do trabalho da pesquisa, quando o TCC se constitui principalmente de projeto, a apresentação visual é fundamental para convencer a banca examinadora e também o público presente. A apresentação deve ser feita, primeiramente, para efeito de exposição ao público, em pranchas (painéis) elaboradas conforme critérios de projeto gráfico, a fim de mostrar com clareza o seu projeto, abrangendo várias partes básicas: o conceito (texto sucinto da ideia proposta como solução, acompanhado de ilustrações), o processo (das primeiras ideias à configuração do resultado), o resultado (desenho técnico, desenhos de efeitos). Normalmente, o formato das pranchas segue um padrão definido pela instituição acadêmica, mas é possível que as pranchas, de acordo com a necessidade, sejam formatadas de forma diferente. O importante é que as pranchas por si só atendam ao objetivo de apresentar com eficiência a proposta. Essa eficiência é entendida como a criatividade motivadora, a atração visual e o poder de expressão e comunicação, por meio de textos sucintos, desenhos e outras imagens. A legibilidade e a inteligibilidade do conteúdo são imprescindíveis.

Outra forma de apresentação visual, auxiliar ou complementar, é a projeção de imagens em *slides*, eventualmente em pequenos vídeos, usando o computador. As imagens apresentadas nessa forma se baseiam no *layout* das pranchas, variando conforme enfoques em determinados detalhes.

Enfim, uma apresentação eficiente e convincente deve ser completa, feita em formas textual, oral e visual, sempre seguindo os critérios de clareza, objetividade e eloquência expressiva. A apresentação de qualidade demonstra também a sua própria capacidade no design, em termos de planejamento, elaboração, execução e comunicação.

33
Conclusão

Motivação, desafios e projetos pessoais

Em quaisquer áreas de estudo ou de trabalho, os projetos resultam de desafios motivadores. Mesmo no nível individual, desafios criados para si provêm de motivos relevantes, porém sempre dentro do âmbito de interesse do indivíduo. O interesse é primordial para a motivação que, por sua vez, é condição essencial para o enfrentamento de desafios estabelecidos.

Interesses individuais nos planos de aprendizagem e de trabalho nascem conforme fatores intrínsecos e extrínsecos. Não há dúvida de que a personalidade, o talento, a vocação e uma série de qualidades pessoais inatas são fatores que primeiramente determinam os interesses e preferências de um indivíduo. Uma diversidade de fatores que se originam da vivência e da experiência do indivíduo nas comunidades e na sociedade é capaz de definir as opções mais sérias nos campos de aprendizagem e de trabalho.

Interesses pessoais para a realização

Optar por uma área específica de estudo ou de trabalho deve ser uma decisão pessoal, com consciência. Muitas vezes, a consciência chega tarde, como acontece muito com os adolescentes de hoje, por ter uma diversidade muito grande de opções à sua disposição, ou porque simplesmente não sabem medir os verdadeiros valores de cada opção no nível pessoal e no nível da sociedade ou da humanidade. Contudo, os fatores intrínsecos da pessoa são decisivos para que ela opte por um campo maior. Os interesses individuais podem ter várias origens, porém, o prazer é, sem dúvida, o fator motivador que promove realizações e acontecimentos.

Contudo, o prazer que se diz aqui não se refere ao simples estímulo sensorial, mas ao estímulo da satisfação da realização.

Motivação para a realização

O que é realização? É nada mais, nada menos que algo de relevância satisfatoriamente feito. Essa é a questão – fazer o que gosta de fazer que dê bom resultado e que tenha importância não só no nível individual, mas no âmbito coletivo. Assim, há permanentemente a necessidade de estabelecer para nós mesmos desafios em diferentes escalas. Esses desafios nos levam a sonhar – visualizar prazerosamente acontecimentos ou realizações – e a fazer projetos realizáveis. Do interesse ao desafio, a motivação é um elemento decisivo para o eventual sucesso da realização. Todo processo de ideação e realização só é possível quando há motivação para manter o espírito de luta para garantir o resultado sucedido. A motivação é o combustível do trabalho.

Motivação para a liberação da criatividade

A motivação garante a liberação da criatividade e permite que se ponha "a mão na massa", mas ela exige que se tenham condições favoráveis a ela. O espaço físico, os recursos e as técnicas devem ser, no mínimo, apropriados para que o trabalho seja feito sem constrangimentos aos estímulos. No entanto, o ideal desempenha uma função ainda mais vital para preservar a motivação. O ideal é o sonho que espera ser concretizado.

A vida de uma pessoa sem projetos perde todo o sentido. A vida cheia de realizações exige da pessoa tempo e persistência devido aos processos necessários para que seus projetos sejam executados com êxito, pois neles se encontram prováveis dificuldades, obstáculos e demais limitações. Na realidade, a nossa vida produtiva é uma longa trajetória com curvas, bifurcações, encruzilhadas, buracos, até armadilhas! Nossas habilidades para optar por caminhos e trilhas e para contornar obstáculos devem ser adquiridas por meio de aprendizagem, exercícios e treinamentos. A vivência e a experiência, com uma visão ampla, permitem-nos traçar projetos. Conhecimentos e técnicas fundamentais nos possibilitam a sua execução.

A prática profissional exige conhecimentos

No design, como em quaisquer outras áreas, o profissional não só precisa assimilar o máximo de conhecimentos e técnicas, mas, principalmente, não deve criar para si delimitações, filtrando ou ignorando informações, muitas vezes, julgadas erroneamente como desnecessárias à sua formação específica, pois precisamos lembrar que o conteúdo do design é interdisciplinar e, para ele, há fatores determinantes extremamente complexos que influenciam nos projetos.

O pior obstáculo na aprendizagem e na prática profissional do designer é a visão estreita que, muitas vezes, é resultado de opções restringentes do próprio indivíduo. Mesmo que hoje predominem especialidades profissionais mais divididas dentro de uma área, certos fundamentos teóricos e conhecimentos são igualmente relevantes ou de diversos graus de importância.

Ter ampla visão, vastos conhecimentos e domínio de técnicas necessárias permite que um profissional trace seus projetos – obras de arte, livros, pesquisas ou quaisquer trabalhos considerados como relevantes ou significativos – e desenvolva-os com autoconfiança e certeza dos seus resultados.

A gestão de projetos exige a metodologia

A gestão desses projetos necessita da metodologia, permitindo que um bom planejamento determine as condições favoráveis à sua realização, como o processo, o cronograma, os recursos e outros condicionantes. Tanto nos projetos pessoais como nos profissionais, resultados bem-sucedidos dependem, além dos fatores referidos acima, de criatividade, ousadia, objetividade, flexibilidade, organização e abertura visionária.

Registro e organização das obras realizadas

Na trajetória da vida produtiva, nós aprendemos e progredimos o tempo todo. Os desafios aparecem e nós também os criamos intencionalmente. Um atrás do outro ou vários juntos, os desafios, em forma de projetos, resultam obras que dão sentido à nossa própria existência. As obras precisam ser registradas, organizadas e apresentadas para diversos usos, inclusive como "cartões de visita", para obter outros desafios. O portfólio é uma forma altamente recomendada para guardar e apresentar resultados bem-sucedidos.

Resumem-se algumas sugestões dadas acima nas seguintes palavras-chave, embora pareçam óbvias, para quem quer ter uma boa produção: motivação, desafio, ousadia, objetividade, flexibilidade e organização. Cada palavra dessas merece nossa reflexão constante e precisamos ficar cientes do grau de dificuldade para tornar cada um desses fatores verdadeiramente real.

Pensar e fazer para gerar ideias

Os muitos assuntos abordados neste livro permitem que os leitores abram ainda mais o leque de questões para o estudo, pois o design é extremamente abrangente, como pode ser percebido neste livro. É claro que muitas questões nem mesmo foram mencionadas aqui e essas esperam que os leitores, no seu processo de formação continuada, busquem descobrir, estudar, pesquisar, investigar ou simplesmente pensar, pois o pensar estimula o fazer. O design é isso: pensar e fazer para gerar ideias e soluções criativas e inovadoras.

Referências bibliográficas

ALVES-MAZOTTI, Alda Judith. *O método nas ciências naturais e sociais:* pesquisa quantitativa e qualitativa. São Paulo: Pioneira, 1998.

AMBROSE, Gavin; HARRIS, Paul. *Tipografia.* Tradução: Priscilla Lena Farias. Porto Alegre: Bookman, 2011.

BARROS, Lilian Ried Miller. *A cor no processo criativo.* São Paulo: Senac São Paulo, 2006.

BAUDRILLARD, Jean. *O sistema dos objetos.* São Paulo: Perspectiva, 1973.

BAXTER, Mike. *Projeto de produto:* guia prático para o desenvolvimento de novos produtos. Tradução de Itiro Iida. São Paulo: Blucher, 1998.

BLÜCHEL, Kurt G. *Biônica:* como podemos usar a engenharia da natureza a nosso favor. Tradução de Hermann Lobmaier. São Paulo: PHL, 2009.

BONSIEPE, Gui. *A tecnologia da tecnologia.* São Paulo: Blucher, 1983.

_____. *Design como prática de projeto.* São Paulo: Blucher, 2012.

BRINGHURST, Robert. *Elementos do estilo tipográfico.* Tradução de André Stolarski. São Paulo: Cosac Naify, 2005.

BÜRDEK, Bernhard E. *Diseño: história, teoria y prática del diseño industrial.* Barcelona: Gustavo Gili, 1994.

CARDOSO, Rafael. *Uma introdução à história do design.* 3. ed. São Paulo: Blucher, 2008.

CHING, Francis D. K. *Arquitetura de interiores.* 2. ed. São Paulo: Bookman, 2006.

_____. *Dicionário visual de arquitetura.* Tradução de Júlio Fischer. São Paulo: Martins Fontes, 1999.

CHIZOTTI, Antônio. *Pesquisa em ciências humanas e sociais.* 5. ed. São Paulo: Cortez, 2001.

CORDEIRO, Darcy. *Ciência, pesquisa e trabalho científico:* uma abordagem metodológica. 2. ed. Goiânia: Grafset, 2001.

DENIS, Rafael Cardoso. *Uma introdução à história do design.* São Paulo: Blucher, 2000.

DUARTE, Rodrigues. *O belo autônomo:* textos clássicos de estética. Belo Horizonte: Editora UFMG, 1997.

DYM, Clive L.; LITTLE, Patrick. *Introdução à engenharia.* Porto Alegre: Bookman, 2010.

ESCOREL, Ana Luísa. *O efeito multiplicador do design.* São Paulo: Senac São Paulo, 2000.

FUAD-LUKE, Alastair. *Ecodesign.* San Francisco: Chronicle Books, 2002.

GARRATT, James. *Design and technology.* Cambridge: Cambridge University Press, 1996.

GOLDMAN, Simão. *Psicodinâmica das cores.* v. 1. 3. ed. Canoas: La Salle, 1964.

GOMES FILHO, João. *Ergonomia do objeto:* sistema técnico de leitura ergonômica. São Paulo: Escrituras, 2003.

_____. *Design do objeto:* bases conceituais. São Paulo: Escrituras, 2006.

GUIMARÃES, Luciano. *A cor como informação.* 2. ed. São Paulo: Annablume, 2002.

GURGEL, Miriam. *Projetando espaços.* São Paulo: Senac São Paulo, 2007.

HEIMSTRA, Norman W.; McFARLING, Leslie H. *Psicologia ambiental.* Tradução de Manoel Antônio Schmidt. São Paulo: EPU; Edusp, 1978.

HSUAN-AN, Tai. *Desenho e organização bi e tridimensional da forma*. 2. ed. ampl. Goiânia: Editora da PUC-GO, 2010.

_____. *Sementes do cerrado e design contemporâneo*. Goiânia: Editora da UCG, 2002.

IIDA, Itiro. *Ergonomia:* projeto e produção. 2. ed. rev. e ampl. São Paulo: Blucher, 2005.

KAZAZIAN, Thierry. *Haverá a idade das coisas leves*. São Paulo: Senac São Paulo, 2005.

LARICA, Neville Jordan. *Design de transportes:* arte em função da mobilidade. Rio de Janeiro: 2AB; PUC, 2003.

LAWSON, Bryan. *The language of space*. Oxford: Architectural Press, 2001.

LESKO, Jim. *Design industrial:* materiais e processos de fabricação. Tradução de Wilson Kindlein Júnior, Clovis Belbute Peres. São Paulo: Blucher, 2004.

LIDWELL, William; HOLDEN, Kritina; BUTLER, Jill. *Princípios universais do design*. Tradução: Francisco Araújo da Costa. Porto Alegre: Bookman, 2010.

LÖBACH, Bernd. *Design industrial:* bases para a configuração dos produtos industriais. Tradução de Freddy Van Camp. São Paulo: Blucher, 2001.

MANZINI, Ezio. *A matéria da invenção*. Porto, Portugal: Centro Português de Design. 1993.

MASSIRONI, Manfredo. *Ver pelo desenho*. Tradução de Cidália de Brito. São Paulo: Edições 70, 1983.

MESTRINER, Fabio. *Design de embalagem:* curso avançado. 2. ed. São Paulo: Pearson Pretice Hall, 2005.

MOLES, Abraham. *O kitsch*. São Paulo: Perspectiva, 1972.

_____. *Teoria de los objetos*. Barcelona: Gustavo Gili, 1974.

MONTENEGRO, Gildo. *Desenho de projetos*. São Paulo: Blucher, 2007.

MORAES, Dijon de. *Análise do design brasileiro:* entre mimese e mestiçagem. São Paulo: Blucher, 2006.

MORRIS, Richard. *Fundamentos de design de produto*. Tradução de Mariana Bandarra. Porto Alegre: Bookman, 2010.

MOZOTA, Brigitte Borja de. *Gestão do design:* usando o design para construir valor de marca e inovação corporativa. Porto Alegre: Bookman, 2011.

MUNARI, Bruno. *Das coisas nascem coisas*. São Paulo: Martins Fontes, 1981.

NORMAN, Donald A. *O design do dia a dia*. Tradução de Ana Deiró. Rio de Janeiro: Rocco, 2006.

OKAMOTO, Jun. *Percepção ambiental e comportamento*. São Paulo: Mackenzie, 2002.

PAPANEK, Victor. *Design for the real world*. London: Thames & Hudson, 1997.

PETROSKI, Henry. *Inovação:* da ideia ao produto. Tradução de Itiro Iida. São Paulo: Blucher, 2008.

_____. *The evolution of useful things*. New York: First Vintage Books Edition, 1994.

PHILLIPS, Peter L. *Briefing:* a gestão do projeto de design. Tradução de Itiro Iida. São Paulo: Blucher, 2008.

PIGNATARI, Décio. *Informação. Linguagem. Comunicação*. São Paulo: Perspectiva, 1977.

PIPES, Alan. *Desenho para designers*. São Paulo: Blucher, 2010.

ROCHA, Cláudio. *Projeto tipográfico*. São Paulo: Rosari, 2002.

STROETER, João Rodolfo. *Arquitetura & teorias*. São Paulo: Nobel, 1986.

THOMPSON, Rob. *Manufacturing processes for design professionals*. London: Thames & Hudson, 2007.